普通高等教育通识类课程规划教材

人工智能导论

主　编　王　飞　潘立武

副主编　王　佳　朱彦霞　李　端

主　审　连卫民

中国水利水电出版社
www.waterpub.com.cn
·北京·

内 容 提 要

本书分为9章，包括绪论、知识表示与推理、图搜索技术和问题求解、智能优化算法、机器学习、人工神经网络与深度学习、专家系统、模式识别与机器视觉、强化学习与生成对抗网络。

本书力求在讲解人工智能基础的前提下，对应用型的人工智能前沿知识理论和科技成果进行展现，结构组织合理，理论与实践相结合，对读者的层次和理解能力进行了充分考虑，并提供了多种流行人工智能框架的实用案例。

本书适合作为高等院校人工智能基础课程的教材，也可以作为人工智能应用开发工程师及相关科技人员的参考用书。

本书提供案例源代码和电子课件，读者可以从中国水利水电出版社网站（www.waterpub.com.cn）或万水书苑网站（www.wsbookshow.com）免费下载。

图书在版编目（CIP）数据

人工智能导论 / 王飞，潘立武主编. -- 北京：中国水利水电出版社，2022.2

普通高等教育通识类课程规划教材

ISBN 978-7-5226-0456-5

Ⅰ. ①人… Ⅱ. ①王… ②潘… Ⅲ. ①人工智能－高等学校－教材 Ⅳ. ①TP18

中国版本图书馆CIP数据核字（2022）第024350号

策划编辑：石永峰　　　　责任编辑：石永峰　　　　封面设计：梁　燕

书　　　名	普通高等教育通识类课程规划教材 人工智能导论 RENGONG ZHINENG DAOLUN	
作　　　者	主　编　王　飞　潘立武 副主编　王　佳　朱彦霞　李　端 主　审　连卫民	
出版发行	中国水利水电出版社 （北京市海淀区玉渊潭南路1号D座　100038） 网址：www.waterpub.com.cn E-mail：mchannel@263.net（万水） 　　　　sales@waterpub.com.cn 电话：（010）68367658（营销中心）、82562819（万水）	
经　　　售	全国各地新华书店和相关出版物销售网点	
排　　　版	北京万水电子信息有限公司	
印　　　刷	三河市航远印刷有限公司	
规　　　格	184mm×260mm　16开本　15.5印张　387千字	
版　　　次	2022年2月第1版　2022年2月第1次印刷	
印　　　数	0001—3000册	
定　　　价	45.00元	

前　　言

人工智能是当今社会的热点领域，它产生于 20 世纪前期，经过漫长的发展，随着计算机硬件的高速迭代更新，2012 年在深度学习应用的支撑下再次引起了人们的注意。其中，最为亮眼的是 Hiton 大师的课题组首次参加 ImageNet 图像识别比赛，AlexNet 先生就得到该项赛事的冠军。

新近出台的《国家"十四五"发展纲要》也在人工智能领域留下了积极的发展信号，顺应时代需求并为国家的发展不断注入新的动力是中华儿女永远不应背弃的追求。在这种新形势和新周期的循环下，对大学生进行人工智能的理论和技术培养是一项任重而道远的活动。由于深入研究并非一日之功，实际应用可能更平易近人，因此本书针对应用型本科学生和教师的特点，尽量在吸收前人对人工智能教育所做出的贡献的基础上，全面讲述人工智能所涉及的基础理论和它们的有趣应用，以培养大学生的人工智能素养。

本书编者长期从事人工智能导论课程的教授及应用，市面上的人工智能导论类教材内容较深，对于应用型本科的学生来说学习梯度过于陡峭，而过于简单的科普类人工智能导论教材对于本科生来说又过于浅显。所以，编写一本针对应用型本科、文理兼顾，同时又有一定的实践性的教材是我们编写本书的初衷。在遵循人工智能理论完整性和与经典教材一致的基础上，本书编者结合当前跨时代大学生群体的认知能力和认知爱好，并根据学习的需求将本书分为 9 章。本书内容涵盖人工智能当前流行的大部分理论和技术知识，并以实践应用为特色。本书以满足应用型本科的人工智能选修和必修课程教学需求为主，同时也期望可以为其他层次的高等教育进行人工智能的理论启蒙。

本书由河南牧业经济学院王飞、潘立武任主编，河南牧业经济学院王佳、河南省职工医院朱彦霞、嘉兴学院李端任副主编。编写分工如下：第 1 章、第 2 章由王佳编写，第 3 章和第 9 章由王飞编写，第 4～5 章由朱彦霞编写，第 7～8 章由潘立武编写，第 6 章由李端编写。全书由连卫民审稿，王飞统稿。

在本书的编写过程中我们得到了许多同行的帮助和支持，参阅了大量的相关资料，在此向各位同行和相关作者表示诚挚的感谢。其中，郑州科技学院的秦亚红、杜远坤，河南牧业经济学院的李丹、扈少华，郑州棉麻工程研究所的夏彬，苏州大学的高影俊，许昌学院的路凯等也参与了本书编写工作，对书稿的细节提出了宝贵意见。

由于编者水平有限和人工智能技术发展迅速，书中难免存在疏漏之处，恳请广大读者批评和指正。

编　者
2022 年 1 月

目　　录

前言

第1章　绪论 ················· 1
　1.1　人工智能概论 ············· 1
　　1.1.1　人工智能的定义 ········· 1
　　1.1.2　人工智能的发展史及流派 ··· 3
　　1.1.3　人工智能的研究目标和意义 · 7
　　1.1.4　人工智能的研究途径 ····· 8
　1.2　人工智能的现在和未来 ······· 9
　　1.2.1　人工智能的研究领域 ····· 10
　　1.2.2　人工智能的发展趋势 ····· 13
　1.3　本章小结 ··············· 14
　习题1 ···················· 15
第2章　知识表示与推理 ··········· 17
　2.1　知识表示 ··············· 17
　　2.1.1　知识的概念 ··········· 17
　　2.1.2　知识的分类和特性 ······· 18
　　2.1.3　产生式表示法 ········· 20
　　2.1.4　框架表示法 ··········· 23
　　2.1.5　其他表示法 ··········· 26
　2.2　知识推理 ··············· 30
　　2.2.1　不确定性推理的概念和分类 · 30
　　2.2.2　概率推理 ············ 32
　　2.2.3　主观Bayes方法 ········· 35
　　2.2.4　可信度方法 ··········· 37
　　2.2.5　模糊推理 ············ 40
　2.3　本章小结 ··············· 46
　习题2 ···················· 46
第3章　图搜索技术和问题求解 ······· 49
　3.1　搜索策略概述 ············ 49
　　3.1.1　状态空间表示法 ········ 50
　　3.1.2　盲目搜索 ············ 50
　　3.1.3　启发式搜索 ··········· 52
　　3.1.4　博弈搜索 ············ 57
　3.2　状态图的搜索 ············ 60

　　3.2.1　状态图搜索策略 ········ 61
　　3.2.2　博弈树搜索策略 ········ 64
　3.3　实战——应用爬虫爬取新闻报道 · 69
　3.4　本章小结 ··············· 71
　习题3 ···················· 72
第4章　智能优化算法 ············· 74
　4.1　智能优化算法概述 ········· 74
　　4.1.1　智能优化算法的相关概念 ··· 74
　　4.1.2　智能优化算法的分类 ····· 76
　4.2　进化算法 ··············· 80
　　4.2.1　遗传算法 ············ 80
　　4.2.2　其他进化算法 ········· 85
　4.3　集群智能算法 ············ 86
　　4.3.1　蚁群算法 ············ 86
　　4.3.2　粒子群算法 ··········· 90
　4.4　其他智能优化算法 ········· 93
　　4.4.1　模拟退火算法 ········· 93
　　4.4.2　禁忌搜索算法 ········· 96
　4.5　实战——应用遗传算法解决问题 · 100
　4.6　本章小结 ··············· 106
　习题4 ···················· 107
第5章　机器学习 ··············· 109
　5.1　机器学习概述 ············ 109
　　5.1.1　机器学习的发展与分类 ··· 109
　　5.1.2　监督学习 ············ 112
　　5.1.3　无监督学习 ··········· 117
　　5.1.4　半监督学习 ··········· 119
　　5.1.5　强化学习 ············ 122
　5.2　符号学习 ··············· 123
　　5.2.1　记忆学习 ············ 123
　　5.2.2　归纳学习 ············ 124
　　5.2.3　演绎学习 ············ 134
　5.3　实战——线性回归与决策树 ··· 134

5.3.1 使用线性回归预测房价 ············ 134

5.3.2 使用决策树预测房价 ············ 144

5.4 本章小结 ············ 147

习题 5 ············ 148

第6章 人工神经网络与深度学习 ············ 150

6.1 人工神经网络 ············ 150

6.1.1 神经元与神经网络 ············ 150

6.1.2 神经网络的类型 ············ 154

6.1.3 BP 神经网络 ············ 155

6.2 深度学习 ············ 156

6.2.1 深度学习与卷积网络 ············ 156

6.2.2 textCNN 模型 ············ 166

6.3 实战——使用 BP 与 CNN 完成手写
数字识别 ············ 169

6.3.1 BP 网络手写数字识别 ············ 169

6.3.2 CNN 手写数字识别 ············ 172

6.4 本章小结 ············ 175

习题 6 ············ 176

第7章 专家系统 ············ 177

7.1 专家系统概述 ············ 177

7.1.1 专家系统的发展 ············ 177

7.1.2 专家系统的定义与特点 ············ 179

7.1.3 专家系统的分类 ············ 180

7.2 专家系统的原理 ············ 181

7.2.1 专家系统的一般结构 ············ 182

7.2.2 专家系统的基本工作原理 ············ 183

7.3 专家系统的开发过程 ············ 184

7.3.1 知识获取和知识工程 ············ 184

7.3.2 专家系统的开发步骤 ············ 185

7.3.3 专家系统开发工具 ············ 188

7.4 专家系统实例 ············ 189

7.5 本章小结 ············ 193

习题 7 ············ 193

第8章 模式识别与机器视觉 ············ 195

8.1 模式识别 ············ 195

8.1.1 模式识别的基本概念 ············ 195

8.1.2 模式识别的方法 ············ 196

8.1.3 模式识别过程 ············ 196

8.1.4 模式识别应用 ············ 198

8.2 机器视觉 ············ 199

8.2.1 机器视觉的定义和构成 ············ 199

8.2.2 机器视觉的分类和应用 ············ 202

8.2.3 图像识别 ············ 204

8.2.4 人脸识别 ············ 206

8.3 实战——人脸表情识别 ············ 209

8.3.1 人脸表情识别的常用方法 ············ 209

8.3.2 实战——基于深度学习的人脸
表情识别系统 ············ 210

8.4 本章小结 ············ 215

习题 8 ············ 215

第9章 强化学习与生成对抗网络 ············ 217

9.1 强化学习概述 ············ 217

9.1.1 强化学习基础 ············ 218

9.1.2 强化学习分类 ············ 221

9.1.3 强化学习的应用 ············ 223

9.2 生成对抗网络概述 ············ 225

9.2.1 生成对抗模型 ············ 225

9.2.2 生成对抗模型的数学原理 ············ 229

9.2.3 生成对抗网络的实际应用 ············ 232

9.3 实战——基于 StyleGAN-v2 实现颜值
融合 ············ 235

9.4 本章小结 ············ 238

习题 9 ············ 239

参考文献 ············ 241

第1章 绪论

本章导读

人工智能自诞生以来，在短短几十年的时间里经历了三起两落，发展至今，已取得巨大的进展。本章主要介绍人工智能的定义、发展史、流派、研究目标和途径、研究领域及发展趋势等，以帮助读者初步了解人工智能。读者应在理解人工智能相关概念的基础上重点掌握人工智能的三大流派、研究目标、研究领域以及发展趋势等。

本章要点

- 人工智能的定义
- 人工智能的发展史及流派
- 人工智能的研究目标
- 人工智能的研究途径
- 人工智能的研究领域
- 人工智能的发展趋势

1.1 人工智能概论

自 1946 年第一台通用计算机 ENIAC 诞生以来，人们一直希望计算机能够具有更加强大的功能，人工智能（Artificial Intelligence，AI）的出现使计算机变得更加智能。对人工智能的研究，目前已取得了许多令人振奋的成果，并在多个领域得到了广泛的应用，极大地影响并改变着人们的社会生活。

2015 年，智能制造开启人工智能道路。2016 年，"互联网+"提速，国家发展改革委在《国家发展改革委办公厅关于请组织申报"互联网+"领域创新能力建设专项的通知》（发改办高技〔2016〕1918 号）中提出，为构建"互联网+"领域创新网络，促进人工智能技术的发展，应将人工智能技术纳入专项建设。2017 年，人工智能正式加入到国家战略规划，国务院发布《新一代人工智能发展规划》（国发〔2017〕35 号），明确指出新一代人工智能发展分三步走的战略目标。人工智能逐渐成为一个时代的象征，对于新时代的大学生而言，有必要对人工智能及其相关技术有所了解和研究。

1.1.1 人工智能的定义

人工智能是研究、开发用于模拟、延伸和扩展人的智能的理论、方法、技术及应用系统的一门新的技术科学，是多学科交叉的边缘学科。

1. 图灵测试

顾名思义,人工智能就是"人工"+"智能",即用人工的方法在机器(计算机)上实现的智能行为。所谓"人工"比较容易理解,就是人造的,不是自然的,给出了人工智能实现的途径;至于"智能",相对比较复杂,给出了人工智能要实现的目标。谈到"智能",首先会让我们联想到智力,它赋予我们人类在生命形式中的特殊地位。但是,什么是智力?如何测量智力?大脑是如何工作的?对于工程师来说,尤其是对于人工智能的专家来说,最核心的问题就是如何研究出表现得像人一样智能的智能机器。

那么,如何判断一台机器是否具有智能?早在人工智能出现之前,英国数学家艾伦·图灵(Alan Turing)就提出了著名的图灵测试,用于测试机器是否具有智能。简单来讲,图灵测试的做法是:一个房间里有一个人和一台计算机,人和计算机分别通过各自的打印机与外面进行联系。外面的测试者通过打印机对人和计算机提问,并根据收到的答案辨别出哪个是计算机,哪个是人。如果测试者不能区别出人和计算机,就可以认为这台计算机具有智能。图灵测试如图 1-1 所示。

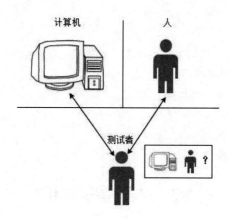

图 1-1   图灵测试

2. 定义

智能是人类具有的特征之一,然而,关于人工智能的科学定义,学术界至今还没有统一的认识和公认的阐述。从人工智能诞生之初发展至今,不同时期、不同领域的学者对人工智能有着不同的理解。

1956 年由麦卡锡(McCarthy)、明斯基(Minsky)、香农(Shannon)、罗切斯特(Rochester)共同发起的达特茅斯会议,首次提出人工智能这一概念,这也是人工智能研究领域一个较早流行的定义,即:人工智能就是让机器的行为看起来像人类所表现出的智能行为一样。

1978 年,贝尔曼(Bellman)采用认知模型的方法——关于人类思维工作原理的可检测的理论,提出人工智能是那些与人的思维、决策、问题求解和学习等有关活动的自动化。

1983 年,《大英百科全书》对人工智能这样定义:人工智能是数字计算机或计算机控制的机器人,拥有解决通常与人类更高智能处理能力相关的问题的能力。

1985 年,查尼艾克(Charniak)和麦克德莫特(McDermott)提出人工智能是用计算模型来研究智力能力,这是一种理性思维方法。

1991 年,伊莱恩·里奇(Elaine Rich)在《人工智能》一书中给出的人工智能定义为:人工智能是研究如何让计算机完成当下人类更擅长的事情。

2019 年，谭铁牛在《求是》中用比较通俗的一段话这样描述人工智能：人工智能是研究开发能够模拟、延伸和扩展人类智能的理论、方法、技术及应用系统的一门新的技术科学，研究目的是促使智能机器会听（语音识别、机器翻译等）、会看（图像识别、文字识别等）、会说（语音合成、人机对话等）、会思考（人机对弈、定理证明等）、会学习（机器学习、知识表示等）、会行动（机器人、自动驾驶汽车等）。

总体来讲，对人工智能的定义大体上可分为四类：机器"像人一样思考""像人一样行动""理性地思考""理性地行动"。从根本上来讲，人工智能几乎涉及了自然科学和社会科学的所有学科，研究使计算机模拟人类的某些思维过程和智能行为，包括计算机实现智能的原理、制造类似于人脑智能的计算机，从而使计算机能够实现更高层次的应用。

3. 分类

人工智能可分为弱人工智能、强人工智能和超人工智能三类，也可以理解为三个级别，从名字中可以看出弱人工智能是三个分级当中级别最低的，但却是应用最多的。弱人工智能之所以比较"弱"，是因为很多人没有意识到它们就是人工智能。

弱人工智能主要是完成单一任务的智能，其利用现有的智能化技术，来改善经济社会发展所需的一些技术条件。弱人工智能的观点认为不可能制造出能够真正推理和解决问题的智能机器，这些机器虽然看起来像是智能的，但其实并不真正拥有智能，也没有自主意识。

强人工智能是各方面都能和人类比肩的人工智能，非常接近于人类的智能，人类能干的脑力活它都能干，但实现起来还需要脑科学方面的突破，现在还无法做到大量投入的地步，仍在完善当中。强人工智能的观点认为有可能制造出真正能推理和解决问题的智能机器，并且这样的机器将被认为是有知觉的，有自我意识的。强人工智能分为两类：

（1）类人的人工智能，即机器的思考和推理就像人的思维一样；

（2）非类人的人工智能，即机器产生了与人完全不一样的知觉和意识，使用和人完全不一样的推理方式。

超人工智能，可以理解为其智慧程度比人类自身还要高，在大部分领域当中都超越人类的人工智能。目前研发这种人工智能的难度非常大，人工智能领域的发展速度很快，未来也并不是没有实现的可能。

虽然人工智能已取得不错的进展，但目前大部分产品仍属于弱人工智能的范畴。例如，苹果公司的语音助手 Siri，用户可以利用它查找信息、拨打电话、播放音乐，且 Siri 支持自然语言输入，还能不断学习新的声音和语调，提供对话式应答，但它只是执行预设的功能，并不真正具备智力或自我意识，是一个相对复杂的弱人工智能。又如，人工智能阿尔法围棋（AlphaGo）先后战胜了当时的世界围棋冠军李世石、柯洁，尽管它很厉害，但它只会下围棋，也是一个典型的弱人工智能。再如，手机的自动拦截骚扰电话功能、邮箱的自动过滤功能、象棋方面打败人类的机器人等，这些都属于弱人工智能。

1.1.2　人工智能的发展史及流派

人工智能作为一门学科，经历了兴起、形成和发展等多个阶段，在此期间涌现出了许多杰出的科学家，做了很多有意义的事，为人工智能的发展奠定了坚实的基础，并贡献自己的一份力量。

人工智能的
发展史及流派

1. 代表人物和事件

（1）艾伦·图灵。艾伦·图灵，英国数学家、逻辑学家，被誉为"计算机科学之父"，是计算机逻辑的奠基者。1936—1938 年，图灵在普林斯顿大学攻读博士学位期间，其研究受到冯·诺依曼教授的大力赞赏，并受邀担任冯·诺依曼的助手。

1936 年，图灵在权威杂志上投了一篇论文《论数字计算在决断难题中的应用》，该文于1937 年发表。在论文附录里，他描述了一种可以辅助数学研究的机器，后被称为"图灵机"，这奠定了电子计算机和人工智能的理论基础。

1950 年，图灵发表里程碑论文《计算机器与智能》，第一次提出了"机器思维"和"图灵测试"的概念，为人工智能的发展奠定了哲学基准。同时，也正是这篇文章为图灵赢得了"人工智能之父"的美誉。

1966 年，为了纪念图灵对计算机科学的巨大贡献，美国计算机协会以他的名字命名了"图灵奖"，专门表彰、奖励那些对计算机事业做出重要贡献的人，图灵奖日后逐渐发展成为计算机科学领域的"诺贝尔奖"。

（2）冯·诺依曼。冯·诺依曼，美籍匈牙利数学家、计算机科学家、物理学家，现代计算机、博弈论、核武器和生化武器等领域内的科学全才，被后人誉为"现代计算机之父""博弈论之父"。早期以算子理论、共振论、量子理论、集合论等方面的研究闻名，开创了冯·诺依曼代数，为第一颗原子弹的研制做出了贡献。冯·诺依曼对人类最大的贡献是对计算机科学、计算机技术、数值分析和经济学中的博弈论的开拓性工作，且为世界上第一台电子计算机的研制做出了巨大的贡献。1946 年，世界上第一台通用电子数字计算机 ENIAC 诞生，奠定了人工智能的硬件基础，如图 1-2 所示。

图 1-2　ENIAC

（3）约翰·麦卡锡。约翰·麦卡锡，计算机科学家、认知科学家，于 1956 年在达特茅斯会议上首次提出"人工智能"的概念，并将数学逻辑应用到了人工智能的早期形成中。1958年，他发明了 LISP 语言，该语言至今仍在人工智能领域广泛使用。麦卡锡曾在麻省理工学院、达特茅斯学院、普林斯顿大学和斯坦福大学工作过，退休后成为斯坦福大学的名誉教授。1971年，他因在人工智能领域的贡献获得了计算机界的最高奖项图灵奖。

（4）达特茅斯会议。1956 年夏，在美国的达特茅斯大学召开了为期两个月的学术研讨会，此次会议由麦卡锡、明斯基、罗切斯特、香农等一批有远见卓识的青年科学家共同发起。参会人员共十人，但都是数学、心理学、神经生理学、信息论和计算机等方面的学者和工程师，共同研讨用机器来模拟智能的一系列相关问题。这就是著名的达特茅斯会议，会上首次提出了"人工智能"这一术语，标志着"人工智能"新学科的诞生，同时也给出了"人工智能"的第一个准确描述。

2. 发展史

人类对智能机器的梦想和追求可以追溯到三千多年前。早在我国西周时代，就流传着有关巧匠偃师献给周穆王艺伎（歌舞机器人）的故事，还流传着这样一个典故——偃师造人、唯难于心，就是说技艺再好，人心难造。春秋时代后期，鲁班利用竹子和木料制造出一个木鸟，它能在空中飞行，"三日不下"，可称得上是世界上第一个空中机器人。三国时期的蜀汉，诸葛亮创造出"木牛流马"，用于运送军用物资，成为最早的陆地军用机器人。以上这些都可认为是世界上最早的机器人雏形。

从人工智能学科正式诞生发展至今也就六十多年的时间，但其发展历程却是颇具周折的，大概经历了起步发展期、第一个低谷、应用发展期、第二个低谷、稳步发展期及蓬勃发展期等。

（1）起步发展期（1956 年至 20 世纪 60 年代初）。人工智能概念提出后，人们开始从学术角度对人工智能展开了严肃而专业的研究。在此之后，最早的一批人工智能学者和技术开始涌现。

1956 年，塞缪尔成功研制了西洋跳棋程序，战胜了当时的西洋棋大师罗伯特尼赖。1957年，罗森布拉特模拟实现了一种叫作感知机的神经网络模型，不仅开启了机器学习的浪潮，也成为后来神经网络的基础。同年，纽厄尔等研制了一个称为逻辑理论机的数学定理证明程序。1960 年，麦卡锡开发了 LISP 语言，成为以后几十年来人工智能领域最主要的编程语言。1965年，鲁滨逊提出了一阶谓词逻辑的"消解原理"。1964—1966 年间，约瑟夫·魏岑鲍姆（Joseph Weizenbaum）开发了历史上第一个聊天机器人 ELIZA，被用于在临床治疗中模仿心理医生。这一系列的研究成果，掀起了人工智能发展的第一个高潮。

（2）第一个低谷（20 世纪 60—70 年代初）。人工智能发展初期的突破性进展大大提升了人们对人工智能的期望，人们开始尝试更具挑战性的任务，并提出了一些不切实际的研发目标。例如，1965 年西蒙提出"20 年内，机器将能做人所能做的一切"；1977 年，明斯基预言"在3～8 年时间里，我们将研制出具有普通人智力的计算机，这样的机器能读懂莎士比亚的著作，会给汽车上润滑油，会玩弄政治权术，能讲笑话，会争吵……它的智力将无与伦比"。

然而，过高预言的失败和预期目标的落空（如无法用机器证明两个连续函数之和还是连续函数、机器翻译闹出笑话等），给人工智能的声誉造成重大伤害，并使其发展走入低谷。

（3）应用发展期（20 世纪 70 年代初至 80 年代中）。20 世纪 70 年代出现的专家系统模拟人类专家的知识和经验解决特定领域的问题，实现了人工智能从理论研究走向实际应用、从一般推理策略探讨转向运用专门知识，是人工智能发展史上的一次重要突破和转折。1976 年，费根鲍姆研制的医疗专家系统 MYCIN，用于协助内科医生诊断细菌感染疾病，并提出最佳处方。同年，斯坦福大学的杜达等研制了地质勘探专家系统 PROSPECTOR。专家系统在医疗、化学、地质等领域取得的成功，推动了人工智能走入应用发展的新高潮。

（4）第二个低谷（20 世纪 80 年代中至 90 年代中）。随着人工智能的应用规模不断扩大，最初大获成功的专家系统维护费用居高不下。它们难以升级、应用领域狭窄、缺乏常识性知识、知识获取困难、推理方法单一、缺乏分布式功能、难以与现有数据库兼容等问题逐渐暴露出来，再加上 80 年代晚期，对人工智能资助的大幅削减，使其发展又一次陷入低谷。

（5）稳步发展期（20 世纪 90 年代中至 2010 年）。这一时期，机器学习、人工神经网络、智能机器人和行为主义研究趋向深入，智能计算弥补了人工智能在数学理论和计算上的不足，更新和丰富了人工智能理论框架，使人工智能进入一个新的发展时期。同时，由于网络技术特别是互联网技术的发展，加速了人工智能的创新研究，促使人工智能技术进一步走向实用化。1997 年，IBM 超级计算机"深蓝"战胜了国际象棋世界冠军卡斯帕罗夫。2000 年，本田公司发布了机器人产品 ASIMO，经过十多年的升级改造，是目前全世界最先进的机器人之一。2008 年，IBM 提出"智慧地球"的概念。

（6）蓬勃发展期（2011 年至今）。随着大数据、云计算、互联网、物联网等信息技术的快速发展，数据的爆发式增长为人工智能提供了充分的"养料"，泛在感知数据和图形处理器等计算平台推动以深度神经网络为代表的人工智能技术飞速发展，大幅跨越了科学与应用之间的"技术鸿沟"，如图像分类、语音识别、知识问答、人机对弈、无人驾驶等人工智能技术实现了从"不能用、不好用"到"可以用"的技术突破。人工智能迎来它的蓬勃发展期，人类已经正式跨入人工智能时代。

3．流派

人工智能诞生至今，许多不同学科背景的学者都曾对其做出过各自的理解，提出不同的观点，由此产生了不同的学术流派。根据研究的理论、方法及侧重点的不同，目前人工智能主要有符号主义（symbolicism）、连接主义（connectionism）和行为主义（actionism）三大学派。

（1）符号主义——数理逻辑。符号主义又称逻辑主义、心理学派或计算机学派，奠基人是西蒙，代表人物有西蒙、纽厄尔、尼尔逊等。符号主义学派认为人工智能源于数理逻辑，人类认知和思维的基本单元是符号，而认知过程就是在符号表示上的一种运算。其核心是符号推理与机器推理，用某种符号来描述人类的认知过程，并把这种符号输入到能处理符号的计算机中，从而模拟人类的认知过程，实现人工智能。

人工智能中，符号主义的一个代表就是机器定理证明。机器定理证明经常对于已知的定理能给出新颖的证明方法，但在机器定理证明过程中会推导出大量符号公式，且机器无法抽象出几何直觉，也无法建立审美观念。因此，迄今为止，机器并没有自行发现深刻的未知数学定理。但即便如此，人工智能在某些方面的表现已超越人类，如基于符号主义的人工智能专家系统——IBM 公司的"沃森"参加了一档智力问答节目并战胜了两位人类冠军。

（2）连接主义——仿生学。连接主义又称仿生学派或生理学派，奠基人是明斯基，代表人物有约翰·霍普菲尔德、亚·莱卡等。连接主义学派通过算法模拟神经元，并把这样一个单元叫作感知机，将多个感知机组成一层网络，多层这样的网络互相连接最终得到神经网络。

这一学派认为人工智能源于仿生学，特别是对人脑模型的研究。其核心是神经元网络与深度学习，从神经生理学和认知科学的研究成果出发，把人的智能归结为人脑的高层活动的结果，强调智能活动是由大量简单的单元通过复杂的相互连接后并行运行的结果。20 世纪 60—70 年代，以感知机为代表的脑模型研究出现过热潮，但由于受当时理论模型、生物原型和技术条件等限制，脑模型研究在 20 世纪 70 年代后期至 80 年代初期落入低潮。直到 1982 年和 1984 年霍普菲尔德教授发表两篇重要论文，提出用硬件模拟神经网络，连接主义才又重新兴起。进入 21 世纪后，连接主义提出了"深度学习"的概念。

（3）行为主义——控制论。行为主义又称进化主义或控制论学派，是一种基于"感知—行动"的行为智能模拟方法，奠基人是维纳。其原理为推崇控制、自适应与进化计算。行为主义学派认为，行为是有机体用以适应环境变化的各种身体反应的组合，它的理论目标在于预见和控制行为。

行为主义是在 20 世纪末以人工智能新学派的面孔出现的，最早期引起了许多人的兴趣，人们对它的期望值比较高，但这些年来没有进一步兴起。这一学派的代表作首推布鲁克斯（Brooks）的六足行走机器人，是一个基于感知-动作模式的模拟昆虫行为的控制系统，它被看作是新一代的"控制论动物"。

当前，在人工智能领域中热度最高的是深度学习、深度神经网络，属于连接主义；符号主义的代表性成果是专家系统；行为主义的贡献主要体现在智能控制、机器人控制系统方面。

1.1.3　人工智能的研究目标和意义

随着大数据、类脑计算和深度学习等技术的快速发展，人工智能浪潮再一次被掀起。人工智能的本质就是研究并制造出能够模拟人类智能活动的智能机器或智能系统，来延伸、扩展人们的智能。因此，人工智能的研究目标和意义也基于这个本质展开。

1. 研究目标

从人工智能学科诞生开始，人工智能就被概述为制造智能机器的科学与工程。根据发展过程，人工智能的研究目标可分为近期目标和远期目标。

近期目标就是研究如何使计算机变得更加聪明，使其在某一研究方面或者某一程度上模拟人类的智能，能够运用知识去处理问题，去做那些过去只有靠人的智力才能完成的工作；或者对于具体的应用领域，为人们提供辅助性的智能工具，帮助人们解决问题，避免一些需要重复进行的劳动，减少人们脑力劳动的强度。尽管人工智能在其发展历程中受到重重阻力，甚至曾陷入困境，但它仍然在艰难地前行着。

远期目标就是要求计算机不仅能模拟而且可以延伸、扩展人的智能，达到甚至超过人类智能的水平，这也是人工智能的根本目标。需要指出的是，人工智能的远期目标虽然现在还不能全部实现，但在某些方面，当前的机器智能已表现出相当高的水平。例如，在博弈、推理、识别、机器学习以及调度、控制、翻译等方面，当前的机器智能已达到或接近与人类媲美的水平，且在有些方面甚至已经超过了人类。例如，国际上著名的 ImageNet 图像分类大赛，使用传统的系统只能正确标记 72%的图片，2015 年，一个深度学习系统以 96%的准确率第一次超过了人类的平均水平。深度学习是机器学习发展到一定阶段的产物，而机器学习正是人工智能的一个重要分支。

总体来说，人工智能的近期目标与远期目标之间并没有严格的界限，二者是相辅相成的。近期目标为远期目标奠定基础，远期目标为近期目标指明前进的方向。同时，近期目标也会随着人工智能的发展做出相应的调整，以不断接近远期目标。

此外，李文特和费根鲍姆从人工智能研究的内容出发，从另一角度提出了人工智能最终要实现的九个目标，分别是理解人类的认识、有效的自动化、有效的智能拓展、超人的智力、通用问题求解、连贯性交谈、自治、学习和存储信息等。

2. 研究意义

随着时代的发展，互联网技术的革新，计算机已逐渐成为人们日常生活中不可或缺的一部分,各行各业几乎都要与其打交道。计算机在当今时代的重要性从它的俗称上也可体现出来:计算机俗称"电脑",和人脑一样都可进行信息处理,是迄今为止最有效的信息处理工具。但现在普通的计算机系统只能被动地按照人们为它事先安排好的步骤工作,智能水平还很有限。那么能否让计算机同人脑一样也具有智能呢?这便是人们研究人工智能的初衷。

事实上,如果计算机自身也具有一定智能的话,那么它的功效将会发生质的飞跃,便成为名副其实的"电脑"。这样的"电脑"将是人脑更为有效的扩大和延伸,也是人类智能的扩大和延伸,其作用将是不可估量的。例如,用这样的电脑武装起来的 AlphaGo 战胜了当时的世界围棋冠军。因此,人工智能的出现及发展,标志着人类社会新时代的到来。对人工智能的研究,意义非凡。

首先,研究人工智能是当今时代的迫切要求,人工智能领域的国际竞争日益激烈,世界主要国家纷纷出台人工智能战略、策略和政策。人类社会早已进入信息化时代,信息化的进一步发展,就必然需要智能技术的支持。人工智能不再是一国之事,而是多国协作竞争,关乎国运的事。

其次,研究人工智能,对探索人类自身智能的奥秘也可提供有益的帮助。通过电脑对人脑进行模拟,从而揭示人脑的工作原理,发现自然智能的渊源。事实上,有一门称为"计算神经科学"的学科,就是使用数学分析和计算机模拟的方法在不同水平上对人脑和神经系统进行模拟和研究,以揭示其智能活动的机理和规律。

最后,研究人工智能,了解人工智能的基本思想,对人工智能的发展有正确的认识,也是对处于当下的我们提出的要求。目前,人工智能已应用于多个领域,已经渗透到我们的日常生活中,我们只有更好地认识它、理解它,才能更好地使用它,更好地让其为我们服务。

1.1.4　人工智能的研究途径

不同的人在对人工智能进行研究时,研究途径会有所不同。目前研究过程中通常会采用两条途径:一条是由内到外,从揭示人脑的结构和人类智能的奥秘入手,目的是弄清楚大脑处理信息的过程,目标是创立信息处理的智能理论;另一条是由外到内,从应用计算机模拟人的智能活动入手,目标是研究开发智能机器或系统,力求达到与人的智能活动相类似的效果。但这种划分方式过于笼统,下面将对人工智能的研究途径做进一步细分。

1. 心理模拟,符号推演

所谓"心理模拟,符号推演",就是以人脑的心理模型为依据,将问题或者知识表示成某种逻辑网络,采用符号推演的方法,实现搜索、推理、学习等功能,从宏观上来模拟人脑的逻辑思维过程,从而实现人工智能。符号推演是人工智能研究中最早使用的方法之一,人工智能的许多重要成果也都是用该方法取得的,如自动推理、定理证明、问题求解、机器博弈、专家系统等。

2. 生理模拟,神经计算

所谓"生理模拟,神经计算",就是根据人脑的生理结构和工作机理,以智能行为的生理模型为依据,采用数值计算的方法,模拟脑神经网络的工作过程,实现计算机的智能,即人工智能。我们知道,人脑的生理结构是由大量神经细胞组成的神经网络。人脑是一个动态的、开放的、高度负责的巨系统,人们至今对它的生理结构和工作机理还未完全弄清楚。因此,目前的结构模拟只是对人脑的局部或近似模拟,也就是从群智能的层面进行模拟,从而实现人工智能。生理模拟和神经计算目前已经成为人工智能研究中不可或缺的重要途径。

3. 行为模拟，控制进化

人工智能除了上述两种研究途径和方法外，还有一种基于"感知-行为"模型的研究途径和方法，称为行为模拟法。这种方法是模拟人和动物在与外界环境交互、控制过程中的智能活动和行为特性，如自寻优、自适应、自学习、自组织等，来研究和实现人工智能。基于这一研究途径的典型代表是麻省理工学院的布鲁克斯教授，他研制的六足机器人代表了"现场人工智能"研究的新方向，曾一度引起人工智能界的广泛关注。

4. 群体模拟，仿生计算

所谓"群体模拟，仿生计算"，就是模拟生物群落的群体智能行为，从而实现人工智能。集群是生物中一种常见的生存现象，如鸟群、鱼群、昆虫、微生物乃至我们人类自身。群体中个体的行为比较简单，但群体组合在一起就表现出智能行为，如鸟群通过协作进行捕食、迁徙，鱼聚集成群可以有效逃避捕食者，头脑简单的蜜蜂聚集成群可以构造出世界上最完美的建筑物等。

通过对群体行为的模拟产生了很多群智能算法，如模拟蚂蚁觅食行为的蚁群算法、模拟鸟群觅食行为的粒子群优化算法、模拟生物免疫系统工作机理的人工免疫算法、借鉴生物界进化规律演化而来的遗传算法等。这些算法在解决组合优化等问题中表现出卓越的性能。通过一些诸如遗传、变异、选择、交叉等算子或操作来实现的对群体智慧的模拟，我们统称为仿生计算。目前，这一研究途径展现出光明的前景。

5. 博采广鉴，自然计算

所谓"博采广鉴，自然计算"，是指从生命、生态、系统、社会、数学、物理、化学等众多学科和领域寻找启发和灵感，模仿或借鉴自然界中的某种机理设计计算模型，从而展开人工智能的研究。这类计算模型通常具有自适应、自组织、自学习、自寻优等能力。自然计算可认为是传统计算的扩展，能够解决传统计算中难以解决的各种复杂问题，在大规模复杂系统的最优化设计、优化控制、创造性设计、网络安全等领域具有很好的应用前景。

6. 原理分析，数学建模

所谓"原理分析，数学建模"，就是从智能本质和原理入手进行分析，直接采用统计学、概率论及其他数学理论和方法来建立智能行为模型，从而展开人工智能的研究。例如，人们用概率统计原理（特别是贝叶斯定理）来处理不确定性信息和知识，建立不确定性推理的一系列原理和方法。又如，人们用数学中的距离、空间、函数、变换等概念和方法，开发了支持向量机等机器学习的原理和方法。人工智能这一研究途径的特点就是纯粹用人的智能去实现机器智能，这也是人工智能中不可或缺的一种研究途径。

人工智能的各研究途径并不是独立存在的，各有优缺点，是并存和互补的关系，不可相互取代。应利用各自的优点来弥补对方研究过程中存在的不足之处，从而逐步建立统一的人工智能理论体系和研究方法。

1.2 人工智能的现在和未来

人工智能作为计算机科学的一个分支，其研究目标是用机器，通常为电脑、电子仪器等，尽可能地模拟人的智能活动，并争取在这些方面最终具有改善并超出人的能力。它的研究领域及应用范围十分广泛，并随着科学技术和配套体系的发展成熟，其市场知名度也在不断提升，发展前景十分可观。

1.2.1　人工智能的研究领域

人工智能的研究领域

对人工智能的研究大多是结合具体的领域进行的，主要研究领域有机器学习、自然语言处理、计算机视觉、智能机器人、机器博弈、模式识别、专家系统、数据挖掘、"智能+"领域等。从人工智能学科成立至今，人工智能已在众多的研究领域取得了可喜的成绩，当前几乎所有的科学与技术的分支都在使用人工智能领域提供的理论和技术。

1. 机器学习

学习是人类和某些高级动物所拥有的重要智能行为。中国有句古话叫作"活到老，学到老"，就是说因为知识更新的速度很快，只有不断学习才能跟上发展。学习是人们获取知识的重要途径，而知识是智能的基础，要使计算机具有智能，就必须使它具有知识。

机器学习是使计算机具有智能的根本途径，其涉及概率论、统计学、凸分析等多个研究方向，是人工智能的核心研究领域之一。机器学习研究的主要目标是使机器本身获取知识，使机器能够总结经验，纠正错误，探索规律，提高性能，具有较强的环境适应性。机器学习的核心是"使用算法解析数据，从中学习，然后对世界上的某些事情做出决定或预测"，有三种主要的学习类型：监督学习、无监督学习和强化学习。

机器学习技术在我们日常生活中的应用已经非常普遍，从搜索引擎到指纹识别，从用户推荐到辅助驾驶，我们可能在毫无察觉的情况下每天使用不同的机器学习技术达几十次之多，其极大地改变着我们的生产生活方式。

机器学习发展的另一个重要节点是深度学习的出现，深度学习是基于现有的数据进行学习操作，其动机在于建立、模拟人脑进行分析学习的神经网络，它模拟人脑的机制来解释数据，属于无监督学习的一种。

2. 自然语言处理

自然语言处理是人工智能中一个看似简单，但实际上却十分困难的研究课题。它一方面是语言信息处理的一个分支，另一方面又是人工智能的核心领域之一。比尔•盖茨曾说过："语言理解是人工智能皇冠上的明珠。"自然语言理解处在认知智能最核心的地位，自然语言处理技术会推动人工智能整体的进步，从而使得人工智能技术可以落地实用化。

自然语言处理研究用电子计算机模拟人的语言交际过程，使计算机能理解和运用人类社会的自然语言，实现人机之间的自然语言通信，以代替人的部分脑力劳动。它是一门融语言学、计算机科学、数学等于一体的科学，目的是研究人与计算机之间用自然语言进行有效通信的各种理论和方法。

研制中的第五代计算机的主要目标是让计算机能够理解和使用自然语言。从目前的理论和技术情况来看，它主要适用于机器翻译、自动文摘、知识图谱、文本相似度计算、语音识别、情感计算、聊天机器人等领域。通用的高品质的自然语言处理系统仍将是一个长期的目标。

3. 计算机视觉

计算机视觉是一门研究如何对数字图像或视频进行高层理解的交叉学科。从人工智能的视角来看，计算机视觉赋予机器"看"的智能，属于感知智能的范畴。计算机视觉是指用摄影机和电脑代替人眼对目标进行识别、跟踪和测量等，并进一步做图形处理，使之成为更适合人眼观察或传送给仪器检测的图像。

计算机视觉就是用各种成像系统代替视觉器官作为输入敏感手段，由计算机来代替大脑完成处理和解释。其主要任务是通过对采集的图片或者视频进行处理，从而获得相应场景的三维信息。最终研究目标是使计算机能像人那样通过视觉观察和理解世界，具有自主适应环境的能力。

自 20 世纪 60 年代开始，计算机视觉取得了长足的进展，特别是 2012 年以来，深度学习的复兴，加之高性能计算装置和强监督大数据的大力支撑，计算机视觉相关算法在性能上取得了质的飞跃，在人脸识别、图像分类、目标检测、医疗读图等方面已经逼近甚至超越普通人类的视觉能力。

4. 智能机器人

机器人是集机械、电子、控制、计算机、传感器、人工智能等多学科及前沿技术于一体的高端装备，是制造技术的制高点。机器人最早出现在工业领域，随着时代的发展，逐渐走向更为广泛的应用场景，如以家用服务、医疗服务等为代表的服务型机器人以及用于应急救援、极限作业和军事的特种机器人。当前，机器人系统正朝着智能化系统的方向不断发展。

如今，我们的身边逐渐开始出现很多智能机器人，智能机器人是指能够模拟人类行为的、可再编程序的多功能操作装置。他们具备形形色色的内部信息传感器和外部信息传感器，如视觉、听觉、触觉、嗅觉。除具有感受器外，它还有效应器，作为作用于周围环境的手段。这些机器人都离不开人工智能的技术支持，是人工智能中视觉感知系统、问题求解系统、计划产生系统等领域技术的综合应用成果。

总的来说，智能机器人的研制不但涵盖所有的人工智能技术，而且涉及其他众多的学科和领域。科学家们认为，智能机器人的研发方向是，给机器人装上"大脑芯片"，从而使其智能性更强，在认知学习、自动组织、对模糊信息的综合处理等方面将会前进一大步。

5. 机器博弈

博弈，起源于下棋，后来将下棋、打牌、战争等一类竞争性的智能活动称为博弈。博弈是人类社会和自然界中普遍存在的一种现象。博弈的双方可以是个人、群体，也可以是生物群或智能机器，双方都力图用自己的智慧获取成功或击败对方。让计算机学会下棋是人们使机器具有智能的最早尝试。机器博弈是人工智能最早的研究领域之一，且经久不衰。

早在 1956 年，塞缪尔就研制出跳棋程序，这个程序能够从棋谱中进行学习，并能从实战中总结经验。1959 年，该跳棋程序击败了塞缪尔本人，1962 年又击败了当时美国的一个州冠军。

1997 年，IBM 的"深蓝"计算机系统击败了蝉联 12 年之久的世界国际象棋冠军卡斯帕罗夫，轰动了全世界。此后十年，人机互有胜负，直到 2006 年棋王卡拉姆尼克被 Deep Fritz 击败，之后人类在国际象棋比赛中再也没有赢过计算机。

2016 年，DeepMind 研制的围棋程序 AlphaGo 以 4∶1 战胜韩国棋手李世石，成为第一个击败人类职业围棋选手的计算机程序。2017 年，AlphaGo 在乌镇以 3∶0 完胜柯洁。2017 年 12 月，DeepMind 又推出一款名为 Alpha Zero 的通用棋类程序，除了围棋外，该程序还会国际象棋等多种棋类。可以说，在棋类比赛上人类已不再是人工智能的对手。

另外，机器人足球赛也是机器博弈的一个赛场。近年来，国际大赛不断，盛况空前。由此可见，机器博弈是对机器智能水平的测试和检验，对它的研究将有力推动人工智能技术的快速发展。

6. 模式识别

识别是人和生物的基本智能信息处理能力之一。日常生活中，人们几乎无时无刻不在对周围世界进行着识别。所谓模式识别，是指处理和分析用来表征事物或现象的各种形式（数值、文字和逻辑等）的信息，对事物或现象进行识别和分类，简单来说，就是让计算机能够认识它周围的事物，使人们与计算机之间的交流更加自然与方便。

模式识别是信息科学和人工智能的重要组成部分，包括语音识别（听）、语音合成（说）、文字识别（读）、自然语言理解与计算机图形识别等。现在的计算机可以说是又聋又哑，而且还是个瞎子，如果模式识别技术能够得到充分发展并应用于计算机，那么人们就可以很自然地与计算机进行交流，不需要那些烦琐的代码就可以直接给计算机下命令。这也为研究智能机器人提供了必要条件，它能使机器人像人一样与外面的世界进行交流。

模式识别现已发展成为一门独立的学科，其应用也十分广泛，在诸如信息、遥感、医学、军事、安全等方面都取得了不错的进展，对科学技术的发展也产生了深远的影响。

7. 专家系统

人工智能初期阶段的研究失败，使研究者们逐渐意识到知识的重要性。一个专家之所以能够很好地解决本领域的问题，就是因为他具备本领域的专门知识。那么能否将专家的知识总结出来，以计算机可以使用的形式加以表达，让计算机系统利用这些知识像专家一样解决特定领域的问题？这就是专家系统研究的初衷。

在人工智能的发展历程中，比较著名的专家系统有 DENDRAL 和 MYCIN。DENDRAL 主要用来帮助化学家判断某待定物质的分子结构，MYCIN 主要用来帮助医生对住院的血液感染患者进行诊断和选用抗生素类药物进行治疗。其中，MYCIN 确定了专家系统的基本结构，为后来的专家系统研究奠定了基础。

与传统的计算机程序相比，专家系统以知识为中心，注重知识本身而不是确定的算法。专家系统所要解决的是复杂而专门的问题，是目前人工智能中最重要的也是最活跃的一个研究领域。专家系统是指含有某个领域专家水平的知识与经验，利用人类专家的知识和解决问题的方法来处理该领域问题的智能计算机程序系统，通常由六个部分组成：人机交互界面、知识库、推理机、解释、综合数据库和知识获取，其中知识库和推理机相互分离。专家系统的体系结构随专家系统的类型、功能和规模不同而有所差异。

近年来，专家系统技术已经逐渐成熟，已广泛应用于工程、医学、军事、商业等领域，成果丰硕。甚至在一些应用领域，它已超越了人类专家的智慧和判断力。

8. 数据挖掘

数据挖掘是人工智能研究领域中的一个热门领域，它能够满足人们从大量的数据中挖掘出隐含的、未知的、有潜在价值的信息和知识的要求。数据挖掘是指从大量的数据中通过算法搜索隐藏于其中信息的过程，挖掘结果可供数据拥有者决策使用。它通常与计算机科学有关，并通过统计、在线分析处理、情报检索、机器学习、专家系统（依靠过去的经验法则）和模式识别等诸多方法来实现上述目标，主要分类有广告计算、推荐系统、用户画像、各类预测分类任务等。

数据挖掘之所以发展起来，主要是因为大数据的发展，用传统的数据分析的方式已经无法处理那么多看似不相关的数据，因此需要数据挖掘技术去提取各种数据和变量之间的相互关系，从而精炼数据。数据挖掘本质上像是机器学习和人工智能的基础，其主要目的是从各种各样的数据来源中，提取出超集（superset）的信息，然后将这些信息合并，让你发现你从来没有想到过的模式和内在关系。目前，数据挖掘在市场营销、银行、制造业、保险业、计算机安全、医药等领域已经有许多成功案例。

9. "智能+"领域

随着人工智能技术研究与应用的持续和深入发展，人工智能对传统行业的带动效应也已凸显，"智能+"领域的应用生态正在逐步形成，因此对其进行的研究更具现实意义。

智能控制就是把人工智能技术引入控制领域，建立智能控制系统。目前，它主要应用于生产过程、先进的制造系统、电力系统等。

智能管理就是把人工智能技术引入管理领域，建立智能管理系统。它主要研究如何提高计算机管理系统的智能水平，以及智能管理系统的设计理论、方法与实现技术，是现代管理科学技术发展的必然趋势。

智能交通就是在公共交通的各个环节引入人工智能技术，建造智能交通系统，实现路况实时监测、车辆实时调度、实时路径规划等。其实，现在的交通系统已部分实现智能化。

智能教育就是在教育的各个环节引入人工智能技术，实现教育智能化。智能教育将会使当前的教育形式、教学方式、教学方法、教育资源分配等都发生重大的变革，个性化教育、远程教育、因材施教等设想，都会陆续成为现实。

另外，人工智能技术在医疗诊断、通信、预测、仿真、家居、设计与制造等领域也都有广泛的应用，影响着我们生活的方方面面，这也使得我们生活的地球越来越智能化。

1.2.2 人工智能的发展趋势

人工智能是一门交叉学科，集成了计算机科学、生理学和哲学等学科。跟其他高科技一样，人工智能也是一把双刃剑。了解人工智能的发展现状，认识人工智能的社会影响，把握人工智能未来的发展趋势，有利于我们更好地认识、发展人工智能。

1. 发展现状

纵观整个人工智能的发展史，当前大环境下人工智能的发展现状主要体现在以下几个方面：

（1）专用人工智能已经有了突破性的进展，通用人工智能尚处于起步阶段。专用人工智能就是让人工智能专门去做一件事，如下围棋、踢足球等。在特定领域或单一任务方面，人工智能可以超越人类智能。但人类大脑是一个通用的智能系统，能够举一反三，融会贯通，可谓"一脑多用"，因此人工智能距离人类智能水平还有巨大差距，通用人工智能的研究与应用任重道远。

（2）"智能+"成为人工智能应用的创新模式。"智能+X"应用范式日趋成熟，人工智能在向各行各业快速渗透，进而重塑整个社会发展。人工智能在"智能+安防""智能+制造""智能+交通""智能+医疗""智能+家居"等领域的应用，成为驱动第四次技术革命的最主要表现方式。

（3）过分"宣传"人工智能产品，夸大人工智能的作用和能力。Fast Company 曾强调，人工智能发明了人类无法理解的语言，并称"Facebook 的研究员是在认为这些机器人失控的情况下，决定'拔掉插头'，结束这项研究的"。实际上这种"失控"在任何一个成熟的语言智能实验室都可以实现，甚至这种情况正是典型的实验失败，而不是创造了新的语言。

（4）人工智能的快速发展，带来的该领域的安全、伦理、隐私等方面的问题不容忽视。

人工智能最大的特征是能够实现无人类干预，基于知识并能够自我修正地自动化运行，设计者和生产者在开发人工智能产品时可能并不能准确预知某一产品可能存在的风险。因此，人工智能的安全问题不容忽视。另外，在人工智能发展的过程中，应当包含对人类伦理价值的正确考量及对个人信息的合理使用，发展负责任的人工智能。

2. 未来趋势

经过六十多年的发展，人工智能在算法、算力（计算能力）和算料（数据）等"三算"方面取得了重要突破，正处于从"不能用"到"可以用"这样一个技术拐点，但距离"很好用"还有很大距离。那么在可以预见的未来，人工智能发展将会出现怎样的趋势与特征呢？总结如下：

（1）从专用智能向通用智能发展。专用人工智能系统任务单一、需求明确、领域知识丰富、应用边界清晰，但只专注在某一特定领域，通用性不强，不是人工智能发展的最终方向。真正完备的人工智能系统应该是一个通用的智能系统。现在许多国家、开发团队等都在朝着通用智能的方向发展。例如，AlphaGo 系统开发团队创始人戴密斯·哈萨比斯提出朝着"创造解决世界上一切问题的通用人工智能"这一目标前进，微软在 2017 年成立了通用人工智能实验室。

（2）从人工智能向人机混合智能发展。人机混合智能旨在将人的作用或认知模型引入人工智能系统中，提升人工智能系统的性能，使人工智能成为人类智能的自然延伸和拓展，通过人机协同更加高效地解决复杂问题。在我国新一代人工智能规划和美国脑计划中，人机混合智能都是重要的研发方向。

（3）从"人工+智能"向自主智能系统发展。当前人工智能领域的大量研究集中在深度学习，但是深度学习的局限是需要大量人工干预，非常费时费力。因此，科研人员开始关注减少人工干预的自主智能方法，提高机器智能对环境的自主学习能力。

（4）人工智能将加速与其他学科领域交叉渗透。人工智能本身就是一门综合性的前沿学科和高度交叉的复合型学科，其发展需要与计算机科学、数学、认知科学、神经科学和社会科学等学科深度融合。同时，人工智能的发展也会促进脑科学、认知科学、生命科学甚至化学、物理、天文学等传统科学的发展。

（5）人工智能领域的国际竞争将日益激烈。世界主要国家纷纷出台人工智能战略、策略和政策，我国政府也是高度重视。在我国，人工智能已上升为国家战略。《新一代人工智能发展规划》（国发〔2017〕35 号）提出"到 2030 年，使中国成为世界主要人工智能创新中心"。我国在基础研究方面已经拥有人工智能研发队伍和国家重点实验室等设施齐全的研发机构，在人工智能相关的课题研究、研发产出的数量和质量等方面都取得了突出成果。目前，我国科大讯飞在智能语音技术上处于国际领先水平，人工智能专用芯片有望成为下一个爆发点，智能语音产业链已经逐渐成形，产业规模大幅提升。未来十年内都将是人工智能技术加速普及的爆发期。

（6）人工智能的社会学将提上议程。人工智能的快速发展，在带来便利的同时，也带来了一些社会伦理、道德规范等方面的问题。需要从社会学的角度系统全面地研究人工智能对人类社会的影响，制定完善人工智能法律法规，规避可能的风险，以确保人工智能健康可持续发展，使其发展成果造福于民。

1.3　本章小结

本章首先介绍了人工智能概论，包括人工智能的定义、发展史及流派、研究目标和研究途径等，接着介绍了人工智能的现在和未来，包括当前的研究领域和未来的发展趋势。

人工智能是研究、开发用于模拟、延伸和扩展人的智能的理论、方法、技术及应用系统的一门新的技术科学，是多学科交叉的边缘学科。自诞生以来，在短短几十年的时间里人工智能经历了三起两落，形成了符号主义、连接主义和行为主义三大学术流派。根据发展的过程，人工智能的研究目标分为近期目标和远期目标。近期目标为远期目标奠定基础，远期目标为近期目标指明前进的方向。为了实现人工智能的研究目标，可从以下研究途径着手进行：①心理模拟，符号推演；②生理模拟，神经计算；③行为模拟，控制进化；④群体模拟，仿生计算；⑤博采广鉴，自然计算；⑥原理分析，数学建模。

对人工智能的研究大多是结合具体的领域进行的，人工智能的研究领域主要有机器学习、自然语言处理、计算机视觉、智能机器人、机器博弈、模式识别、专家系统、数据挖掘、"智能+"领域等。与其他高科技一样，人工智能也是一把双刃剑。了解人工智能的发展现状，认识人工智能的社会影响，把握人工智能未来的发展趋势，有利于我们更好地认识、发展人工智能。

习题 1

一、选择题

1. 作为计算机科学的一个分支，人工智能的英文缩写是（　　　）。
   A．CPU　　　　　　B．AI　　　　　　C．BI　　　　　　D．DI
2. 人工智能诞生于（　　　）年的达特茅斯会议。
   A．1954　　　　　　B．1955　　　　　C．1956　　　　　D．1957
3. 人工智能的目的是让机器能够（　　　），以实现某些脑力劳动的机械化。
   A．具有完全的智能　　　　　　　B．和人脑一样考虑问题
   C．完全代替人　　　　　　　　　D．模拟、延伸和扩展人的智能
4. 人工智能领域中为了检验一台机器是否具有智能，需要进行（　　　）。
   A．图灵测试　　　　　　　　　　B．乔布斯测试
   C．达特茅斯测试　　　　　　　　D．中文屋测试
5. 盲人看不到一切物体，但他们可以通过辨别人的声音识别人，这是智能的（　　　）方面。
   A．行为能力　　　　　　　　　　B．感知能力
   C．思维能力　　　　　　　　　　D．学习能力
6. 被誉为"人工智能之父"的科学大师是（　　　）。
   A．爱因斯坦　　　　　　　　　　B．冯·诺依曼
   C．钱学森　　　　　　　　　　　D．图灵
7. 强人工智能强调人工智能的完整性，下列（　　　）不属于强人工智能。
   A．（类人）机器的思考和推理就像人的思维一样
   B．（非类人）机器产生了和人完全不一样的知觉与意识
   C．看起来像是智能的，其实并不真正拥有智能，也不会有自主意识
   D．有可能制造出真正能推理和解决问题的智能机器

8．人类有可能制造出真正推理和解决问题的、有知觉和自我意识的智能机器，这是（   ）的观点。

    A．强人工智能   B．弱人工智能   C．超人工智能   D．形式主义

9．人工智能的三大流派不包括（   ）。

    A．模仿主义   B．行为主义   C．连接主义   D．符号主义

10．连接主义认为人的思维基元是（   ）。

    A．符号   B．神经元   C．数字   D．图形

11．符号主义认为人工智能源于（   ）。

    A．数理逻辑   B．神经网络   C．信息检索   D．遗传算法

12．认为人的智能是人脑的高层活动的结果，强调智能活动是由大量的简单的单元通过复杂的相互连接后并行运算的结果，这是（   ）的观点。

    A．记忆主义   B．行为主义   C．符号主义   D．连接主义

13．以下关于人工智能的描述正确的是（   ）。

    A．通用人工智能技术已较为成熟   B．专用人工智能取得重要突破

    C．超级人工智能时代即将到来   D．我国人工智能理论研究水平高于其他国家

二、填空题

1．人工智能可分为_____、强人工智能和_____三类，也可以理解为三个级别。

2．1956年夏，在美国的_____召开了为期两个月的学术研讨会，此次会议由麦卡锡、明斯基、罗切斯特、香农等一批有远见卓识的青年科学家共同发起，研讨用机器来模拟智能的一系列相关问题。

3．人工智能学科从正式诞生发展至今，大概经历了起步发展期、第一个低谷、_____、第二个低谷、_____及蓬勃发展期等。

4．根据发展的过程，人工智能的研究目标可分为_____和_____。

5．经过六十多年的发展，人工智能在算法、_____和_____等"三算"方面取得了重要突破。

6．专用人工智能系统任务单一、需求明确、领域知识丰富、应用边界清晰，但只专注在某一特定领域，通用性不强，真正完备的人工智能系统应该是一个_____智能系统。

三、简答题

1．简述人工智能的定义和分类。

2．简述人工智能的发展史。

3．简述人工智能的主要流派。

4．简述人工智能的研究途径。

5．请结合自己专业，简述人工智能在所学专业中的应用。

6．请结合自己的了解与认识，畅想人工智能的未来。

第 2 章　知识表示与推理

本章导读

　　"使计算机像人一样思考"是人工智能最早被广泛接受的定义之一。人类的思考方式体现在能够运用知识进行推理，而计算机进行知识推理的前提在于知识的表示。因此，知识表示与推理是人工智能的重要研究内容之一。知识表示与推理是初学者了解知识表示方法，了解不确定性推理概念及相关推理方法等基本内容的基础知识，是应用知识的前提。本章主要介绍知识的概念、分类和特征，知识表示的相关方法，不确定性推理的概念、分类和相关推理方法等内容。读者应在理解相关概念的基础上重点掌握产生式表示法、框架表示法、概率推理、主观Bayes方法、可信度方法及模糊推理等内容。

本章要点

- 知识的概念、分类和特性
- 产生式表示法
- 框架表示法
- 不确定性推理的概念和分类
- 概率推理
- 主观 Bayes 方法
- 可信度方法
- 模糊推理

2.1　知识表示

　　人工智能研究问题的方法，就是模拟人类的智能活动。人类一切智能活动所表现出来的智能行为归根结底就是一个不断获取知识和应用知识的过程。知识是智能的基础，计算机要想具有智能，就必须像人类一样首先具有知识。但人类的知识需要用适当的模式表示出来，才能便于计算机访问和处理，这就是知识表示要解决的问题。因此，知识表示是人工智能中一个十分重要的研究课题。

2.1.1　知识的概念

　　"知识"是我们熟悉的名词，从接受教育开始，我们基本就在学习知识。日常生活中，人们也几乎每天都会涉及"知识"这一术语。例如，"知识改变命运""知识是人类进步的阶梯""知识就是力量""把我们学到的知识应用到社会实践中"等。但究竟什么是知识，它和信息及数据之间又具有什么样的联系呢？

事实上，人们生活在一个由大量信息组成的信息世界，每天在利用信息的同时也在产生大量新的信息。信息是推动社会发展和进步的最根本动力，甚至可以说谁掌握的信息多谁就能占据所在领域的先机。在信息时代，计算机系统处理和存储着大量的信息，但是就信息本身而言，它并不能被直接使用，需要以一定的形式表示出来，才能被人们识别、记忆和传递。数据是记录信息的符号，是信息的载体和具体表现形式；数据经过加工处理后，就成了信息，信息可以简单理解为数据中包含的有用的内容。因此，信息与数据是两个紧密相关的概念，它们之间既有联系又有区别。相同的数据在不同的环境下表示的含义不同，蕴含有不同的信息。例如，"0"和"1"这一对数据，在二进制中表示两个数字，在电路中表示低电平和高电平，在集合概念中表示空集和整体，在逻辑代数中表示假和真等。

信息在人类生活中占有十分重要的地位，但是，单一的信息并不足以表达一个完整的、复杂的问题，只有把相关的信息关联在一起，才具有实际的意义。一般把有关信息关联在一起所形成的信息结构称为知识。知识是人们在长期的生活及社会实践、科学研究及实验中积累起来的对客观世界的认识与经验。人们把实践中获得的信息关联在一起，就形成了知识。

接下来，我们来看一个例子：全球零售业巨头沃尔玛在对消费者购物行为进行分析时发现，男性顾客在购买婴儿尿片时，常常会顺便搭配几瓶啤酒来犒劳自己，于是尝试推出了将啤酒和尿布摆在一起的促销手段。没想到这个举措居然使尿布和啤酒的销量都大幅增加了。这就是有名的"啤酒与尿布"的故事。如果以我们日常的思维来思考，人们恐怕很难把这两样商品联系在一起，更别说放在一起进行销售。这就需要在大量的数据背后发掘出隐藏着的可用信息，通过对信息的分析，找出"啤酒"与"尿布"之间确实存在关联关系，此时，这种关联关系就已经变成了有用的知识。

因此，数据、信息和知识是三个层次的概念。数据经过加工处理形成信息，把有关的信息关联在一起，经过处理就形成了知识。知识反映了客观世界中事物之间的关联关系，不同事物或者相同事物之间的不同关系形成了不同的知识。这种关联关系有多种，其中最常见的有规则、事实等。规则通常以"如果……，则……"的形式出现，反映两个事物之间的因果关系。例如，"如果大雁向南飞，则冬天就要来临了""如果温度低于0℃，则水就会结冰"等。事实通常以"……是……"的形式出现，陈述的是一种状态或一种现象。例如，"雪是白色的""今天不下雨"等。人类在社会实践过程中，其主要的智能活动就是获取知识，并运用知识解决生活中遇到的各种问题。

2.1.2　知识的分类和特性

知识是人们对客观事物及其规律的认识，还包括人们利用客观规律解决实际问题的方法和策略等。不同的学者在对知识进行研究时，由于观察的角度不同形成了不同的分类方法。

1. 知识的分类

下面介绍几种比较常见的知识分类方法。

（1）就形式而言，知识分为显式知识和隐式知识。显式知识是指可用人能直接识别和处理的形式，如语言、文字、符号、形象、声音等，明确地在其载体上表示出来的知识，例如，我们从书本上学习的知识。隐式知识则是不能用上述形式表示的知识，即那些"只可意会，不可言传或难以言传"的知识，例如，游泳、驾车、表演的有关知识。其中，隐式知识只可用神经网络存储和表示。

（2）就作用范围而言，知识分为常识性知识和领域性知识。常识性知识是人们普遍知道的知识，适用于所有领域，属于通用性知识。领域性知识是面向某个具体领域的知识，只有专业的人员才能掌握并用来求解领域内的相关问题，属于专业性知识。

（3）就确定性而言，知识分为确定性知识和不确定性知识。确定性知识是指可指出其真值为"真"或"假"的知识，是精确的知识，例如，"两个奇数之和是偶数"就是一条确定性知识。不确定性知识是指具有"不确定性"的知识，是不精确、不完全及模糊性知识的总称，例如，命题"若天阴，则可能下雨"就是一条不确定性知识。

（4）就确切性而言，知识分为硬的、确切描述的知识和软的、非确切描述的知识。例如，"奥运会冠军"就是一个确切的"硬"概念，而"优秀运动员"就是一个不确切的"软"概念。

（5）就作用及表示而言，知识分为事实性知识、过程性知识和控制性知识。事实性知识用于描述事物的概念、定义、属性，或状态、环境、条件等；过程性知识用于求解过程的操作、演算和行为，即如何使用事实性知识的知识；控制性知识是关于如何使用过程性知识的知识，如推理策略、搜索策略、不确定性的传播策略等。以"从北京到郑州是乘飞机还是坐火车"为例，其中的知识分类如下：

1）事实性知识：北京、郑州、飞机、火车、时间、费用。

2）过程性知识：乘飞机、坐火车。

3）控制性知识：乘飞机较快、较贵；坐火车较慢、较便宜。

（6）就人类的思维及认识方法而言，知识分为逻辑性知识和形象性知识。逻辑性知识是反映人类逻辑思维过程的知识；形象性知识是通过形象思维所获得的知识。

2. 知识的特性

知识是人类对客观世界认识的结晶，想要更好地理解知识，就要了解知识的特性。知识主要具有以下几个特性：

（1）相对正确性。任何知识都是在一定的条件及环境下产生的，只有在这种条件及环境下才是正确的。在这里，"一定的条件及环境"是必不可少的，它是知识正确性的前提。例如，1+1=2，这是一条妇孺皆知的正确知识，但它也只是在十进制的前提下才是正确的；如果是二进制，它就不正确了。

在人工智能领域，知识的相对正确性就更加突出。例如，在构建动物识别系统中，如果识别的范围限制在老虎、狮子、斑马、长颈鹿、鸵鸟、信天翁这六种动物中，那么针对知识"IF 该动物是鸟 AND 善飞，则该动物是信天翁"就是正确的。所以，知识具有相对正确性，必须在实践中不断得到检验。

（2）不确定性。由于现实世界的复杂性，信息可能是精确的，也可能是不精确的；关联可能是确定的，也可能是不确定的。因此，很多情况下知识并不总是只有"真"和"假"这两种状态，而是出现了"真"和"假"之间的许多中间状态，知识的这一特性就称为不确定性。

造成知识具有不确定性的原因是多方面的，具体如下：

1）随机性引起的不确定性。由随机事件所形成的知识不能简单地用"真"或"假"来刻画，因为它是不确定的。例如，针对"某运动员打靶，有可能打中 9 环"这条知识，虽然大部分情况下，作为一名受过专业训练的运动员，打中 9 环的概率很大，但并不能说每次打靶一定能打中 9 环。其中的"有可能"就反映了"某运动员打靶"与"打中 9 环"之间存在一种不确定的关系。因此，这是一条具有不确定性的知识。

2）模糊性引起的不确定性。某些事物客观上存在的模糊性，使得人们无法把两个类似的事物严格区分开来，不能明确地判定一个对象是否符合一个模糊概念；此外，某些事物之间存在着模糊关系，使得我们不能准确地判定它们之间的关系究竟是"真"还是"假"。像这样由模糊概念、模糊关系所形成的知识显然是不确定的。例如，"小赵很高"，这里的"很高"就是模糊的。模糊性能够用较少的代价，传送足够的信息，并能对复杂事物做出高效率的判断和处理。例如，医生可以根据病人的模糊病症做出正确的判断。

3）经验引起的不确定性。这类知识大都是领域专家在长期的实践中积累起来的经验性知识，但尽管如此，也不能保证每次运用这些知识都是正确的。因为经验本身就蕴含着不精确性及模糊性，所以形成了知识的不确定性。例如，"红的西红柿是成熟的"，这是长期以来领域专家总结出来的经验性知识，但转基因技术的出现，使这条知识具有了不确定性。

4）不完全性引起的不确定性。知识有一个逐步完善的过程，在此过程中，可能对客观事物认识不够完全或不够准确，导致相应的知识也是不精确、不确定的。例如，火星上有没有水和生命其实是确定的，但目前人类对火星的了解还不完全，造成了人类对有关火星知识的不确定性。

（3）可表示性与可利用性。首先，知识需要用适当的形式表示出来，如用语言、文字、图形、图像、声音、神经网络等，这样才能被存储，进而传播，这一特性称为知识的可表示性。其次，知识不管用什么样的表示方式呈现出来，最终的目的是要拿来用的，即被人们利用，这一特性称为知识的可利用性，这是不言而喻的。我们每个人天天都在利用自己掌握的知识来解决日常生活中、工作中遇到的各种问题。

3. 知识的表示

知识的表示是对知识的一种描述，可看成是一组事物的约定，把人类知识表示成机器能处理的数据结构。简单来说，知识表示就是将人类知识形式化或者模型化。对知识进行表示的过程实际上就是把知识编码成某种数据结构的过程。

目前，知识的表示有多种不同的方法，主要包括产生式表示法、框架表示法等。知识表示方法的多样性，表明知识的多样性和人们对其认识的不同。在实际应用中选择和建立合适的知识表示方法应从表示能力、可理解性、便于知识获取、便于搜索、便于推理等方面着手考虑。

2.1.3 产生式表示法

产生式表示法

产生式这个术语最早由美国数学家波斯特（Post）于 1943 年提出，在符号逻辑中使用。根据知识之间具有因果关联关系的逻辑，形成了 IF-THEN 的知识表示方法，也是早期专家系统常用的知识表示方法之一。目前，产生式已被应用于更多领域，成为人工智能中应用最多的一种知识表示方法。

1. 产生式的基本形式

产生式又称产生式规则，通常用于表示具有因果关系的知识，其基本形式为

$$P \rightarrow Q$$

或者 IF P THEN Q

其中：P 又称前件，是产生式的前提或条件，用于指出该产生式是否是可用的条件；Q 又

称后件，是一组结论或操作，用于指出该产生式的前提条件 P 被满足时，得出的结论或应该执行的操作；P 和 Q 都可以是一个或一组数学表达式或自然语言。整个产生式的含义是：如果前提 P 被满足，则可推出结论 Q 或执行 Q 所规定的操作。

2. 产生式表示知识的方法

产生式在表示知识时既可以表示规则性知识，也可以表示事实性知识；既可以表示确定性知识，也可以表示不确定性知识。由此可见，产生式表示知识的方法主要如下：

（1）确定性规则性知识的表示。采用产生式的基本形式来表示，即：

$$P \rightarrow Q$$
或者　IF　P　THEN　Q

例如，IF 动物会飞 AND 会下蛋　THEN 该动物是鸟，就是一个产生式。

其中，"动物会飞 AND 会下蛋"是条件，"该动物是鸟"是结论。该条知识表示当条件"动物会飞 AND 会下蛋"满足时，即可推出"该动物是鸟"的结论。

（2）不确定性规则性知识的表示。产生式在表示不确定性知识的时候，加入置信度来表示知识不确定性的程度，用 0～1 之间的数来表示。不确定性规则性知识的产生式表示形式为

$$P \rightarrow Q \quad （置信度）$$
或者　IF　P　THEN　Q　（置信度）

例如，IF　下雨　THEN　打伞（0.6），就是一个产生式。

其中，"下雨"是条件，"打伞"是结论，"0.6"是置信度，即表示当条件"下雨"满足时，要执行"打伞"这一操作的可能性为 0.6。置信度表示知识的强度，即条件满足时，结论可以被相信（执行）的程度。

（3）确定性事实性知识的表示。确定性事实性知识通常用一个三元组来表示，具体表示形式为

（对象，属性，值）
或者　（关系，对象 1，对象 2）

例如，"小明年龄是 9 岁"表示为（XiaoMing，Age，9），"小张和小王是朋友"表示为（Friend，Zhang，Wang）。

（4）不确定性事实性知识的表示。不确定性事实性知识通常用一个四元组来表示，具体表示形式为

（对象，属性，值，置信度）
或者　（关系，对象 1，对象 2，置信度）

例如，"这座楼高约 30 米"表示为（Building，High，30，0.9），这里用置信度 0.9 表示可能性比较大；"小张和小王不大可能是朋友"表示为（Friend，Zhang，Wang，0.1），这里用置信度 0.1 表示可能性较小。

3. 产生式系统

在求解具体问题时，通常是把一组产生式放在一起，让它们互相配合、协作作用，一个产生式生成的结论可以供另一个产生式作为已知事实使用，以求得问题的解，我们把这样的系统称为产生式系统。产生式系统是人工智能系统中常用的一种程序结构，通常由三部分组成：规则库、控制系统（又称"推理机"）和综合数据库，其基本结构如图 2-1 所示。

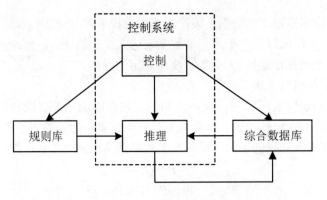

图 2-1   产生式系统的基本结构

（1）规则库。规则库用于描述相应领域内知识的产生式集合，是相应领域知识（规则）的存储器。简单来说，规则库可理解为存储产生式规则的仓库。由于规则库是产生式系统求解问题的基础，因此在存放规则时应对规则库中的知识进行合理的组织和管理，排除冗余及矛盾的知识，保持知识的一致性，从而提高求解问题的效率。

例如，在统计学生成绩 S 所对应的等级时，规则库中会有如下规则：

R_1:   IF $S<60$ THEN   Fail

R_2:   IF $S>=60$ THEN   Pass

R_3:   IF $S>=70$ THEN   Average

R_4:   IF $S>=80$ THEN   Good

R_5:   IF $S>=90$ THEN   Excellent

其中，R_1，R_2，…，R_5 分别是对各产生式规则所做的编号，以便于对它们的引用。

（2）控制系统（推理机）。控制系统又称推理机，由一组程序组成，用来控制协调规则库与综合数据库的运行，包括推理方式和控制策略。其中，控制策略的作用是确定选什么规则或如何运用规则。在此，还以统计学生成绩 S 所对应等级的例子进行说明。比如，学生甲考了 85 分，即 $S=85$，控制系统主要做以下工作：

1）匹配。数据库中事实与规则中的条件进行匹配，学生甲考 85 分可以匹配上规则 R_2、R_3 和 R_4。此时，学生甲匹配上三条规则，到底选哪条规则进行推理，就产生了冲突。

2）冲突消解。如果匹配成功的规则不止一条，则称"发生了冲突"。此时，控制系统必须调用相应的解决冲突的策略进行消解，以便从匹配的规则中选用一条执行。此处可以采用规则排序（即优先匹配到的第一条规则即为要采用的规则）进行冲突的解决，即启用如下次序：

IF $S>=90$ THEN   Excellent

IF $S>=80$ THEN   Good

IF $S>=70$ THEN   Average

IF $S>=60$ THEN   Pass

IF $S<60$ THEN   Fail

最终，选用 $S>=80$ 这条规则。

3）执行规则。如果某一规则的右部是一个或多个结论，则把这些结论加入综合数据库中；如果是操作，则执行这些操作。对于不确定性知识，在执行每一条规则时还要按一定的算法计算结论的不确定性程度。因此，该例在执行规则时会将结论 Good 加入到综合数据库。

4）检查推理终止条件。检查综合数据库中是否包含了最终结论，决定是否停止系统运行。由此最终推出学生甲的成绩是 Good。

（3）综合数据库。综合数据库用来存放输入事实、中间和最后结果及问题求解过程中各种当前信息。当规则库中某条产生式的前提可与综合数据库的某些已知事实匹配时，该产生式就被激活，并把它推出的结论放入综合数据库中作为后面推理的已知事实。随着产生式系统问题求解（推理）过程的进展，综合数据库中的有些内容会动态变化。

例如，在统计学生成绩 S 所对应的等级时，每个学生的具体成绩 S 就是放在综合数据库中作为问题的初始状态，引导推理的下一步进行。

上述过程只是简单描述了产生式系统求解问题的大致步骤，在实际操作时还需要根据具体问题进行更加完整细致的考虑。另外，产生式系统的推理方式主要有三种：正向推理、反向推理和双向推理。正向推理是指从已知事实出发，通过规则求得结论，也称自底向上的方式；反向推理是指从目标（作为假设）出发，反向使用规则，求得已知事实，也称自顶向下的方式；双向推理是指推理从两个方向同时进行，既自顶向下，又自底向上进行推理，直至某个中间界面上两方向结果相符便成功结束。

4．产生式系统的特点

产生式是模拟人类解决问题的自然方法，是当今最流行的专家系统模式。产生式表示法既可以表示确定性知识，又可以表示不确定性知识；既可以表示启发式知识，又可以表示过程性知识。目前，已建造成功的专家系统大部分用产生式来表达其过程性知识。产生式系统主要具有以下特点：

（1）自然性。整个推理过程由推理机完成，可以发现产生式系统求解问题的过程和人类求解问题的思维过程很相似。

（2）模块性。产生式规则之间没有相互的直接作用，它们之间只能通过综合数据库发生间接联系，而不能相互调用，这种模块化结构使得在规则库中的每条规则都可以自由增删和修改。

（3）清晰性。产生式规则有固定的格式，每一条产生式规则都由前提和结论组成，而且每一部分所含的知识量都比较少，这既便于对规则进行设计，又易于对规则库中知识的一致性及完整性进行检测。

尽管产生式规则在形式上相互独立，但实际问题往往彼此是相关的，这样当规则库不断扩大时，要保证新的规则和已有规则没有矛盾就会越来越困难，导致规则库的一致性越来越难以实现。在推理过程中，每一步都要和规则库中的规则做匹配检查。如果规则库中规则数目很大，效率显然会降低。另外，用产生式表示具有结构关系的知识很困难，因为它不能把具有结构关系的事物之间的区别与联系表示出来。

2.1.4 框架表示法

由于产生式表示法形式单一，不能表达结构性知识，因此发展了一系列知识的结构化表示方法。框架表示法就是以框架理论为基础的一种结构化知识表示方法。1975 年，美国麻省理工学院明斯基提出了框架理论，作为理解视觉、自然语言对话以及其他复杂行为的一种基础，受到了人工智能界的广泛重视。该理论认为人们对现实世界中各种事物的认识都是以一种类似于框架的结构存储在记忆中的，当一个人遇到新的事物时，他会从记忆中选择一种合适的结构，即"框架"，并根据实际情况对其细节加以修改、补充，从而形成对当前事物的认识。

框架表示法适应性强、概括性高、结构化良好、推理方式灵活，又能把陈述性知识与过程性知识相结合，是一种理想的结构化知识表示方法。由于框架的存在，人们能快速辨别出自己要找的东西。例如，教学楼里有教室、办公室，学生随手进入一个房间，就能快速地辨识出进入的是不是教室。这是因为在他的记忆中已经建立了关于教室的框架。该框架不仅指出了相应事物的名称（教室），而且还指出了事物各有关方面的属性（如有黑板、有讲台、有课桌等）。目前，框架表示法已在多种系统中得到广泛的应用。

1. 框架的一般结构

框架是一种描述所论对象（一个事物、事件或概念）属性的数据结构。一个框架由框架名和若干个被称为"槽"的结构组成，每个槽又根据实际情况划分为若干个"侧面"。每个槽设有一个槽名，一个槽用于描述所论对象某一方面的属性。一个侧面用于描述相应属性的一个方面。槽和侧面所具有的属性值分别称为槽值和侧面值。对于框架、槽或侧面，都可以为其附加上一些说明性的信息，通常是一些约束条件，用于指出什么样的值才能填入到槽和侧面中去。框架的一般表示形式如下：

<框架名>

槽名 1:	侧面名 $_{11}$	侧面值 $_{111}$，侧面值 $_{112}$，…
	侧面名 $_{12}$	侧面值 $_{121}$，侧面值 $_{122}$，…
	⋮	
	侧面名 $_{1m}$	侧面值 $_{1m1}$，侧面值 $_{1m2}$，…
槽名 2:	侧面名 $_{21}$	侧面值 $_{211}$，侧面值 $_{212}$，…
	侧面名 $_{22}$	侧面值 $_{221}$，侧面值 $_{222}$，…
	⋮	
	侧面名 $_{2m}$	侧面值 $_{2m1}$，侧面值 $_{2m2}$，…
槽名 n:	侧面名 $_{n1}$	侧面值 $_{n11}$，侧面值 $_{n12}$，…
	侧面名 $_{n2}$	侧面值 $_{n21}$，侧面值 $_{n22}$，…
	⋮	
	侧面名 $_{nm}$	侧面值 $_{nm1}$，侧面值 $_{nm2}$，…
约束:	约束条件 $_1$	
	约束条件 $_2$	
	⋮	
	约束条件 $_n$	

其中，槽值或侧面值既可以是数值、字符串、布尔值，也可以是一个满足某个给定条件时要执行的动作或过程，还可以是另一个框架的名字，从而实现一个框架对另一个框架的调用，表示出框架之间的横向联系。约束条件是任选的，当不指出约束条件时，表示没有约束。

2. 框架的应用举例

下面用一些例子来说明建立框架的基本方法。

【例 2-1】大学生框架结构。

【案例分析】框架名：＜大学生＞

　　　　　　姓名：单位（姓、名）

　　　　　　年龄：单位（岁）

　　　　　　性别：范围（男、女），默认：男

　　　　　　学院：单位（学院）

　　　　　　专业：单位（专业）

　　　　　　班级：单位（班）

　　　　　　住址：＜学生住址框架＞

　　　　　　电话：移动电话单位（数字）

　　　　　　　　　住宅电话单位（数字）

上例中的框架共有八个槽，分别描述了大学生在姓名、年龄、性别、学院、专业、班级、住址、电话等八个方面的情况。每个槽都给出了一些说明性的信息，用于对槽的填值给出某些限制。"范围"指出槽的值只能在指定的范围内挑选，"默认"表示当相应槽不填入槽值时，就以默认值作为槽值，这样可以节省一些填槽的工作。例如，对"性别"槽，其槽值只能是"男""女"中的一个，不能是其他，当不填入"男"或"女"时，就默认是"男"，这样对于男生就可以不填入这个槽的槽值。尖括号"＜＞"表示由它括起来的是框架名，如住址槽的槽值是学生住址框架的框架名。

当把具体的信息填入槽或侧面后，就得到相应框架的一个事例框架。例如，把某一大学生的具体信息填入"大学生"框架的各个槽中，就能得到该框架的一个事例框架，如下：

　　　　　　框架名：＜大学生-1＞

　　　　　　姓名：王明

　　　　　　年龄：19

　　　　　　性别：男

　　　　　　学院：信息工程学院

　　　　　　专业：大数据专业

　　　　　　班级：01 班

　　　　　　住址：＜adr-1＞

　　　　　　电话：13911111111

　　　　　　　　　037111111111

【例 2-2】将下列一则地震消息用框架表示："某年某月某日，某地发生 6.0 级地震，若以膨胀注水孕震模式为标准，则三项地震前兆中的波速比为 0.45，水氡含量为 0.43，地形改变为 0.60。"

【案例分析】地震消息框架如图 2-2 所示。"地震框架"也可以是"自然灾害事件框架"的子框架，"地震框架"中的值也可以是一个子框架，如其中的槽值"地形改变"就是一个子框架。

3. 框架表示法的特点

框架是一种经过组织的结构化的知识表示方法，框架表示法主要具有以下特点：

（1）结构性。框架表示法最突出的特点就是便于表达结构性知识，能够将知识的内部结构关系及知识间的联系表示出来，这是产生式表示法不具备的。框架表示法的知识单位是框架，而框架由槽组成，槽又分为若干个侧面，这样就可以把知识的内部结构显式地表示出来。

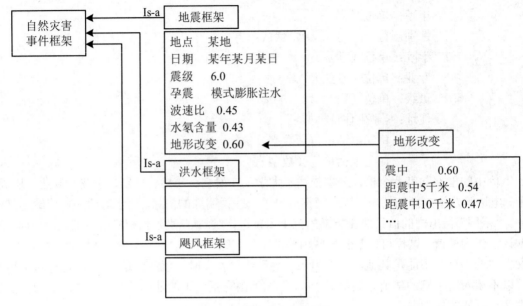

图 2-2   自然灾害事件框架

（2）继承性。框架表示法通过使槽值为另一个框架的名字来实现框架间的联系，建立起表示复杂知识的框架网络。在框架网络中，下层框架可以继承上层框架的槽值，也可以进行补充和修改，这样不仅减少了知识的冗余，而且较好地保证了知识的一致性。

（3）自然性。框架表示法体现了人们在观察事物时的思维活动，当遇到新事物时，通过从记忆中调用类似事物的框架，并根据实际情况对其中某些细节进行修改、补充，就形成了对新事物的认识，这与人们的认识活动是一致的。

框架表示法提出后得到了广泛的应用，因为它在一定程度上体现了人的心理反应，又适用于计算机处理。加州大学伯克利分校主持构建的 FrameNet 是目前最著名的语义知识框架库，当前该框架库中包括了 1200 多个语义框架，并提供超过 200 万个标注框架的例句，广泛应用于信息提取、机器翻译、事件识别、情感分析等领域。

另外，框架表示法也有其不足之处，它不善于表达过程性知识，如不适合表示知识"红烧肉的烹饪方法"，缺乏对如何使用框架中的知识的描述能力；由于数据结构不一定相同，框架系统的清晰性也很难保证。因此，框架表示法经常与其他表示方法结合在一起使用，从而达到更好的效果。

2.1.5   其他表示法

知识表示方式多样，除了产生式表示法、框架表示法外，还有很多，这里简单介绍几种。

1. 一阶谓词逻辑表示法

一阶谓词逻辑表示法以数理逻辑为基础，是一种最早应用于人工智能的表示方法，在人工智能发展中具有重要的作用。它与人类的自然语言比较接近，又方便存储到计算机中，可被计算机精确处理，是目前为止能够表达人类思维活动规律的一种最精准的形式语言。

人类的一条知识一般可以由具有完整意义的一句话或几句话表示出来，而这些知识要用谓词逻辑表示出来，一般是一个谓词公式。在将知识进行谓词逻辑表示前我们需要知晓以下知识点：

- 命题：非真即假的陈述句。命题分为简单命题和复合命题，简单命题又称原子命题。在命题逻辑中，简单命题不可再分，复合命题通过逻辑联结词联结而成。常见的逻辑联结词有否定联结词¬、合取联结词∧、析取联结词∨、蕴含联结词→、等价联结词↔等。

- 谓词逻辑：将命题进一步分解研究的逻辑称为谓词逻辑。在谓词逻辑中，谓词可表示为 $P(x_1, x_2, x_3, \cdots, x_n)$，其中 P 是谓词符号，表示个体属性、状态或关系；x_1，x_2，x_3，$\cdots$，x_n 称为谓词的参量或项，通常表示个体对象。有 n 个参量的谓词称为 n 元谓词，这里我们主要介绍的是一元谓词。

- 量词：表示数量的词。为了刻画谓词和个体之间的关系，在谓词逻辑中引入了两个量词，即全称量词∀、存在量词∃。全称量词表示"所有的""对任意的"等情况，存在量词表示"存在一个""至少一个"等情况。

谓词逻辑既可表示事物的状态、属性和概念等事实性的知识，也可表示事物间具有因果关系的规则性知识。在使用谓词逻辑表示知识的时候，一般步骤如下：

（1）定义谓词及个体，确定每个谓词及个体的确切含义。

（2）根据所要表达的事物或概念，为每个谓词中的变元赋予特定的值。

（3）根据所要表达的知识的语义，用适当的连接符号将各个谓词连接起来，形成谓词公式。

【例 2-3】用谓词公式表示以下知识：

1）张三是一名计算机系的学生，但他不喜欢编程。

2）大多数篮球运动员都很高。

【案例分析】第一步，定义谓词：

Computer(x)：x 是计算机系的学生。

Like(x,y)：x 喜欢 y。

Basketball_player(x)：x 是篮球运动员。

Tall(x)：x 个子很高。

定义个体：

张三（ZhangSan）、编程（Programming）

第二步，将这些个体代入谓词中，得到

Computer(ZhangSan)、¬Like(ZhangSan, Programming)

第三步，根据语义，用逻辑联结词将它们连接起来，就得到了相应的谓词公式：

1）Computer(ZhangSan)∧¬Like(ZhangSan, Programming)

2）∃x(Basketball_player(x)→Tall(x))

2. 语义网络表示法

语义网络是一种表达能力强而且灵活的知识表示方法，它是通过概念及其语义关系来表达知识的一种网络图。从图论的观点看，它是一个"带标识的有向图"。语义网络利用节点和带标记的边（也称"有向弧"）构成的有向图来描述事件、概念、状况、动作及客体之间的关系。

一个语义网络是一个由一些有向图表示的三元组（节点 1，弧，节点 2）连接而成的。一个三元组称为一个基本网元，当把多个基本网元用相应的语义联系在一起时，就构成了一个语义网络。例如，"苹果是一种水果"的基本语义网络如图 2-3 所示。

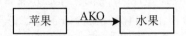

图 2-3   "苹果是一种水果"的基本语义网络

语义网络可以描述事物之间多种复杂的语义关系。在实际使用中，人们可根据自己的实际需要进行定义。下面列举几个经常使用的语义关系（联系）。

（1）实例关系。实例关系是最常见的一种语义关系，表示类与其实例（个体）之间的关系，即一个事物是另一个事物的具体例子。通常用 ISA 或 is-a 来标识，表示"是一个"。例如，"小明是一个大学生"的语义网络如图 2-4 所示。

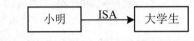

图 2-4   "小明是一个大学生"的语义网络

（2）分类（从属、泛化）关系。分类关系描述事物之间的类属关系，即一个事物是另一个事物的一个成员，体现的是子类与父类之间的关系。下层概念节点除了可以继承、细化、补充上层概念节点的属性外，还可以出现变异情况。通常用 AKO 或 a-kind-of 来标识，表示"是一种"。例如，部分动物分类关系的语义网络如图 2-5 所示。

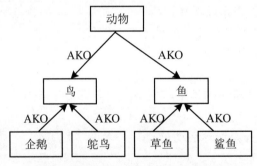

图 2-5   部分动物分类关系的语义网络

（3）聚类关系。聚类关系有时也称组装关系，表示下层概念节点是上层概念节点的一个方面或一部分。聚类关系与分类关系最主要的区别在于其一般不具备属性的继承性。通常用 Part of 或 a-part-of 来标识，表示"是一部分"。

（4）属性关系。属性关系用于表示个体、属性和属性取值之间的联系，通常用有向弧表示属性，用弧所指向的节点表示属性的值。例如，描述"桌子"的语义网络如图 2-6 所示，其中就包含了实例关系、分类关系、聚类关系和属性关系四种基本语义关系。

（5）集合与成员关系。集合与成员关系表示"……是……的成员"，通常用 AMF 或 a-member-of 来标识。例如，"小明是学生会成员"的语义网络如图 2-7 所示。

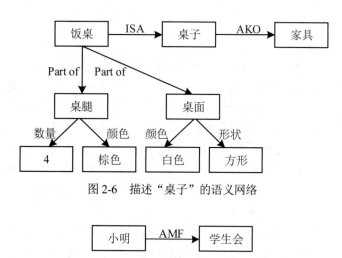

图 2-6　描述"桌子"的语义网络

图 2-7　"小明是学生会成员"的语义网络

（6）所属关系。所属关系表示"……具有……"，通常用 Have 来标识。例如，"大象有长鼻子""狗有尾巴""鸟有翅膀"等，其中"鸟有翅膀"的语义网络如图 2-8 所示。

图 2-8　"鸟有翅膀"的语义网络

语义网络中的语义关系是多种多样的，一般需要根据实际关系定义。语义网络表示法结构性好，具有联想性和自然性。网络结构由节点和弧组成，但试图用节点代表世界上的各种事物，用弧代表事物间的任何关系，恐怕也过于简单。对于复杂的关系，需要增加节点间的联系，从而大大增加网络的复杂程度，相应的检索过程和知识存储也会变得复杂起来。因此，对于语义网络表示法的研究工作一直都在继续。

3. 过程表示法

框架、语义网络等知识表示法，是对知识和事实的一种静止的表达方法，这类知识表示方法称为陈述性知识表示法。它强调的是事物所涉及的对象是什么，是对事物有关知识的静态描述，是知识的一种显式表达形式，知识的使用是通过控制策略来完成的。与陈述性知识表示法不同，过程性知识表示法是将知识及如何使用这些知识的控制策略隐式地表述为一个求解问题的过程。

过程表示法强调的是对知识的利用，过程所给出的是事物的一些客观规律，表达的是如何求解问题，它把与问题有关的知识以及如何运用这些知识求解问题的控制策略都表述为一个或多个问题的求解过程。知识的描述形式是程序，所有信息均隐含在程序中。每一个过程就是一段程序，用于完成对一个具体事件或情况的处理。所谓的知识库，就是一组程序的集合，当需要对知识库进行增删改时，实际上就是对相关程序进行增删改等操作。另外，过程表示法没有固定的表示形式，如何表述知识完全取决于要解决的具体问题。

过程表示法用程序来表示知识，从程序求解问题的效率来看，过程表示法的效率要比陈述式表示法高得多。由于控制性质已嵌入程序中，因此控制系统容易实现。但过程表示法不易修改和添加新知识，当对某一过程进行修改时，又可能影响到其他过程，给系统带来不便。因此，过程表示维护困难。

4. 面向对象表示法

面向对象编程语言（如 C++、Java、Python 等）的普及，表明面向对象是表示知识的有效和有用的方式。近年来，在智能系统的设计和构造中，人们开始使用面向对象的思想、方法和开发技术，并在知识表示、知识库的组成与管理、专家系统的设计等方面取得了很大进展。

面向对象技术中的核心概念是对象和类。对象可以泛指一切事物，类则是一类对象的抽象模型。反之，一个对象是其所属类的实例。通常在面向对象的程序设计语言中，只给出类的定义，其对象由类生成。类和对象可以自然地描述客观世界和思维世界的概念和实体。类可以表示概念（内涵），对象可以表示概念实例（外延），类库就是一个知识体系，消息可作为对象之间的关系，继承则是一种推理机制。

面向对象的知识表示法是按照面向对象的程序设计原则组成的一种混合知识表示形式，它以对象为中心，把对象的属性、动态行为、领域知识和处理方法等有关知识封装在表达对象的结构中。在这种方法中，知识的基本单位是对象，每一个对象由一组属性、关系和方法的集合组成。一个对象所具有的知识用该对象的属性集和关系集的值来描述；该对象作用于知识上的知识处理方法（包括知识的获取方法、推理方法、消息传递方法以及知识的更新方法）由与该对象相关的方法集，操作在属性集和关系集上的值来表示。

面向对象表示法是一种结构化的知识表示方法，类似于框架表示法，可以使用类按一定层次形式来组织知识。面向对象表示法还具有封装特性，这样就使得知识更加模块化。所以，该方法表示的知识具有结构化和模块化的特点，易于理解和管理，这种方法特别适合大型知识库的开发和维护。

2.2 知识推理

通过知识表示方法，可以把知识用某种模式表示出来存储到计算机中去。但是，为了使计算机具有智能，仅仅使计算机拥有知识是不够的，还必须让它具有思维能力，即能运用知识进行问题求解的能力。推理是求解问题的一种重要方法，因此，对知识推理方法的研究成为人工智能的一个重要的研究课题。目前，人们已经对推理方法进行了比较多的研究，提出了很多能在计算机上实现的推理方法。

人类的智能活动有多种思维方式，人工智能作为对人类智能的模拟，相应地也有多种推理方式。若按推理时所用知识的确定性来划分，推理可分为确定性推理与不确定性推理。所谓确定性推理是指推理时所用的知识与证据都是确定的，推出的结论也是确定的，如经典逻辑推理就属于这一类；所谓不确定性推理是指推理时所用的知识与证据不都是确定的，推出的结论也是不确定的。在人类的知识和思维行为中，确定性只能是相对的，而不确定性才是绝对的，大多数事物和现象都是不确定的，或者是模糊的，很难用精确的数学模型来表示与处理。人工智能要解决这些不确定性问题，就必须采用不确定性的知识表示和推理方法。因此，本节主要讨论的是不确定性推理。

2.2.1 不确定性推理的概念和分类

现实生活中，经常会遇到这样的情况：今天有可能下雨、这场球赛甲队可能会取胜、小王是个高个子、小红和小丽是好朋友、"秃子悖论"等，这里的"可能""高个子""好朋友"
"秃子"等，都说明了现实世界中的事物以及事物之间关系的复杂性，导致人们对它们的认识
往往是不精确、不完全的，具有一定的不确定性。不确定性可以理解为在缺少足够信息的情况
下做出的判断，是智能问题的本质特征。

1. 不确定性推理的概念

在了解不确定性推理前，我们先来了解一下推理的概念。所谓推理就是从已知事实出发，
运用相关的知识（或规则）逐步推出结论或者证明某个假设成立或不成立的思维过程。其中，
已知事实和知识（规则）是构成推理的两个基本要素。已知事实是推理过程的出发点及推理中
使用的知识，我们把它称为证据；而知识（规则）是推理得以向前推进，并逐步达到最终目标
的根据。

不确定性推理是指那些建立在不确定性知识和证据的基础上的推理，包括不完备、不精
确知识的推理，模糊知识的推理，非单调性推理等。不确定性推理过程实际上就是一种从不确
定的初始证据出发，通过运用不确定性的知识，最终推出具有一定程度的不确定性但却又合理
或近乎合理的结论的思维过程。不确定性推理使计算机对人类思维的模拟更接近于人类的真实
思维过程。

研究不确定性推理，首先要研究知识的不确定性。在前面介绍知识特性时，已经提到造
成知识不确定性的原因，这里不再赘述。

2. 不确定性推理的分类

目前，不确定性推理方法主要分为控制方法和模型方法两类。其中，控制方法的特点是
通过识别领域中引起不确定性的某些特征及相应的控制策略来限制或减少不确定性对系统产
生的影响，这类方法没有处理不确定性的统一模型，其效果极大地依赖于控制策略；模型方法
的特点是把不确定的证据和不确定的知识分别与某种度量标准对应起来，并给出更新结论不确
定性的合适的算法，从而建立相应的不确定性推理模型。

不确定性推理的控制方法主要取决于控制策略，包括相关性制导、启发式搜索等；模型
方法具体又可分为数值方法和非数值方法。数值方法是一种用数值对不确定性进行定量表示和
处理的方法，目前对其研究较多；非数值方法是指除数值方法以外的其他各种对不确定性进行
表示和处理的方法。

对于数值方法，又可按其所依据理论的不同分为基于概率理论的推理方法和基于模糊理
论的推理方法。常见的基于概率理论的推理方法有传统的概率推理、主观 Bayes 方法、可信度
方法、证据理论等，基于模糊理论的推理方法主要有模糊推理等。

3. 不确定性推理的基本问题

不确定性推理反映了知识不确定性的动态积累和传播过程，推理的每一步都需要综合证
据和规则的不确定因素，通过某种不确定性测度，寻找尽可能符合客观实际的计算模式，并通
过不确定测度的传递计算，最终得到结果的不确定测度。因此，在不确定性推理中，除了必须
解决推理方向、推理方法、控制策略等基本问题外，一般还需要解决不确定性的表示与度量、
不确定性的匹配、组合证据不确定性的算法、不确定性的传递算法以及结论不确定性的合成等
问题。

（1）不确定性的表示与度量。不确定性主要包括两个方面：知识的不确定性和证据的不
确定性。因此，不确定性的表示就包括知识不确定性的表示和证据不确定性的表示。

在表示知识不确定性时，通常要考虑两个方面的因素：一是要能够比较准确地描述问题本身的不确定性；二是要便于推理过程中不确定性的计算。只有综合考虑这两方面的因素，相应的表示方法才能实用，才能得到较好的表示效果。在专家系统中，知识的不确定性一般是由领域专家给出的，通常用一个数值表示，它表示相应知识的不确定性程度，称为知识的静态强度。

在表示证据不确定性时，按照证据的不同来源，要考虑两类证据：一类是由观察所得到的初始证据，其值一般由用户或专家给出；另一类是用前面推理所得结论作为当前推理的证据，其值由推理中的不确定性传递算法计算得到。由于初始证据是不确定的，根据初始证据和一些知识推出的结论，再加到综合数据库里成为新的证据，也是不确定的，因此在整个推理过程中，证据是不断变化的（又称为证据的动态强度）。

另外，关于不确定性的度量，要注意以下几个问题：①能充分表达相应知识及证据不确定性的程度；②度量范围的确定便于领域专家及用户对不确定性的估计；③便于对不确定性的传递进行计算，而且对结论算出的不确定性度量不能超出度量规定的范围；④度量的确定应当是直观的，同时应有相应的理论依据。

（2）不确定性的匹配。不确定性的匹配包括不确定性匹配算法及阈值的选择。在不确定性推理中，知识和证据都是不确定的，而且知识所要求的不确定性程度与证据实际所具有的不确定程度不一定相同，那么，怎样才算匹配成功呢？这是一个需要解决的问题。目前，常用的解决方法是：设计一个用来计算匹配双方相似程度的算法，并给出一个相似的限度来解决。其中，用来计算匹配双方相似程度的算法即为不确定性匹配算法，相似的限度即为阈值，当匹配双方的相似程度落在阈值范围内时，则称匹配的双方是可匹配的，否则就是不可匹配的。阈值的选择要根据实际情况进行具体分析。

（3）组合证据不确定性的算法。从不同的途径得到不同的证据，如何把这些证据组合起来呢？常用的方法有最大最小方法、概率方法、有界方法和 Einstein 方法等。

（4）不确定性的传递算法。这里主要考虑两个问题：一是在每一步的推理中，如何把证据及知识的不确定性传递给结论；二是在多步推理中，如何把初始证据的不确定性传递给最终结论。

（5）结论不确定性的合成。用不同的知识进行推理得到了相同的结论，但所得结论的不确定性却又各不相同。此时，就需要用合适的算法对结论的不确定性进行合成。

以上就是不确定性推理中需要考虑的一些基本问题，但需要指出的是，并非每种不确定性推理方法都必须包括这些内容。在实际应用时，不同的不确定性推理方法所包括的内容可以不同，对这些问题的处理方法也可以不同，应具体问题具体分析。

2.2.2 概率推理

传统数学通常处理确定的事物，如集合 A 要么是集合 B 的子集，要么不是。人工智能系统与生活本身类似，受不确定性的困扰。概率是我们生活中不可替代的组件，如早上上班时，在公交车上，旁边有乘客打喷嚏或咳嗽，那么你有可能感冒，也可能不会感冒，这具有一定的不确定性。而这样的不确定性在现实问题中是普遍存在的。概率推理也称 Bayes 推理，是以 Bayes 法则为基础的不确定性推理方法，具有处理"事物发生与否不能确定"这样的不确定性的能力，在现实生活中有着广泛的应用。

假设 $P(A)$ 表示随机事件 A 发生的概率，$P(B|A)$ 表示在事件 A 发生的条件下事件 B 发生的概率。那么由图 2-9 可以得出

$$P(B|\mathrm{A}) = \frac{P(B \cap A)}{P(A)}$$

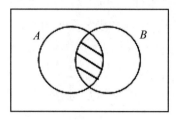

图 2-9　集合 1

由此可得出

$$P(B \cap A) = P(B|A)P(A)$$

假设要以三种不同的交通方式去上班，A_1 表示开车，A_2 表示乘坐公交车，A_3 表示乘坐地铁，B 表示上班迟到这个事件，如图 2-10 所示，那么上班迟到的概率 $P(B)$ 就可以表示为

$$P(B) = P(B \cap A_1) + P(B \cap A_2) + P(B \cap A_3)$$
$$= P(B|A_1)P(A_1) + P(B|A_2)P(A_2) + P(B|A_3)P(A_3)$$
$$= \sum_{i=1}^{3} P(B|A_i)P(A_i)$$

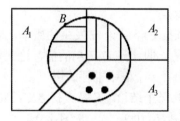

图 2-10　集合 2

当 i 的取值为 n 时，得到

$$P(B) = \sum_{i=1}^{n} P(B|A_i)P(A_i)$$

这就是全概率公式。

再结合下面的式子：

$$P(B|A) = \frac{P(B \cap A)}{P(A)} \qquad P(A|B) = \frac{P(A \cap B)}{P(B)}$$

可以得出

$$P(A|B) = \frac{P(B|A)P(A)}{P(B)}$$

把 $P(B)$ 代入上式中，最终得到

$$P(A|B) = \frac{P(B\,|\,A)P(A)}{\sum\limits_{i=1}^{n} P(B\,|\,A_i)P(A_i)}$$

由于事件 A 是由若干个互斥事件（即两个事件交集为空）组成的一个整体，因此在具体求解问题时通常只求解其中的一个事件，例如，针对上班迟到的例子，通常情况下，可能求的是在迟到的前提下开车的概率有多大，或者坐公交车的概率有多大，所以继续改写上式即可得到如下公式：

$$P(A_j|B) = \frac{P(B\,|\,A_j)P(A_j)}{\sum\limits_{i=1}^{n} P(B\,|\,A_i)P(A_i)}$$

这便是 Bayes 公式（又称贝叶斯公式），其中 $P(A_j)$ 称为先验概率，$P(B|A_j)$ 称为条件概率，$P(A_j|B)$ 称为后验概率，以上是 Bayes 公式的简单推导过程。接下来我们来看一个简单的例子。

【例 2-4】已知男性中有 5% 患有色盲症，女性中有 0.25% 患有色盲症，现从中随机抽取一个人发现其患有色盲症，则此人是男性的概率（假设男女数量相等）为多少？

【案例分析】假设集合 A_1 表示男性，集合 A_2 表示女性，集合 B 表示色盲症患者，那么由已知条件可知，$P(A_1)=0.5$，$P(A_2)=0.5$，$P(B|A_1)=0.05$，$P(B|A_2)=0.0025$，接下来求解 $P(A_1|B)$。

将已知条件代入 Bayes 公式可得

$$P(A_1\,|\,B) = \frac{P(B\,|\,A_1)P(A_1)}{\sum\limits_{i=1}^{2} P(B\,|\,A_i)P(A_i)} = \frac{0.05 \times 0.5}{0.05 \times 0.5 + 0.0025 \times 0.5} = 20\,/\,21 \approx 0.952$$

即此人是男性的概率为 95.2%。

所谓概率推理就是求出在证据 E 下结论 H 发生的概率，即计算 $P(H|E)$ 的值，若一个证据 E 支持多个假设 H_1，H_2，…，H_n，即计算 $P(H_i|E)$ 的值，这些均可直接代入 Bayes 公式计算得到，在此不再赘述。接下来我们看一个概率推理的例子。

【例 2-5】设 H_1，H_2，H_3 为三个结论，E 是支持这些结论的证据，且已知：

$$P(H_1)=0.4 \qquad P(H_2)=0.3 \qquad P(H_3)=0.4$$
$$P(E|H_1)=0.4 \qquad P(E|H_2)=0.5 \qquad P(E|H_3)=0.3$$

求：$P(H_1|E)$，$P(H_2|E)$ 和 $P(H_3|E)$ 的值。

【案例分析】根据题意 $n=3$，代入 Bayes 公式分别得到

$$P(H_1\,|\,E) = \frac{P(E\,|\,H_1)P(H_1)}{\sum\limits_{i=1}^{3} P(E\,|\,H_i)P(H_i)} = (0.4 \times 0.4)/(0.4 \times 0.4 + 0.5 \times 0.3 + 0.3 \times 0.4) \approx 0.372$$

$$P(H_2\,|\,E) = \frac{P(E\,|\,H_2)P(H_2)}{\sum\limits_{i=1}^{3} P(E\,|\,H_i)P(H_i)} = \frac{0.5 \times 0.3}{0.4 \times 0.4 + 0.5 \times 0.3 + 0.3 \times 0.4} \approx 0.349$$

$$P(H_3\,|\,E) = \frac{P(E\,|\,H_3)P(H_3)}{\sum\limits_{i=1}^{3} P(E\,|\,H_i)P(H_i)} = \frac{0.3 \times 0.4}{0.4 \times 0.4 + 0.5 \times 0.3 + 0.3 \times 0.4} \approx 0.279$$

由于证据 E 的出现，H_1、H_3 成立的可能性有不同程度的下降，而 H_2 成立的可能性略有增加。

概率推理方法具有较强的理论基础和较好的数学描述。当证据和结论彼此独立时，计算并不复杂，但是获取概率数据相当困难。另外，它要求各事件相互独立，如证据间存在依赖关系，就不能直接采用这种方法。

2.2.3　主观 Bayes 方法

主观 Bayes 方法是由杜达（Duda）等于 1976 年在概率论的基础上，通过对 Bayes 公式的修正而形成的一种不确定性推理模型，并成功地将其应用在地矿勘探专家系统 PROSPECTOR 中。

在许多情况下，同类事件发生的频率并不高，甚至很低，无法做概率统计，这时一般是根据观测到数据，凭领域专家的经验给出一些主观上的判断，称为主观概率。在概率推理中起关键作用的是 Bayes 公式，它也是主观 Bayes 方法的基础。

1. 知识不确定性的表示

在主观 Bayes 方法中，知识是用产生式规则表示的，具体形式为

$$\text{IF}\quad E\quad \text{THEN}\quad (LS, LN)\quad H\quad (P(H))$$

其中：$P(H)$ 是结论 H 的先验概率，由领域专家根据经验给出。

LS 称为充分性度量，表示 E 对 H 的支持程度，取值范围为 $[0,+\infty)$，定义如下：

$$LS = \frac{P(E\,|\,H)}{P(E\,|\,\neg H)}$$

LN 称为必要性度量，表示 $\neg E$ 对 H 的支持程度，取值范围为 $[0,+\infty)$，定义如下：

$$LN = \frac{P(\neg E\,|\,H)}{P(\neg E\,|\,\neg H)} = \frac{1 - P(E\,|\,H)}{1 - P(E\,|\,\neg H)}$$

(LS, LN) 用来表示该知识的知识强度。

在实际系统中，LS 和 LN 的值均是由领域专家根据经验给出的，而不是通过计算出来的；当证据 E 愈是支持 H 为真时，则 LS 的值应该愈大；当证据 E 对 H 愈是必要时，则相应的 LN 的值应该愈小。因此，LS 和 LN 除了在推理过程中使用以外，还可以作为领域专家为 LS 和 LN 赋值的依据。

2. 证据不确定性的表示

在主观 Bayes 方法中，证据的不确定性用概率表示。证据通常可分为全证据和部分证据。全证据就是所有的证据，即所有可能的证据和假设，它们组成证据 E；部分证据 S 就是我们所知道的 E 的一部分，这一部分证据也可称为观察。全证据的可信度依赖于部分证据，表示为 $P(E|S)$。如果知道所有的证据，则 $E=S$，且有 $P(E|S)=P(E)$。其中 $P(E)$ 就是证据 E 的先验似然性，$P(E|S)$ 是已知全证据 E 中部分知识 S 后对 E 的信任，为 E 的后验似然性。

3. 组合证据不确定性的计算

当组合证据是多个单一证据的合取时，则

$$P(E|S) = \min\{P(E_1|S),\ P(E_2|S),\ \cdots,\ P(E_n|S)\}$$

当组合证据是多个单一证据的析取时，则

$$P(E|S) = \max\{P(E_1|S),\ P(E_2|S),\ \cdots,\ P(E_n|S)\}$$

对于"非"运算，用下式计算：

$$P(\neg E|S) = 1 - P(E|S)$$

4. 不确定性的传递算法

主观 Bayes 方法推理的任务就是根据 E 的概率 $P(E)$ 及 LS、LN 的值,把 H 的先验概率 $P(H)$ 更新为后验概率。由于一条规则所对应的证据可能肯定为真,也可能肯定为假,还可能既非真又非假。由于在不同情况下求解后验概率的方法也不相同,且证据既非真又非假的情况较为复杂,因此本书仅讨论证据肯定为真、肯定为假的情况。

(1) 证据 E 肯定为真时,即 $P(E)=P(E|S)=1$,把先验概率 $P(H)$ 更新为后验概率 $P(H|E)$ 的计算公式为

$$P(H\mid E)=\frac{LS\cdot P(H)}{(LS-1)P(H)+1}$$

(2) 证据 E 肯定为假时,即 $P(E)=P(E|S)=0$,把先验概率 $P(H)$ 更新为后验概率 $P(H|\neg E)$ 的计算公式为

$$P(H\mid\neg E)=\frac{LN\cdot P(H)}{(LN-1)P(H)+1}$$

【例 2-6】设有如下规则:

R1: IF　E_1　THEN　(10,1)　H_1　(0.05)

R2: IF　E_2　THEN　(1,0.002)　H_2　(0.4)

求:当证据 E_1、E_2 存在和不存在时,$P(H_i|E_i)$ 及 $P(H_i|\neg E_i)$ 的值各是多少?

【案例分析】根据题意可知:

$LS_1=10$　　$LN_1=1$　　$P(H_1)=0.05$

$LS_2=1$　　$LN_2=0.002$　　$P(H_2)=0.4$

1) 当证据 E_1、E_2 存在时,有

$$P(H_1\mid E_1)=\frac{LS_1\cdot P(H_1)}{(LS_1-1)P(H_1)+1}=\frac{10\times0.05}{(10-1)\times0.05+1}\approx0.345$$

$$P(H_2\mid E_2)=\frac{LS_2\cdot P(H_2)}{(LS_2-1)P(H_2)+1}=P(H_2)=0.4$$

结果表明,证据 E_1 的存在,使 H_1 的概率由 0.05 变成 0.345,增加了将近 7 倍;证据 E_2 的存在对 H_2 没有影响。

2) 当证据 E_1、E_2 不存在时,有

$$P(H_1\mid\neg E_1)=\frac{LN_1\cdot P(H_1)}{(LN_1-1)P(H_1)+1}=P(H_1)=0.05$$

$$P(H_2\mid\neg E_2)=\frac{LN_2\cdot P(H_2)}{(LN_2-1)P(H_2)+1}=\frac{0.002\times0.4}{(0.002-1)\times0.4+1}\approx0.001$$

结果表明,证据 E_1 不存在对 H_1 没有影响;证据 E_2 不存在,使 H_2 的概率由 0.4 变成 0.001,削减了 400 倍。

5. 结论不确定性的合成算法

假设有 n 条知识都支持同一结论 H,且这些知识的前提条件分别是 n 个相互独立的证据 E_1, E_2, $\cdots$, E_n,而每个证据所对应的观察又分别是 S_1, S_2, $\cdots$, S_n,那么可用下面的公式求出 $O(H|S_1,S_2,\cdots,S_n)$ 和 $P(H|S_1,S_2,\cdots,S_n)$:

$$O(H \mid S_1, S_2, \cdots, S_n) = \frac{O(H \mid S_1)}{O(H)} \cdot \frac{O(H \mid S_2)}{O(H)} \cdot \ldots \cdot \frac{O(H \mid S_n)}{O(H)} \cdot O(H)$$

$$P(H \mid S_1, S_2, \cdots, S_n) = \frac{O(H \mid S_1, S_2, \cdots, S_n)}{1 + O(H \mid S_1, S_2, \cdots, S_n)}$$

其中，$O(x)$是概率函数，它与概率函数 $P(x)$的关系如下：

$$O(x) = \frac{P(x)}{1 - P(x)} \qquad P(x) = \frac{O(x)}{1 + O(x)}$$

这样，再结合 $P(H|E)$、$P(H|\neg E)$的计算公式，可以得出

$$O(H \mid E) = LS \cdot O(H) \qquad O(H \mid \neg E) = LN \cdot O(H)$$

【例 2-7】设有如下规则：

R1：IF E_1 THEN (20,1) H (0.03)

R2：IF E_2 THEN (200,1) H (0.03)

已知证据 $E1$、$E2$ 必然发生，求 H 的后验概率。

【案例分析】1）依据 H 的先验概率 $P(H)=0.03$ 可以求出 $O(H)$的先验概率：

$$O(H) = \frac{P(H)}{1 - P(H)} = \frac{0.03}{1 - 0.03} \approx 0.031$$

2）依据 R_1，可以得出

$$O(H \mid E_1) = LS_1 \cdot O(H) = 20 \times 0.031 = 0.62$$

3）依据 R_2，可以得出

$$O(H \mid E_2) = LS_2 \cdot O(H) = 200 \times 0.031 = 6.2$$

4）那么

$$O(H \mid E_1 E_2) = \frac{O(H \mid E_1)}{O(H)} \cdot \frac{O(H \mid E_2)}{O(H)} \cdot O(H) = \frac{0.62 \times 6.2}{0.031} = 124$$

$$P(H \mid E_1 E_2) = \frac{O(H \mid E_1 E_2)}{1 + O(H \mid E_1 E_2)} = \frac{124}{1 + 124} = 0.992$$

因此，E_1、E_2 的必然发生，使 H 的概率由 0.03 增到 0.992。

主观 Bayes 方法是在概率论的基础上发展起来的，具有较完善的理论基础，且知识的输入转化为对 LS 和 LN 的赋值，避免了大量的数据统计工作，是一种比较实用且较灵活的不确定性推理方法。但是，它在要求专家给出 LS 和 LN 的同时，还要求给出 H 的先验概率 $P(H)$，而且要求事件间相互独立，这也比较困难，从而也就限制了它的应用。

2.2.4 可信度方法

可信度方法是 1975 年由美国斯坦福大学数学家肖特里菲（Shortliffe）等在确定性理论的基础上，结合概率论等提出的一种不确定性推理方法。尽管该方法未建立在严格的理论推导基础上，但该方法直观、简单，且效果好。目前，许多专家系统都是基于这一方法建造起来的。

所谓可信度是指根据经验对一个事物或现象为真的相信程度，其带有较大的主观性和经验性，准确性难以把握。例如：小明今天上班迟到了，其迟到的理由是路上自行车出了问题。从小明自身的角度来看，"自行车出了问题"这个理由有两种情况，即真和假；从听众的角度

来看，只有某种程度的相信，而相信的程度是依据小明平时的表现。由此可见，可信度应是经验、现象及相信程度等的综合。

C-F 模型是基于可信度表示的不确定性推理的基本方法，其他可信度方法都是在此基础上逐渐发展起来的。因此，对可信度方法的介绍主要以此模型为例。

1. 知识不确定性的表示

在 C-F 模型中，知识用产生式规则表示：

$$\text{IF } E \text{ THEN } H \ (CF(H,E))$$

其中：$CF(H,E)$ 称为可信度因子或规则强度，反映前提条件与结论的联系强度，描述的是知识的静态强度。这里前提和结论也可以由复合命题组成。

$CF(H,E)$ 的取值范围为 $[-1,1]$。若由于相应证据的出现增加结论 H 为真的可信度，则 $CF(H,E)>0$，证据的出现越是支持 H 为真，就使 $CF(H,E)$ 的值越大；反之，$CF(H,E)<0$，证据的出现越是支持 H 为假，$CF(H,E)$ 的值就越小；若证据的出现与否与 H 无关，则 $CF(H,E)=0$。需要注意的是，当 $CF(H,E)$ 的值为 1 或 -1 时表示的是确定性的情况，所以确定性是不确定性的一种特殊情况。

例如：IF 头痛 AND 流涕 THEN 感冒 （0.7），表示如果头痛且流涕，那么感冒的概率大概为 0.7。在此例中，如果 $CF(H,E)$ 的值为 1，则表示头痛且流涕，一定是感冒了；如果 $CF(H,E)$ 的值为 -1，则表示头痛且流涕，一定不是感冒了。再如，IF 今天是晴天 THEN 他感冒了 （0），表示今天是晴天与他感冒是没有关系的。

2. 证据不确定性的表示

证据的不确定性也是用可信度因子表示的，即 $CF(E)$。例如，$CF(E)=0.7$，表示证据 E 的可信度为 0.7。$CF(E)$ 描述的是证据的动态强度，表示证据 E 当前的不确定性程度。其值的来源有两种：对于初始证据，其可信度值由提供证据的用户给出；对于用之前推出结论作为当前推理的证据，其可信度值在推出该结论时通过不确定性传递算法计算得到。

$CF(E)$ 的取值范围也为 $[-1,1]$。对于初始证据，若所有观察 S 能肯定它为真，则 $CF(E)=1$；若肯定它为假，则 $CF(E)=-1$；若以某种程度为真，则 $0<CF(E)<1$；若以某种程度为假，则 $-1<CF(E)<0$；若未获得任何相关的观察，则 $CF(E)=0$。

3. 组合证据不确定性的算法

对证据的组合形式可分为以下两种基本情况。

（1）当组合证据是多个单一证据的合取时，即 $E=E_1 \text{ AND } E_2 \text{ AND } \cdots \text{ AND } E_n$ 时，若已知 $CF(E_1)$，$CF(E_2)$，$\cdots$，$CF(E_n)$，则

$$CF(E) = \min\{ CF(E_1), CF(E_2), \cdots, CF(E_n)\}$$

（2）当组合证据是多个单一证据的析取时，即 $E=E_1 \text{ OR } E_2 \text{ OR } \cdots \text{ OR } E_n$ 时，若已知 $CF(E_1)$，$CF(E_2)$，$\cdots$，$CF(E_n)$，则

$$CF(E) = \max\{ CF(E_1), CF(E_2), \cdots, CF(E_n)\}$$

另外，规定 $CF(\neg E)=\neg CF(E)$。

4. 不确定性的传递算法

C-F 模型中的不确定性推理过程为从不确定的初始证据出发，通过运用相关的不确定性知识，最终推出结论并求出结论的可信度值。结论 H 的可信度由下式计算：

$$CF(H) = CF(H,E)\max\{0,CF(E)\}$$

其中，当 $CF(E)<0$ 时，$CF(H)=0$；当 $CF(E)=1$ 时，$CF(H)=CF(H,E)$。

5. 结论不确定性的合成算法

若有多条不同知识推出了相同的结论，但可信度不同，则可用合成算法求出综合可信度。

设有如下规则：IF　E_1　THEN　H　$(CF(H,E_1))$

IF　E_2　THEN　H　$(CF(H,E_2))$

（1）分别对每一条规则求出 $CF(H)$：

$$CF_1(H) = CF(H,E_1)\max\{0,CF(E_1)\}$$
$$CF_2(H) = CF(H,E_2)\max\{0,CF(E_2)\}$$

（2）求出 E_1 与 E_2 对 H 的综合影响所形成的可信度：

$$CF_{1,2}(H) = \begin{cases} CF_1(H)+CF_2(H)-CF_1(H)\times CF_2(H) & 若CF_1(H)\geqslant 0且CF_2(H)\geqslant 0 \\ CF_1(H)+CF_2(H)+CF_1(H)\times CF_2(H) & 若CF_1(H)<0且CF_2(H)<0 \\ \dfrac{CF_1(H)+CF_2(H)}{1-\min\{|CF_1(H)|,|CF_2(H)|\}} & 若CF_1(H)与CF_2(H)异号 \end{cases}$$

【例 2-8】设有如下规则：

R_1：IF　E_1　THEN　H　(0.8)

R_2：IF　E_2　THEN　H　(0.6)

R_3：IF　E_3　THEN　H　(-0.5)

R_4：IF　E_4　AND　$(E_5$ OR $E_6)$　THEN　E_1　(0.7)

已知：$CF(E_2) = 0.8$，$CF(E_3) = 0.5$，$CF(E_4) = 0.5$，$CF(E_5) = 0.6$，$CF(E_6) = 0.8$，求：$CF(H)$的值。

【案例分析】1）依据 R_4，可以得出

$$\begin{aligned} CF(E_1) &= 0.7\times\max\{0,CF(E_4 \text{ AND}(E_5 \text{ OR } E_6))\} \\ &= 0.7\times\max\{0,\min\{CF(E_4),CF(E_5 \text{ OR } E_6)\}\} \\ &= 0.7\times\max\{0,\min\{CF(E_4),\max\{CF(E_5),CF(E_6)\}\}\} \\ &= 0.7\times\max\{0,\min\{CF(E_4),\max\{0.6,0.8\}\}\} \\ &= 0.7\times\max\{0,\min\{0.5,0.8\}\} \\ &= 0.7\times\max\{0,0.5\} \\ &= 0.7\times 0.5 \\ &= 0.35 \end{aligned}$$

2）依据 R_1，可以得出

$$\begin{aligned} CF_1(H) &= CF(H,E_1)\max\{0,CF(E_1)\} \\ &= 0.8\times\max\{0,0.35\} \\ &= 0.8\times 0.35 \\ &= 0.28 \end{aligned}$$

3）依据 R_2，可以得出

$$\begin{aligned} CF_2(H) &= CF(H,E_2)\max\{0,CF(E_2)\} \\ &= 0.6\times\max\{0,0.8\} \\ &= 0.6\times 0.8 \\ &= 0.48 \end{aligned}$$

4）依据 R_3，可以得出

$$CF_3(H) = CF(H,E_3)\max\{0,CF(E_3)\}$$
$$= -0.5 \times \max\{0,0.5\}$$
$$= -0.5 \times 0.5$$
$$= -0.25$$

5）根据结论不确定性的合成算法得出

$$CF_{1,2}(H) = CF_1(H) + CF_2(H) - CF_1(H)CF_2(H)$$
$$= 0.28 + 0.48 - 0.28 \times 0.48$$
$$= 0.76 - 0.1344$$
$$= 0.6256$$

$$CF_{1,2,3} = \frac{CF_{1,2}(H) + CF_3(H)}{1 - \min\{|CF_{1,2}(H)|,|CF_3(H)|\}}$$
$$= \frac{0.6256 - 0.25}{1 - \min\{0.625,0.25\}}$$
$$= \frac{0.3756}{1 - 0.25}$$
$$= 0.5008$$

因此，所求的综合可信度 $CF(H) = 0.5008$。

可信度方法比较简单、直观，易于掌握和使用，已成功应用于推理链较短、概率计算精度要求不高的专家系统中。但当推理长度较长时，由可信度的不精确估计而产生的积累误差会很大，所以该方法不适合长推理链的情况。

2.2.5 模糊推理

前面我们提到了"秃子悖论"，接下来我们来具体看一下这个例子。关于秃子悖论，有人说，一般人平均有 5000 根头发，以此为界，规定 5000 根以下为秃子，以上为不秃。如果这样规定，那么 4999 根算不算秃？有 5000 根头发的人，如果他在梳洗打扮时，不小心梳落了一根，是否当即成为一名"秃子"了？这样显然太荒唐了！这里的主要问题就在于"秃子"这个概念是模糊的，没有一个清晰的界限将"秃"与"不秃"分开。与"秃子"相似的模糊概念还有很多，如沙堆、雨的大小、风的强弱、年龄的大小、个子的高低等。这种在生活中常见的模糊概念，用传统的数学方法处理时，往往会出现问题。那么，这类问题究竟要如何解决呢？模糊理论及模糊逻辑是解决这一问题的主要工具之一。

1. 模糊理论的提出

1965 年，扎德等从集合论的角度出发，对事物存在的模糊性进行了大量的研究，提出了模糊集、隶属函数、模糊推理等重要概念，开创了模糊理论这一新兴的数学分支，从而对模糊性的定量描述与处理提供了一种新途径。在模糊集中定义了一个关键概念"隶属度"，即一个元素隶属于一个集合的程度，并且规定，当一个元素完全属于一个集合时，它的隶属度为 1，反之为 0；若在某种程度上隶属于一个集合，则它的隶属度为 0~1 之间的某个值。

那么，应用模糊理论，就能很好地解决上述所述的"秃子悖论"。我们可以约定，500 根头发以下者为完全秃头，隶属度为 1；5000 根头发以上者为完全不秃头，隶属度为 0；这样，

501～4999 根头发者就定义在某种程度上属于{秃子}集合，例如 501 根头发者，隶属度为 0.999，而 4999 根头发者，隶属度为 0.001。也就是说，501～4999 根头发者对于{秃子}集合而言，属于一种"既属于又不属于"的状态。

2. 模糊集合及其运算

在介绍模糊集合之前，我们先来了解一下模糊理论的理论基础，即经典集合及其描述方法。

处理某一特定问题时，要把议题限定在一个特定的范围内，这个范围就是相应问题的论域。论域中的每个对象称为元素，论域中具有某种相同属性的确定的、可以彼此区别的元素的全体称为集合。论域通常用 U、V、W 等表示，元素通常用 a、b、c 等表示，集合通常用 A、B、C 等表示。元素 a 和集合 A 的关系有两种：a 要么属于 A，要么不属于 A，即只有"真"和"假"两个真值。

需要特别指出的是，在模糊集合中，元素 a 和集合 A 的关系不仅有"真""假"值，还有"真"与"假"之间的值。模糊逻辑给集合中每一个元素赋予一个介于 0 和 1 之间的实数，描述其属于一个集合的强度，即隶属度，通常用 μ 表示。集合中所有元素的隶属度全体就构成了集合的隶属函数。

所谓模糊集合是指在论域 U 中的模糊集 F 用一个在区间[0,1]上取值的隶属函数 μ_F 来表示，即：

$$\mu_F: \quad U \to [0,1]$$

其中，μ_F 称为 F 的隶属函数，$\mu_F(u)$ 称为 u 对 F 的隶属度，u 是 U 中的元素。

模糊集合常用的表示方法有三种：扎德表示法、序对表示法、向量表示法，这里用一个例子进行说明。假设论域 $U = \{x_1, x_2, x_3, x_4\}$ 为一个四人集合，X 上的模糊集合 A 表示"漂亮"，隶属度分别为 0.6、0.8、1、0.5，那么三种表示方法分别如下：

- 扎德表示法表示为：$A = 0.6/x_1+0.8/x_2+1/x_3+0.5/x_4$。扎德表示法采用"隶属度/元素"的形式来记，这里的"+"号并不是求和，"/"号也不是求商，仅仅是一种记法，是模糊数学创始人扎德给出的一种记法。当某一项的隶属度为 0 时，可以省略不写。
- 序对表示法表示为：$A = \{(x_1,0.6), (x_2,0.8), (x_3,1), (x_4,0.5)\}$。序对表示法适合比较少的元素，一目了然，比较清晰，但对于元素比较多的模糊集合，扎德表示法更简便。
- 向量表示法表示为：$A = \{0.6, 0.8, 1, 0.5\}$。向量表示法是给论域中的元素规定了一个表达顺序，优点是更简单，只用依次列出每个元素的隶属度，缺点是不适合元素较多或者论域连续的情况，且无法直接看到元素与隶属度的对应关系。另外，向量表示法中，隶属度为 0 的项不能省略，因为一旦省略，隶属度和元素的一一对应关系就会发生改变。

从该例中可以得出，x_3 是四人当中最漂亮的。

模糊集上的运算主要有相等、包含、并、交、补等，接下来我们一一来看。

（1）模糊集合相等。两个模糊集合相等，当且仅当它们的隶属函数在论域 U 上恒等，即 $A=B$，当且仅当 $\forall x \in U$，$\mu_A(x) = \mu_B(x)$。

（2）模糊集合的包含。模糊集合 A 包含于模糊集合 B 中，当且仅当对于论域 U 上所有元素 x，恒有 $\mu_A(x) \leqslant \mu_B(x)$。

（3）模糊集合的并集、交集、补集。

$$\mu_{(A \cap B)}(x) = \max\{\mu_A(x), \mu_B(x)\}, \forall x \in U$$

$$\mu_{(A \cap B)}(x) = \min\{\mu_A(x), \mu_B(x)\}, \forall x \in U$$

$$\mu_{\neg A}(x) = 1 - \mu_A(x), \forall x \in U$$

【例2-9】设论域 $U=\{x_1, x_2, x_3, x_4\}$ 为一个四人集合。U 上的模糊集合 A 表示"高个子"：$A=\{(x_1, 0.8), (x_2, 0.6), (x_3, 1), (x_4, 0.4)\}$。模糊集合 B 表示"胖子"：$B=\{(x_1, 0.6), (x_2, 0.5), (x_3, 0.3), (x_4, 0.4)\}$。分别求模糊集合"高或胖""又高又胖""个子不高"。

【案例分析】模糊集合"高或胖"为

$$A \cup B = \{(x_1, 0.8 \vee 0.6), (x_2, 0.6 \vee 0.5), (x_3, 1 \vee 0.3), (x_4, 0.4 \vee 0.4)\}$$
$$= \{(x_1, 0.8), (x_2, 0.6), (x_3, 1), (x_4, 0.4)\}$$

模糊集合"又高又胖"为

$$A \cap B = \{(x_1, 0.8 \wedge 0.6), (x_2, 0.6 \wedge 0.5), (x_3, 1 \wedge 0.3), (x_4, 0.4 \wedge 0.4)\}$$
$$= \{(x_1, 0.6), (x_2, 0.5), (x_3, 0.3), (x_4, 0.4)\}$$

模糊集合"个子不高"为

$$\neg A = \{(x_1, 0.2), (x_2, 0.4), (x_3, 0), (x_4, 0.6)\}$$

其中："$\vee$"表示取最大，"$\wedge$"表示取最小。

（4）模糊集合的积。设 A、B 是论域 U 和论域 V 上的模糊集合，那么

$$A \times B = \int_{U \times V} \min(\mu_A(u), \mu_B(v)/(u,v))$$

【例2-10】设 $U=\{1, 2, 3, 4\}$，$V=\{1, 2, 3\}$，A、B 分别是论域 U、V 上的模糊集合，其中 $A=0.8/1+0.7/2+0.5/3+0.2/4$，$B=1/1+0.6/2+0.3/3$，求 $A \times B$。

【案例分析】$A \times B=0.8/(1,1)+0.6/(1,2)+0.3/(1,3)+0.7/(2,1)+0.6/(2,2)+0.3/(2,3)+0.5/(3,1)+$
$0.5/(3,2)+0.3/(3,3)+0.2/(4,1)+0.2/(4,2)+0.2/(4,3)$

（5）模糊集合的有界和。设 A、B 是论域 U 和论域 V 上的模糊集合，那么

$$A \oplus B = \min\{1, \mu_A(u) + \mu_B(v)\}$$

3. 模糊关系及其运算

（1）模糊关系。设 U、V 是论域，从 U 到 V 上的模糊关系 R 是指 $U \times V$，由隶属函数 $\mu_{R(x)}$ 刻画，$\mu_{R(x,y)}$ 代表有序对 $<x, y>$ 具有关系 R 的程度。

比如，设论域 $U=V=\{1, 2, 3, 4\}$，模糊关系 R 大得多，$\mu(x,y)$ 表示 x 比 y 大的程度，见表2-1。

表2-1 x 比 y 大的程度

x	y			
	1	2	3	4
1	0	0	0	0
2	0.1	0	0	0
3	0.6	0.1	0	0
4	1	0.6	0.1	0

模糊关系 R 通常用矩阵表示，将上表转化为矩阵表示如下，R 就叫作模糊关系矩阵。

$$R = \begin{bmatrix} 0 & 0 & 0 & 0 \\ 0.1 & 0 & 0 & 0 \\ 0.6 & 0.1 & 0 & 0 \\ 1 & 0.6 & 0.1 & 0 \end{bmatrix}$$

（2）模糊关系的合成。在日常生活中，两个单纯关系的组合，可以构成一种新的合成关系。例如，有 x，y，z 三个人，若 x 是 y 的父亲，y 是 z 的父亲，那么 x 与 z 就构成一种新的关系，即祖孙关系。

假设 R 与 S 分别是 $U \times V$ 与 $V \times W$ 上的两个模糊关系，则 R 与 S 的合成是指从 U 到 W 的一个模糊关系，记作 $R \circ S$，其隶属函数为

$$\mu_{R \circ S}(u, w) = \{\mu_R(u, v)\mu_S(v, w)\}$$

方法为取 R 中的第 i 行元素分别与 S 的第 j 列的对应元素相比较，两个数中取其小者，然后在所得的一组数中取最大的一个，并以此数作为 $R \circ S$ 第 i 行第 j 列的元素。

【例 2-11】设有如下两个模糊关系：

$$R = \begin{bmatrix} 0.4 & 0.5 & 0.3 \\ 0.2 & 0.6 & 0.2 \\ 0.5 & 0.3 & 0.2 \end{bmatrix} \quad S = \begin{bmatrix} 0.2 & 0.8 \\ 0.4 & 0.6 \\ 0.6 & 0.5 \end{bmatrix}$$

求：$R \circ S$ 的值。

【案例分析】首先取 R 中的第一行和 S 中的第一列的元素，相应元素一一比较，取两数中的最小者，得出三个数，即 0.2、0.4、0.3，再取这三个数中的最大者 0.4，即为新的合成关系中第一行第一列的值。

$$R = \begin{bmatrix} 0.4 & 0.5 & 0.3 \\ 0.2 & 0.6 & 0.2 \\ 0.5 & 0.3 & 0.2 \end{bmatrix} \quad S = \begin{bmatrix} 0.2 & 0.8 \\ 0.4 & 0.6 \\ 0.6 & 0.5 \end{bmatrix}$$

以此类推，得出

$$R \circ S = \begin{bmatrix} 0.4 & 0.5 \\ 0.4 & 0.6 \\ 0.3 & 0.5 \end{bmatrix}$$

4. 简单模糊推理

我们在日常生活中经常会听到诸如"她很漂亮""电动机的转速稍偏高"这样的陈述句，其特点是：含有模糊概念，如"漂亮""稍偏高"。一般地，称这种含有模糊概念的陈述句为模糊命题，将研究模糊命题的逻辑称为模糊逻辑。模糊逻辑所处理的事物自身是模糊的，一个对象是否符合这个概念难以明确地确定，模糊推理就是对这种不确定性的表示与处理。模糊推理是利用模糊性知识进行的一种不确定性推理，它与前面讨论的不确定性推理有着实质性的区别。

（1）模糊知识的表示。模糊产生式规则的一般形式为

$$\text{IF} \quad E \quad \text{THEN} \quad R\,(CF, \lambda)$$

例如，各种形式的规则：

1）IF $\quad x$ is A $\quad$ THEN $\quad y$ is B (λ)

2）IF $\quad x$ is A $\quad$ THEN $\quad y$ is B (CF,λ)

3）IF $\quad x_1$ is A_1 AND x_2 is A_2 $\quad$ THEN $\quad y$ is B (λ)

推理中所用的证据也是用模糊命题表示的，一般形式为

$$x \text{ is } A' \text{ 或者 } x \text{ is } A' (CF)$$

（2）前提的模糊匹配。在模糊推理中，知识的前提条件中的 A 与证据中的 A' 不一定完全相同，因此在决定选用哪条知识进行推理时必须首先考虑哪条知识的 A 与 A' 近似匹配的问题，即它们的相似程度是否大于某个预先设定的阈值。

设有如下知识及证据：

IF $\quad x$ is 小 $\quad$ THEN $\quad y$ is 大 (0.6)，已知证据 x is 较小，那么是否有"y is 大"这个结论呢？

这决定于 λ 值，若"x is 较小"与"x is 小"的接近程度大于等于 λ 值，则有"y is 大"的模糊结论，否则没有这一结论。如何计算这个接近程度？方法有多种，这里只介绍其中一种，即贴近度。

设 A 与 B 分别是论域 $U=\{u_1,u_2,\cdots,u_n\}$ 上的两个模糊集，则它们的贴近度定义为

$$(A,B) = [A \cdot B + (1 - A \odot B)] / 2$$

其中：

$$（内积） \quad A \cdot B = \bigvee_U (\mu_A(u_i) \wedge \mu_B(u_i))$$

$$（外积） \quad A \odot B = \bigwedge_U (\mu_A(u_i) \vee \mu_B(u_i))$$

【例 2-12】设论域 $U = \{a, b, c, d, e\}$，A、B 是论域中的两个模糊集合，其中，$A=0.6/a+0.8/b+0.5/c+1/d+0.8/e$，$B=0.4/a+0.6/b+0.7/c+0.8/d+1/e$，求 (A,B) 的贴近度。

【案例分析】1）首先分别计算 A 和 B 的内积、外积，得出

$$A \cdot B = (0.6 \wedge 0.4) \vee (0.8 \wedge 0.6) \vee (0.5 \wedge 0.7) \vee (1 \wedge 0.8) \vee (0.8 \wedge 1) = 0.8$$

$$A \odot B = (0.6 \vee 0.4) \wedge (0.8 \vee 0.6) \wedge (0.5 \vee 0.7) \wedge (1 \vee 0.8) \wedge (0.8 \vee 1) = 0.6$$

2）然后计算 A 和 B 的贴近度，得出

$$(A,B) = [A \cdot B + (1 - A \odot B)] / 2 = [0.8 + (1 - 0.6)] / 2 = 0.6$$

3）简单模糊推理。简单模糊推理是指知识中只含有简单条件，且不带 CF 的模糊推理。这里以模糊假言推理为例进行模糊推理的说明，即

$$\text{IF} \quad x \text{ is } A \quad \text{THEN} \quad y \text{ is } B (\lambda)$$

首先构造 A、B 之间的模糊关系 R，然后通过 R 与前提的合成求出结论，如果已知证据是

$$x \text{ is } A'$$

且 (A,A') 大于或等于 λ，那么有结论 y is B'，其中，$B' = A' \circ R$。

在这种推理方法中，关键是如何构造模糊关系 R，构造模糊关系有多种方法，这里主要介绍 Mamdani 方法和扎德方法。

● **Mamdani 方法。** IF $\quad x$ is A $\quad$ THEN $\quad y$ is B，对于模糊假言推理，若已知证据为 x is A'，则

$$B'_c = A' \circ R_c$$

其中：

$$R_c = A \times B = \int_{U \times V} \min(\mu_A(u), \mu_B(v) / (u,v))$$

- 扎德方法。扎德提出两种构造方法：条件命题的极大极小规则和条件命题的算术规则，将得到的模糊关系分别记为 R_m 和 R_a，具体操作如下：

IF　x is A　THEN　y is B，对于模糊假言推理，若已知证据为 x is A'，则

$$B'_m = A' \circ R_m$$
$$B'_a = A' \circ R_a$$

其中：

$$R_m = (A \times B) \cup (\neg A \times V) = \int_{U \times V} (\mu_A(u) \wedge \mu_B(v)) \vee (1 - \mu_A(u))/(u, v)$$

$$R_a = (\neg A \times V) \oplus (U \times B) = \int_{U \times V} 1 \wedge (1 - \mu_A(u) + \mu_B(v))/(u, v)$$

接下来我们通过一个例子来看一下整个推理过程。

【例 2-13】设 $U=V=\{1, 2, 3, 4, 5\}$，$A=1/1+0.5/2$，$B=0.4/3+0.6/4+1/5$，并设模糊知识为

$$\text{IF}\quad x \text{ is } A \quad \text{THEN}\quad y \text{ is } B\,(\lambda)$$

模糊证据为

$$x \text{ is } A'$$

其中，$A'=1/1+0.4/2+0.2/3$，且 $(A, A') > \lambda$，求 B'_m 和 B'_a。

【案例分析】根据题意，可知

$$A = \{1, 0.5, 0, 0, 0\} \qquad B = \{0, 0, 0.4, 0.6, 1\}$$

由模糊知识可分别得到 R_m 与 R_a：

$$R_m = \begin{bmatrix} 0 & 0 & 0.4 & 0.6 & 1 \\ 0.5 & 0.5 & 0.5 & 0.5 & 0.5 \\ 1 & 1 & 1 & 1 & 1 \\ 1 & 1 & 1 & 1 & 1 \\ 1 & 1 & 1 & 1 & 1 \end{bmatrix} \qquad R_a = \begin{bmatrix} 0 & 0 & 0.4 & 0.6 & 1 \\ 0.5 & 0.5 & 0.9 & 1 & 1 \\ 1 & 1 & 1 & 1 & 1 \\ 1 & 1 & 1 & 1 & 1 \\ 1 & 1 & 1 & 1 & 1 \end{bmatrix}$$

又由 $A'= \{1, 0.4, 0.2, 0, 0\}$，可得

$$B'_m = A' \circ R_m = \{0.4, 0.4, 0.4, 0.6, 1\}$$
$$B'_a = A' \circ R_a = \{0.4, 0.4, 0.4, 0.6, 1\}$$

（4）模糊决策。在实际应用中，虽然推理过程是模糊的，由推理得到的结论或操作是一个模糊向量，但最终，我们还是希望能给出一个明确的输出结果，以便于人们参考和使用。由模糊推理得到的模糊向量转化为确定值的过程称为模糊决策。常用的方法有最大隶属度方法、加权平均判决法等。这里主要介绍一下最大隶属度方法。其最简单，只要在推理结论的模糊集合中取隶属度最大的那个元素作为输出量即可；如果具有最大隶属度的元素不止一个，通常取所有具有最大隶属度元素的平均值。

模糊推理作为近似推理的一个分支，是模糊控制的理论基础。多年来，模糊推理方法在工业生产控制，特别是家电产品中的成功应用，使得它们在模糊系统以及自动控制等领域越来越受到人们的重视。随着模糊领域的成熟，将会出现更多可靠的实际应用，从而为我们的生活、工作提供更大的便利。

2.3　本章小结

本章首先介绍了知识表示，包括知识的概念、分类和特性、产生式表示法、框架表示法及其他知识表示法，接着介绍了知识推理，包括不确定性推理的概念和分类、概率推理、主观Bayes方法、可信度方法及模糊推理。

知识是人们对客观事物及其规律的认识，还包括人们利用客观规律解决实际问题的方法和策略等。不同的学者在对知识进行研究时，由于观察的角度不同形成了不同的分类方法。知识主要具有相对正确性、不确定性、可表示性与可利用性等特性。

知识表示是对知识的一种描述，把人类知识表示成机器能处理的数据结构，主要有产生式表示法、框架表示法等。产生式表示法通常用于表示事实、规则以及它们的不确定性度量，是早期专家系统常用的知识表示方法之一。产生式表示法在表示知识时既可以表示规则性知识，也可以表示事实性知识；既可以表示确定性知识，也可以表示不确定性知识。框架表示法是以框架理论为基础的一种结构化知识表示方法。框架表示法适应性强、概括性高、结构化良好、推理方式灵活，能把陈述性知识与过程性知识相结合，是一种理想的结构化知识表示方法。另外，知识表示法还有一阶谓词逻辑表示法、语义网络表示法、过程表示法、面向对象表示法等。

现实世界中的事物以及事物之间关系的复杂性，导致人们对它们的认识往往是不精确、不完全的，具有一定的不确定性。不确定性可以理解为在缺少足够信息的情况下做出的判断，是智能问题的本质特征，因此在知识推理部分主要介绍了不确定性推理的概念、分类及相关的不确定性推理方法。在不确定性推理过程中，要注意不确定性的表示与度量、不确定性的匹配、组合证据不确定性的算法、不确定性的传递算法以及结论不确定性的合成等基本问题。

不确定性推理方法有很多，常见的基于概率理论的推理方法有传统的概率推理、主观Bayes方法、可信度方法等，基于模糊理论的推理方法主要有模糊推理等。概率推理也称Bayes推理，是以Bayes法则为基础的不确定性推理方法，具有处理"事物发生与否不能确定"这样的不确定性的能力，在现实生活中有着广泛的应用。主观Bayes方法是在概率论的基础上，通过对Bayes公式的修正而形成的一种不确定性推理模型，并成功地应用在地矿勘探专家系统PROSPECTOR中。可信度方法是在确定性理论的基础上，结合概率论等提出的一种不确定性推理方法，尽管该方法未建立在严格的理论推导基础上，但该方法直观、简单，且效果好。模糊推理是利用模糊性知识进行的一种不确定性推理，它与前面讨论的不确定性推理有着实质性的区别。

习题 2

一、选择题

1. 知识的特性不包括（　　）。
   A. 相对正确性　　　　　　　　　　B. 正确性
   C. 不确定性　　　　　　　　　　　D. 可表示性与可利用性

2．不适合用产生式表示法表示的知识是（　　）。

　　A．由许多相对独立的知识元组成的领域知识

　　B．可以表示为一系列相对独立的求解问题的操作

　　C．具有结构关系的知识

　　D．具有经验性及不确定性的知识

3．从已知事实出发，通过规则库求得结论的产生式系统的推理方式是（　　）。

　　A．简单推理　　　　B．双向推理　　　　C．反向推理　　　　D．正向推理

4．下列不是框架表示法特点的是（　　）。

　　A．结构性　　　　　B．模块性　　　　　C．继承性　　　　　D．自然性

5．"大学"的知识包括校名、校长、地址、人数、学院等要素信息，为了描述"大学"相关的整体认识，可以采用以下知识表示方法中的（　　）。

　　A．一阶谓词逻辑表示法　　　　　　B．产生式表示

　　C．集合表示法　　　　　　　　　　D．框架表示法

6．（　　）的知识表示方法是一种以对象为中心，把对象的属性、动态行为、领域知识和处理方法等有关知识封装在表达对象的结构中的混合知识表示形式。

　　A．一阶谓词逻辑　　　　　　　　　B．语义网络

　　C．面向对象　　　　　　　　　　　D．产生式系统

7．以下说法错误的是（　　）。

　　A．可信度带有较大的主观性和经验性，其准确性难以把握。

　　B．人工智能问题中先验概率及条件概率的确定相对容易。

　　C．领域专家都是所在领域的行家里手，有丰富的专业知识及实践经验，不难对领域内的知识给出其可信度。

　　D．人工智能所面向的多是结构不良的复杂问题，难以给出精确的数学模型。

8．以下说法错误的是（　　）。

　　A．若 $CF(H,E)>0$，这说明由于前提条件 E 所对应的证据出现增加了 H 为真的概率，即增加了 H 为真的可信度，$CF(H,E)$ 的值越大，增加 H 为真的可信度就越大。

　　B．若 $CF(H,E)<0$，这说明由于前提条件 E 所对应的证据出现减少了 H 为真的概率，即增加了 H 为假的可信度，$CF(H,E)$ 的值越小，增加 H 为假的可信度就越大。

　　C．若 $CF(H,E)=1$，即由于 E 所对应的证据出现使 H 为真。

　　D．若 $CF(H,E)=-1$，表示 H 与 E 独立，即 E 所对应的证据出现对 H 没有影响。

9．以下说法错误的是（　　）。

　　A．模糊性就是指客观事物在性态及类属方面的不分明性，其根源是在类似事物间存在一系列过渡状态，它们相互渗透，相互贯通，使得彼此之间没有明显的分界线。

　　B．随机性是重要的一种不确定性。

　　C．模糊性是描述事物的不确定性的一种度量。

　　D．不确定性仅由随机性引起。

10．讨论某一概念的外延时总离不开一定的范围，这个讨论的范围称为论域，范围内的每个对象称为（　　）。

　　A．元素　　　　　B．论域　　　　　C．个体　　　　　D．值域

11．下列不属于模糊命题的是（　　　）。

A．明天八成是个好天气　　　　　B．张三是一个年轻人

C．月球是地球的卫星　　　　　　D．李四的身高是 1.78m 左右

二、填空题

1．知识反映了客观世界中事物之间的关联关系，这种关联关系有多种，其中最常见的有_____、事实等。

2．_____就是将人类知识形式化或者模型化，使得计算机能够存储和运用人类知识。

3．产生式系统是人工智能系统中常用的一种程序结构，通常由三部分组成：_____、_____和控制系统（推理机）。

4．_____是一种表达能力强而且灵活的知识表示方法，它是通过概念及其语义关系来表达知识的一种网络图。

5．所谓推理就是从已知事实出发，运用相关的知识（或规则）逐步推出结论或者证明某个假设成立或不成立的思维过程。其中，_____和_____是构成推理的两个基本要素。

6．根据经验对一个事物或现象为真的相信程度称为_____。

7．_____确定了某个元素 u 属于该模糊集合 A 的程度，值越大，表示隶属的程度越高。

三、简答题

1．简述知识的分类方法。

2．简述产生式系统的组成及特点。

3．简述"教室框架"的结构。

4．简述语义网络的语义关系。

5．简述不确定性推理中需要解决的基本问题。

6．简述主观 Bayes 方法中知识的不确定性表示，并说明其中 LS 与 LN 的意义。

7．简述模糊关系及其合成方法，并举例说明。

第 3 章　图搜索技术和问题求解

本章导读

　　图搜索技术是人工智能中的一个基本问题，是人工智能中推理机制有关问题求解的一种方法。人工智能中的任务研究，其实质都是寻找问题的目标最优解，一般使用搜索算法实现。早前，英国人工智能专家尼尔逊就将搜索技术列为人工智能领域研究中的核心问题之一。本章主要介绍人工智能应用中图搜索技术的典型搜索策略，如盲目搜索、启发式搜索以及博弈树等概念、算法原理以及实际应用等内容。读者应在理解几种搜索策略的算法原理以及实现步骤的基础上重点掌握启发式搜索算法和博弈树搜索策略应用于实际问题的目标最优解的搜索。

本章要点

- 三种搜索策略的算法原理
- A^* 算法的原理与应用
- Min-Max 搜索算法实现
- $\alpha - \beta$ 剪枝算法原理与应用

3.1　搜索策略概述

搜索策略概述

　　搜索从本质上来讲是一个从初始问题出发，不断寻找问题最优解的过程。就像现实生活中，一个人要找手机一样，他会不断搜索手机可能存在的角落，直到找到手机为止。在人工智能领域中，研究任务的对象多数面向非结构化问题，获取问题的全部信息难度较大，导致无法使用现在已有的算法对问题进行直接求解。因此，通常在遇到这种问题时，只能依据问题的实际情况，利用当前已掌握的知识，不断地寻找问题的解，并找到问题目标解路径中代价最小的那条解路径，我们将这样的问题求解过程称为"搜索"。

　　在计算机技术中，搜索一般是指通过借助计算机强大的计算能力对问题可能的解进行处理，进而寻找到问题的最优解或者较为合适的解。通常情况下，在搜索开始时，首先依据问题的初始状态和相关的扩展规则构造一个问题求解空间，之后在这个求解空间中搜索目标状态（即问题的解）。因此，搜索技术常常将待求解的问题转化为相应的搜索空间，之后再采用某种方法或策略在搜索空间中寻找相应的路径（即搜索路径），最终得到一条路径（即问题求解路径）。

　　对于搜索算法，我们依据其在搜索过程中是否利用启发式信息控制搜索路径的方向将其分为了盲目搜索和启发式搜索两类。盲目搜索在寻找问题解的过程中，不会运用与问题有关的启发式信息控制搜索方向，只是一味地依照事先预定好的路线进行寻找，在搜索过程中获得的信息也不会用于改进搜索的路径。而启发式搜索在寻找问题解的过程中，考虑到了与问题相关的启发式信息，并且将这些信息用于搜索路径方向控制，这使得搜索总会朝着最有希望的方向前进，提高了搜索效率。

3.1.1 状态空间表示法

一般情况下，问题求解通常由两方面出发：一是问题的表示，即针对此问题的表示方法；二是问题求解的方法，本章所要讲述的内容就是问题求解的方法。在人工智能研究中，状态空间法是一种最为基本的问题求解方法，其主要思想是使用"状态"和"算符"两种对象来表示和求解问题。"状态"指的是问题求解过程中的各种状况；"算符"则是指在问题求解过程中对状态的操作，每操作一次算符，问题就会从当前的某种状态转变为另一种状态。那么，在问题求解的过程中，从初始状态到目标状态所形成的算符序列，为问题的一个解。需要注意的是，问题的解不一定是唯一的。

状态空间是利用状态变量和操作算符表示系统或问题的有关知识的符号体系。一般情况下，状态空间用一个三元组表示为

$$(F,\ S,\ G)$$

其中，F 是全部初始状态组成的集合；S 是操作算符组成的集合；G 是目标状态的集合。因此，问题求解过程就转化为在一个状态图中寻找从初始状态出发到目标状态的路径问题，实际上是寻找操作序列的过程。

状态是指为了描述在问题求解过程中，不同时刻下问题状况之间的差异所引入的一组变量的有序组合，常表示为

$$F = \left[f_1, f_2, \cdots, f_n\right]^{\mathrm{T}} \tag{3-1}$$

其中，f_i（$i = 0,1,2,\cdots,n$）称为分量，当每个分量被赋予一个确定的值时，就得到了一个具体的状态。

算符又称为操作算符，表示能够引起状态中某些分量发生变化的一组关系或函数。例如，AlphaGo 程序中的一条规则就是一个算符。将状态空间用图的形式表示出来称为状态空间图。在状态空间图中，节点对应问题中的状态，有向边为操作算符，边上的权值代表关系转移所需的代价。问题的解可能是图中的某个状态、从初始状态到目标状态的一条路径或从初始状态到目标状态所花费的代价。

3.1.2 盲目搜索

盲目搜索又称无信息搜索，是指在搜索过程中只按照既定规则而不理会任何与问题相关的信息进行搜索的一种搜索策略。对于需要考虑问题特性的复杂问题并不适用，因此多用于简单的问题求解中。盲目搜索策略较为常用的两种算法有深度优先搜索策略和宽度优先搜索策略，算法执行搜索过程中需要构建 Open 表和 Closed 表：Open 表存放待扩展节点，Closed 表存放已扩展节点。

1. 深度优先搜索

深度优先搜索（Depth-First Search）的基本原理与数据结构中对树深度优先遍历相同，都是优先扩展至最深的节点（若节点深度相同则按既定规则进行）。

深度优先搜索的基本原理为：从初始节点 N_0 出发进行扩展，依据既定规则生成下一级节点，检查最先生成的子节点是否为目标节点 N_s，若不是，则对该节点进行扩展，并检查扩展到的子节点是否为目标节点 N_s，以此类推一直往深度节点扩展。当节点本身不能扩展时，对其兄弟节点进行扩展，若所有兄弟节点不能扩展，则对其父节点的兄弟节点进行扩展。如此循环往复，直至无节点可扩展或寻找到目标节点时停止搜索。

深度优先搜索算法基本步骤如下：

（1）将初始节点 N_0 添加到 Open 表中。

（2）若 Open 表为空，则退出，即搜索失败，问题无解。

（3）将 Open 表中第一个节点 n 移至 Closed 表。

（4）若 n 为目标节点，则搜索成功，找到目标解，成功退出。

（5）转步骤（2）继续进行搜索。

2. 宽度优先搜索

宽度优先搜索（Breadth-First Search）也称广度优先搜索，与深度优先搜索策略中优先深度节点扩展相反，其优先搜索深度第一层的节点（节点处于相同层数时，按既定规则进行），待当前层的节点全部搜索完成，再对其下一层节点进行搜索。

宽度优先搜索的基本原理为：从初始节点 N_0 出发进行扩展，检查扩展的第一个子节点是否为目标节点 N_s，若不是，则对该节点进行扩展，并检查扩展中的第一个子节点，若仍不是目标节点，再检查扩展中的其他子节点。当初始节点 N_0 的所有子节点被检查后，再转至下一层节点重新开始扩展和检查，直至找到目标节点或没有节点可扩展时结束搜索。

宽度优先搜索策略下，Open 表中的节点始终按照进入的先后顺序进行扩展，即先进入Open 表的节点在前，后进入的节点在后。

宽度优先搜索算法基本步骤如下：

（1）将初始节点 N_0 添加到 Open 表中。

（2）若 Open 表为空，则退出，即搜索失败。

（3）若 n 为目标节点，则标记成功，并退出。若 n 不是，则进行步骤（4）。

（4）将 Open 表中第一个节点 n 移至 Closed 表，并将 n 的后继节点添加到 Open 的尾部。

（5）转步骤（2）继续进行搜索。

在以上两种盲目搜索策略中，深度优先搜索体现的是垂直思想（一直朝着树的最深处方向扩展），宽度优先搜索则为水平思想（由初始节点出发，逐层扩展）。两者在具体搜索过程中的主要区别在于：深度优先搜索是将新添加到 Closed 表中节点的后继节点添加到了 Open 表中的头部，广度优先搜索则是将其添加在了 Open 表的尾部。对于搜索结果，深度优先搜索不一定能得到解，广度优先搜索一定能找到解，因此深度优先搜索是不完备搜索，广度优先搜索是完备的搜索方法。

3. 深度有界优先搜索

为了弥补宽度优先搜索和深度优先搜索两者的不足，提出了一种折中的搜索算法——深度有界优先搜索策略，即在深度优先搜索策略中引入深度限制。其搜索过程先依据深度优先搜索策略进行，当其达到实现设定的深度限制时，若还未找到目标解，则停止该分支上的搜索，改换另一个分支继续进行搜索。

深度有界优先搜索算法基本步骤如下：

（1）将初始节点 N_0 添加至 Open 表中，并设置深度 $d(N_0) = 0$。

（2）若 Open 表为空，则退出，即搜索失败，问题无解。

（3）将 Open 表中的第一个节点 n 移至 Closed 表中。

（4）若节点 n 为目标节点，则成功退出，即获得问题的解。

（5）若节点 n 的深度 $d(N_0) = d_w$（事先设置的深度限制值），或节点 n 无法扩展，则转至步骤（2）。

（6）若节点 n 可扩展，则将节点 n 的所有子节点添加至 Open 表的表头，并为每一个子节点设置一个指向其父节点 n 的指针，转至步骤（2）。

3.1.3 启发式搜索

就理论而言，盲目搜索算法似乎能够解决任何状态空间的搜索问题。但问题的复杂程度越高，盲目搜索算法搜索空间越大，此时在搜索过程中生成的无用节点也会随之增加，导致大量节点的产生。例如，对博弈问题的棋类游戏（国际象棋棋局数为 10^{120}，围棋棋局数为 10^{761}），在其搜索过程中需占用计算机大量的存储空间，使得算法效率降低。若在搜索过程中，利用与求解问题相关的特征信息来寻找目标状态节点所在路径的方向，并沿此方向搜索，则能够弥补盲目搜索算法的不足，这样不仅缩小了搜索空间，也提高了搜索效率。这种利用问题中的相关信息控制搜索方向的搜索方式被称为启发式搜索。启发式搜索在深度优先搜索的基础上进行改进：通过启发式信息选择需要往深层进行扩展的分支，而不是一开始对所有分支进行深层搜索。

1. 启发式信息

启发式信息是指与问题相关的、能够帮助确定搜索方向的信息。启发式信息依据其用途可分为三类：

● 选取扩展节点的顺序，以此避免扩展节点的盲目性。

● 选择要生成哪些节点，避免生成无用节点。

● 选择删除无用的节点，避免造成空间浪费。

启发式信息的规则一般可分为以下两种：

（1）表示为评估函数。确定一个评估函数 $f(n)$，n 为被搜索的节点。节点 n 当前状态的映射为问题解决的程度，这种程度使用评估函数 $f(n)$ 的值来表示，值的大小用于决定接下来的搜索方向。

（2）表示为规则。例如，一段代码中的判断语句，若满足某个条件，则执行某个命令语句，否则跳过此命令。又如，听到上课的铃声，那么有课的同学就要开始上课，不能做与课堂无关的事情；听到下课的铃声，则可以进行课余活动。

2. 评估函数

启发式搜索在生成某一节点的所有子节点之前，需要先使用评估函数计算此生成过程中的每一节点的评估函数值，依据评估函数值来判断其是否值得进行。评估函数的定义主要依据问题中的因素、特征等信息，如采用节点与目标节点的距离、棋盘上对局势的估计等。启发式搜索中，评估函数一般定义为

$$f(n) = g(n) + h(n) \tag{3-2}$$

其中，$f(n)$ 为从初始节点 N_0 经过节点 n 到达目标状态节点 N_s 所付出的总代价，称其为评估函数，启发式搜索中使用评估函数对 Open 表中的节点进行评估，决定节点位置先后顺序；$g(n)$ 表示从初始状态节点 N_0 到当前状态节点 n 所付出的实际代价；$h(n)$ 表示从当前状态节点 n 到目标状态节点 N 将要付出的估计代价，称其为启发函数，体现出问题中的启发式信息。在算法搜索过程中，启发信息的特征越强，扩展的无用节点越少，搜索速度就越快，占用内存空间就少。

3．A 算法

启发式搜索算法主要依赖启发式函数指导。在图搜索过程中，若每一步都利用评估函数，即式（3-2），对 Open 表中的节点进行排序，那么我们就将该搜索算法称为 A 算法。在 A 算法的启发式函数中，若 $f(n) = g(n)$，则等同于宽度优先搜索；若 $f(n) = 1 / g(n)$，则等同于深度优先搜索。

A 算法是启发式搜索算法中的一种基础算法。启发式搜索算法依据扩展节点的选择范围将其分为局部择优搜索算法和全局择优搜索算法。

（1）局部择优搜索算法。在算法搜索过程中，每次扩展节点时，总会从刚生成的子节点中选取一个评估函数值最小的进行扩展。局部择优搜索算法基本步骤如下：

1）将初始节点 N_0 添加至 Open 表中，并计算其评估函数值。

2）若 Open 表为空，则退出，即搜索失败，问题无解。

3）将 Open 表中第一个节点 n 移至 Closed 表中。

4）若节点 n 为目标节点，则退出，即搜索成功，获得问题解。

5）若节点 n 不能扩展，则转至步骤 2）；反之，继续进行下一步。

6）扩展节点 n，使用评估函数计算每个子节点的评估函数值，并依照评估函数值由小至大的顺序将子节点添加至 Open 表的表头，并为每个子节点设置相应的指针使其指向父节点 n，转至步骤 2）。

（2）全局择优搜索算法。全局择优搜索算法在搜索过程中，每次扩展节点时，总是在 Open 表的所有节点中选取评估函数值最小的节点进行扩展。全局择优搜索算法基本步骤如下：

1）将初始节点 N_0 添加至 Open 表中，并计算其评估函数值。

2）若 Open 表为空，则退出，即搜索失败，问题无解。

3）将 Open 表中第一个节点 n 移至 Closed 表中。

4）若节点 n 为目标节点，则退出，即搜索成功，获得问题解。

5）若节点 n 不能扩展，则转至步骤 2）；反之，继续进行下一步。

6）扩展节点 n，计算每个子节点的评估函数值，并为每个子节点设置相应的指针使其指向父节点 n，并将所有子节点添加至 Open 表中。

7）依据各节点自身的评估函数值，将 Open 表中的所有节点依照由小至大的顺序重新排序。转至步骤 2）。

局部择优搜索算法虽然搜索速度较快，但其找到的解不一定是问题的最佳解甚至不一定能找到解。全局择优搜索算法虽考虑的因素较多，但却能够从所有可能的解中找到最优解。

4．A^* 算法

A^* 算法也被称为最佳图搜索算法，是著名的人工智能学者 Nilsson 在 2008 年提出的一种启发式搜索算法。A^*算法的提出是由于在 A 算法中，没有对启发式函数添加限制条件，无法评估 A 算法的性能。为了弥补 A 算法的这一不足，在启发式函数中添加了限制条件 $h(n) \leqslant h^*(n)$，由此得到了 A^*算法。A^*算法的评估函数形式一般定义为

$$f(n) = g(n) + h(n) 且 h(n) \leqslant h^*(n) \tag{3-3}$$

其中，$h^*(n)$ 为从当前状态节点 n 到目标状态节点 N_s 的最小代价。$h^*(n)$ 参数的设置是 A^* 算法中的关键，当 $h^*(n)$ 是代价最小时，能够保证 A^* 算法找到问题的最优解。A^*算法添加启发式函数的限制条件，可能会使算法产生无用的搜索，但实际上，当某一节点 n 的 $h(n) > h^*(n)$ 时，该节点可能会失去优先扩展的机会，从而导致错失最优解，因此限制条件能够保证算法取得最优解。

需要注意的是，在实际的问题应用中，并不是所有问题都能找到 $h^*(n)$，这使得 A^*算法并不能适用于所有问题的求解。接下来，我们讨论 A^*算法的三个特性：可采纳性、最优性以及 $h(n)$ 的单调性。

（1）A^*算法的可采纳性。

对于任意一个状态空间图来说，当存在路径从初始节点 N_0 通往目标节点 N_s 时，若搜索算法可以在有限步内搜索到其中的一条最佳路径，并且能够使搜索在此路径上结束，则称该搜索算法是可采纳的。接下来让我们一起证明 A^*算法是可采纳的。

定理 3-1　对于有限图而言，若存在这样的路径，使得初始节点 N_0 能够通往目标节点 N_s，则 A^*算法的搜索过程一定能成功结束。

证明　首先，我们需要证明 A^*算法一定会结束。因为 A^*算法搜索的对象为有限图，所以如果算法能找到解，那么 A^*算法一定会成功结束；倘若算法找不到解，那么当 Open 表为空时算法会因没有可扩展节点而结束搜索。因此，无论如何，A^*算法搜索过程一定会结束。

其次，我们需要证明 A^*算法的结束一定是成功的。对于有限图而言，其至少存在一条路径由初始节点 N_0 通往目标节点 N_s，我们将此路径设为：$N_0 = n_0, n_1, \cdots, n_s = N_s$。那么 A^*算法开始时，节点 n_0 在 Open 表中，并且此条路径中若有某一节点 n_i 移出 Open 表，其后继节点 n_{i+1} 必然被添加至 Open 表中。如此一来，在 Open 表为空前，目标节点 N_s 一定会出现在 Open 表中。此时，A^*算法在结束搜索时一定是成功的。

引理 3-1　对于无限图，若存在这样的路径，使得初始节点 N_0 能够通往目标节点 N_s，并且 A^*算法不停止，那么搜索过程中从 Open 表中选取的节点一定是具有任意大的 f 值。

证明　假设在 A^*算法中，$d^*(n)$ 表示从初始节点 N_0 通往节点 n 的最短路径长度。由于搜索图中所有边的代价值均为正数，因此令所有边中最小一条边的代价值为数 e，此时则可以得到

$$g^*(n) \geqslant d^*(n)e \tag{3-4}$$

因为在 A^*算法中，$g^*(n)$ 表示最佳路径代价，故能得到

$$g(n) \geqslant g^*(n) \geqslant d^*(n)e \tag{3-5}$$

又因 $h(n) \geqslant 0$，所以可以推断出

$$f(n) = g(n) + h(n) \geqslant g(n) \geqslant d^*(n)e \tag{3-6}$$

此时，若 A^*算法的搜索不停止，那么我们从 Open 表中挑选的节点一定具有任意大的 $d^*(n)$

值，从而得到 f 值也是任意大的。

引理 3-2　在 A^* 算法停止前的任何时刻，总有一个节点 n'（搜索过程中最佳路径上的一个节点）存在于 Open 表中，且节点 n' 满足 $f(n') \leqslant f^*(S_0)$。

证明　我们假设有这样的一条最佳路径序列：$N_0 = n_0, n_1, \cdots, n_s = N_s$，从初始节点 N_0 通往目标节点 N_s。A^* 算法开始搜索时，节点 n_0 在 Open 表中，当节点 n_0 从 Open 表移至 Closed 表的同时，将节点 n_1 添加至 Open 表中。那么，A^* 算法在未结束搜索前，Open 表中一定有最佳路径上的节点存在。我们假设这些节点中节点为 n' 的位置在 Open 表的最前面，则有

$$f(n') = g(n') + h(n') \tag{3-7}$$

又因为节点 n' 是在最佳路径上，所以 $g(n') = g^*(n')$，则式（3-7）可改写为

$$f(n') = g^*(n') + h(n') \tag{3-8}$$

众所周知，A^* 算法中的启发式函数满足 $h(n') \leqslant h^*(n')$，则可以得到

$$f(n') \leqslant g^*(n') + h^*(n') = f^*(n') \tag{3-9}$$

但因最佳路径上所有节点的 f^* 值都应该相等，故可以得出以下结果：

$$f(n') \leqslant f^*(N_0) \tag{3-10}$$

在定理 3-1 中我们证明了搜索对象为有限图的条件下，A^* 算法是可采纳的。接下来我们将证明在搜索对象为无限图的条件下，A^* 算法的可采纳性。

定理 3-2　对于无限图，若这样的路径使得初始节点 N_0 通往目标节点 N_s，那么 A^* 算法一定会结束搜索。

证明　我们假设 A^* 算法不会结束搜索，那么依据之前所证明的引理 3-1 可推出：Open 表中存在的节点具任意大的评估函数值。但这与我们证明的引理 3-2 结论相矛盾，因此 A^* 算法只能成功结束搜索。

推论 3-1　若 Open 表中存在任一节点 n 能够满足 $f(n) < f^*(N_0)$ 的条件，那么它终会被 A^* 算法选为扩展的节点。

定理 3-3　如果 A^* 算法是可采纳的，也就是说存在这样的路径使得初始节点 N_0 通往目标节点 N_s，此时 A^* 算法一定能在最佳路径上结束搜索。

证明　1）A^* 算法一定能够在某个目标节点上停止。其实，我们依据定理 3-1 和定理 3-2 就能得出：无论搜索对象是无限图还是有限图，A^* 算法都能找到某个目标节点并且在此时结束搜索。

2）A^* 算法只能在最佳路径上停止。

假定 A^* 算法未能在最佳路径上停止，而是在某个目标节点 x 处停止，那么可以推断出

$$f(x) = g(x) > f^*(N_0) \tag{3-11}$$

但依据引理 3-2，A^* 算法在结束搜索前，最佳路径上一定有一个节点 n' 存在于 Open 表中，并且此时：

$$f(n') \leqslant f^*(N_0) < f(x) \tag{3-12}$$

那么，A^* 算法此刻必定会对节点 n' 进行扩展，而不是选择当前的目标节点 x，因此 A^* 算法也不会对节点 x 有任何的操作。这与我们刚开始时假设 A^* 算法停止在目标节点 x 的说法相

矛盾。由此可以得出，A^*算法只能在最佳路径上停止。

（2）A^*算法的信息性。

在某种程度上，可以说启发函数 $h(n)$ 决定着 A^* 算法的搜索效率。一般情况下，A^* 算法在满足 $h(n) \leqslant h^*(n)$ 的条件下，希望启发函数 $h(n)$ 的值能足够大。因此，启发函数 $h(n)$ 的值越大，携带的启发式信息越多。如此一来，在搜索过程中扩展的节点就会随之减少，从而提升了 A^* 算法的搜索效率。这种情况称为 A^* 算法的信息性。接下来让我们一起验证 A^* 算法的这一特性。

定理 3-4 设 A_1 和 A_2 是不同的两个 A^* 算法，它们的评估函数分别为

$$f_1(n) = g_1(n) + h_1(n) \tag{3-13}$$

$$f_2(n) = g_2(n) + h_2(n) \tag{3-14}$$

倘若 A_2 的启发式信息比 A_1 的多，也就是说对于所有非目标节点的启发函数都满足

$$h_2(n) > h_1(n) \tag{3-15}$$

那么，两个算法在整个搜索过程中，只要节点被 A_2 扩展，此节点也一定会被 A_1 扩展。也就是说，A_1 扩展的节点数量多于或者等于 A_2 扩展的节点数，不会少于 A_2 扩展的节点数。

证明 首先，对于初始节点 N_0（即 $d(n) = 0$），若 N_0 为目标节点，则 A_1 和 A_2 均不会对其进行扩展；若 N_0 不是目标节点，那么 A_1 和 A_2 都会对节点 N_0 进行扩展，此时结论成立。

其次，倘若对于 A_2 算法的搜索树中 $d(n) = t$ 的任意节点 n，A_1 也进行了扩展，那么结论成立。

最后，我们需要证明 A_2 搜索树中 $d(n) = t + 1$ 的任意节点 n，A_1 也会进行扩展。假设 A_2 算法的搜索树中存在一个深度为 $d(n) = t + 1$ 的节点 n，能够使得 A_2 扩展了节点 n 但 A_1 却未扩展。那么我们根据上一条假设能够推出：A_1 一定对节点 n 的父节点进行了扩展。此时，节点 n 一定存在于 A_1 的 Open 表。但我们已经假设节点 n 未被 A_1 扩展，那么应该有

$$f_1(n) \geqslant f^*(N_0) \tag{3-16}$$

等同于

$$g_1(n) + h_1(n) \geqslant f^*(N_0) \tag{3-17}$$

又因为 $d(n) = t$ 时，能够被 A_2 扩展的节点也必定会被 A_1 必定，因此可以推出

$$g_1(n) \leqslant g_2(n) \tag{3-18}$$

从而得到

$$h_1(n) \geqslant f^*(N_0) - g_2(n) \tag{3-19}$$

鉴于 A_2 扩展了节点 n，那么应该有

$$f_2(n) \leqslant f^*(N_0) \tag{3-20}$$

等同于

$$g_2(n) + h_2(n) \leqslant f^*(N_0) \tag{3-21}$$

从而得到

$$h_2(n) \leqslant f^*(N_0) - g_2(n) \tag{3-22}$$

与式（3-19）比较可以得出

$$h_1(n) \geqslant h_2(n) \tag{3-23}$$

此时得到的式（3-23）与我们证明开始时所做的假设 $h_2(n) > h_1(n)$ 相矛盾，因此我们之前所做的假设是不成立的。

（3）$h(n)$ 单调性。

在 A^* 算法的评估函数定义中，倘若不对启发函数 $h(n)$ 增加单调性的限制，那么算法将无法对搜索方向进行控制，有可能造成搜索沿着非最佳路径进入到某种状态无法跳出。因此，为了保证算法每扩展一个节点，将让搜索往最佳路径的方向进行，需要对启发函数 $h(n)$ 进行单调性的限制。关于 A^* 算法的启发函数单调性，大家可以自己尝试证明。

3.1.4　博弈搜索

博弈最开始是指人与人之间的智力对垒游戏，如下棋，对弈双方交替落子，任何一方在每一步都会选择对自己极为有利的落子方案。后来，随着计算机的诞生与发展，出现了计算机博弈的概念。计算机博弈常被人们用来探索人工智能中的任务领域，是人工智能领域中的一个重要研究方向。

2016 年 3 月，人工智能机器人 AlphaGo 击败围棋世界冠军李世石，是人工智能进入了新时代发展的标志。在人机大战的围棋比赛中，AlphaGo 并没有像人类大脑那样的思考和推理能力，它所依靠的只是计算机强大的计算能力和系统内部的最佳搜索策略。在棋局对弈整个过程中，AlphaGo 的每一步均是按照一定的规则搜索、计算得出最佳落子位置。棋局局势等同于问题状态，最佳落子位置则是当前问题的目标最优解。此次"人机大战"围棋比赛，成功引起了学者对人工智能的关注，同时也将计算机博弈研究推向新的高度。

1. 博弈树的概念

博弈的类型有多种：根据双方对信息的掌握程度分为完全信息博弈和不完全信息博弈；依据博弈双方是否有得益约束分为零和博弈和非零和博弈。

完全信息博弈指在博弈双方不仅能够看到自己的状态信息，还能看见对方的状态信息。例如，黑白棋、象棋、围棋等，对弈双方全程都能够看到对方的棋局态势，并根据当前局势选择对自己有利的策略。不完全信息博弈指博弈双方只能看到自己的状态信息，如麻将、扑克牌等，四人麻将中，对弈者之间只能看见自己和已打出去的牌，无法得知其他人有什么牌以及会出什么样的牌。

零和博弈是指博弈双方之间得益之和为 0，即只有在一方得益最小化时，另一方得益才能最大化，如古代著名的田忌赛马；非零和博弈的双方之间不存在得益的约束关系，结果可能存在"共赢"，如麻将和囚徒困境问题。

实际的博弈问题中，并不仅仅只有两方参与，本章主要讨论双方博弈中的完全信息博弈。完全信息博弈具有双人零和、非偶然以及全信息等特点。对弈双方轮流开始，每一方不仅知道对方已经走过的棋步，还能依据当前棋局局势估计对方之后的走步。假设博弈的双方分别为 Max、Min。从 Max 方考虑出发，其所走的每一步，都会选择最有利于自己而不利于对方的行动方案。Min 在走步时亦是如此。最终的结果要么是一方赢另一方输，要么为和局。此类博弈的典型例子有象棋、围棋以及跳棋等。

如果用图的形式将双人完全信息博弈的过程表示出来，就可以生成一棵博弈树。在博弈树中，若当下为 Max 走步，则将此时生成的博弈树上的节点称为 Max 节点，反之称为 Min 节点。博弈树通常具有以下特点：

（1）初始棋局为博弈树的初始节点。

（2）在博弈树中，Max 节点与 Min 节点逐层交替出现，层次界限清晰。

（3）在博弈树中，整个过程始终立足于某一方的棋局局势，所有能够使自身获胜的节点称为可解节点，反之则为不可解节点。

2. 博弈树的搜索算法

在人工智能中，关于博弈树主要有 Min-Max 和 $\alpha - \beta$ 剪枝两种搜索算法。

（1）Min-Max 搜索算法（极小极大搜索）。

博弈树几乎能够解决任何博弈问题，但就实际问题而言，简单的博弈问题可以通过生成整棵博弈树来寻找胜出的策略。若遇到复杂的博弈问题，如一棵完整的国际象棋博弈树，大约需要由 10^{120} 个节点，生成这样的博弈树显然是不可能的。为了解决这样的问题，提出了生成一棵部分博弈树的方法，此博弈树中只涉及当前正处于考察的节点。

在生成的博弈树上，需要计算非叶子节点的评估函数值，此时可将叶子节点的评估函数向上倒推求出。通常情况下，Max 节点上的倒推值取其后继节点评估函数值的最大值，Min 节点上的倒推值取其后继节点评估函数值的最小值。如此一来，可一步一步计算博弈树上非叶子节点倒推值，一直到求出初始节点的倒推值为止。通常情况下，博弈树都是站在 Max 方的立场上生成，所以在博弈树搜索过程中都是选择倒推值最大的走步。此方法被称为 Min-Max 搜索算法。

Min-Max 搜索算法的基本思想是在有限的深度范围内进行求解，其基本步骤如下：

1）利用宽度优先算法生成相应深度的博弈树。

2）将评估函数应用于博弈树的叶子节点，计算叶子节点的评估函数值。

3）由底自顶逐层计算博弈树中所有非叶子节点的倒推值。

4）从根节点开始，若为 Max 落子，则选取评估函数值最大的分支作为搜索路径；若为 Min 落子，则选取评估函数值最小的分支作为搜索路径。

需要注意的是：每生成一次 Min-Max 搜索过程，就要依据对方的响应立即以新的棋局局势作为初始状态，重新调用 Min-Max 搜索算法过程。如此循环反复，实现双方的博弈过程。

在 Min-Max 搜索算法中，是将生成的节点与估计棋局局势分开进行的。也就是说，Min-Max 搜索算法会先生成博弈树的所有节点，然后再对节点的静态估计函数值进行计算。最后，通过比较各子节点的值确定父节点的倒推值。这种情况使得搜索过程中扩展节点较多，从而导致效率低下。倘若每次生成一个节点时立即对其进行静态估计函数值的计算，此时若节点的静态估计函数值能够确定倒推值，那么其他子节点的静态估计函数值就不用再进行计算了。

Min 落子部分博弈树如图 3-1 所示。此时的初始状态节点扩展了 4 个节点，之后依次计算每个节点的静态估计函数值分别为 $-\infty$、0、0、1，通过比较 4 个节点的静态估计函数值确定初始状态节点倒推值为 $-\infty$，并将倒推值赋给初始状态节点。实际上，由第一个节点的静态估计函数值 $-\infty$，就能够直接确定该 Min 节点的倒推值为 $-\infty$，另外 3 个节点的静态估计函数值其实并不需要计算。

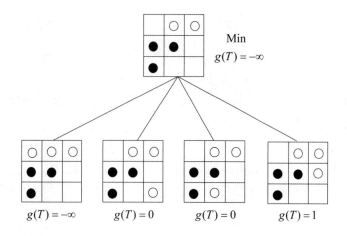

图 3-1　Min 落子部分博弈树

（2）$\alpha - \beta$ 剪枝算法。

在上述的 Min-Max 搜索算法的执行过程中，将生成节点与计算评估函数值分开进行，这种搜索方式必须生成一定深度内的所有节点，在整个搜索过程中会产生许多不必要的节点和评估函数值的计算，使得搜索效率较低、消耗存储空间，影响算法的性能。为了弥补 Min-Max 搜索算法的不足，提出了一种将生成节点与评估函数值计算两者同时进行的搜索算法，称为 $\alpha - \beta$ 剪枝算法。

$\alpha - \beta$ 剪枝算法基本思想：采用有界深度优先搜索策略，对已经达到既定深度的生成节点立即进行静态估计函数值的计算，若某个非叶子节点能够确定倒推值，则立即进行赋值，不再进行其他节点的生成以及静态估计函数的计算。这种方法可以减少无用分枝上节点的生成。也就是说，在 $\alpha - \beta$ 剪枝搜索过程中，Max 节点值并不是由其所有后继 Min 节点值计算、比较得出，而是在其取得第一个后继 Min 节点的值之后，赋予 Max 节点终值的一个下界，一般将其称为此节点的 α 值。在之后的搜索过程中，每当确定一个后继节点的值就考虑是否修改 α 值。若出现后继节点的值比下界值高，则将此节点的值重新赋予 α 作为新的下界。倘若发现某个后继节点的值比 α 值低，那么这个后继节点下面的其余节点就无需再进行生成和计算评估函数值了。Min 节点值的计算与此过程类似。

接下来，我们一起来看一下 $\alpha - \beta$ 剪枝算法过程中具体的剪枝规则，了解剪枝操作到底是如何进行的。

α 剪枝：若任一极小值层节点的 β 值小于或等于其任一父辈极大值层节点的 α 值，则可立即停止对极小值层中当前 Min 节点以下的搜索。此时，Min 节点的倒推值为 β 值。

β 剪枝：若任一极大值层节点的 α 值大于或等于其任一父辈极小值层节点的 β 值，则可立即停止对极大值层中当前 Max 节点以下的搜索。此时，当前 Max 节点的倒推值为 α 值。

$\alpha - \beta$ 剪枝搜索过程中，每个节点的 α、β 值的计算由以下方式确定：

1）初始节点赋值 $\alpha = -\infty$，$\beta = +\infty$。

2）若当前节点处于 Max 层，则 $\alpha =$ Max（本身，子节点的 α、β 值），β 值不变。

3）若当前节点处于 Min 层，则 $\beta =$ Min（本身，子节点的 α、β 值），α 值不变。

状态图的搜索

3.2　状态图的搜索

状态图是用来描述问题所有可能存在的状态以及状态间关系的一种集合。状态图的搜索是在一个状态图中，由初始节点出发，沿着与之相连的边，不断寻找目标节点的过程，找到目标节点的同时也确定了相应的路径。例如，智能机器人的行动路径规划问题就描述为在一个状态空间图中寻找目标或者路径。状态空间表示法中，问题求解过程中不同时刻下的状态用"状态"表示，状态间的变化用"算符"表示，其中问题的"解"为初始状态到目标状态之间的算符序列。

状态图一般由一个三元组表示：

$$(F,\ S,\ G)$$

其中，F 是全部初始状态组成的集合；S 是操作算符组成的集合；G 是目标状态的集合。例如，对于八数码问题，我们使用状态空间表示法来对问题进行描述：问题所给出的数码原始状态为初始状态；操作算子为数码的移动方向，如空格向上（Up）、空格向下（Down）、空格向左（Left）、空格向右（Right）；问题所要求的数码呈现最终顺序为目标状态。但在其他问题中，操作算符还有其他的表示方法，如旅行商问题中，操作算符的执行可以表示为两城市之间的路径代价。

假设一名旅行商要从某个城市出发，遍历所有的城市且不能重复，最后再回到自己所在的城市，各城市之间路程不同，求其最短路径。如图 3-2 所示，每个节点各代表一个城市，边上的数值代表两城市之间的路程，旅行商从 A 城市出发。

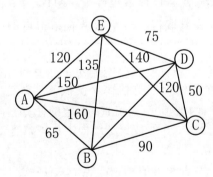

图 3-2　旅行商问题图例

图 3-3 为旅行商问题的部分状态图表示，其中 A、B、C、D、E 为五个不同的状态，初始状态为 A，目标状态为从 A 遍历 B、C、D、E 节点后再回到 A 节点的最短路程。在实际应用中，问题描述不仅仅只有五个节点，对于描述大型问题的状态空间图，其中的节点有可能成百上千，复杂程度也可想而知。因此，找寻合适的搜索算法进行问题求解十分关键。

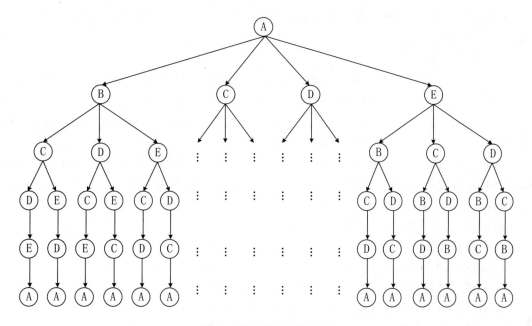

图 3-3　旅行商问题状态图

3.2.1　状态图搜索策略

状态图搜索策略是指在状态空间图中寻找问题的解路径的方法。由于搜索的目的是寻找解路径，因此在搜索时需随时记录搜索的轨迹。通常是引入 Open 表和 Closed 表两个动态表对搜索的轨迹进行记录。其中，Open 表用于存放刚生成的节点，作为待考察的节点，节点在 Open 表中的顺序决定了搜索路径；Closed 表用于记录已经生成并且已考察过的节点。在对状态图 G 进行搜索的过程中会逐渐生成一个与状态图 G 相对应的支撑树 T，通常将此支撑树 T 称为搜索树。下面，我们就通过创建搜索树的形式对盲目搜索中的深度优先搜索策略和宽度优先搜索策略进行举例分析。

盲目搜索实例：图 3-4 为盲目搜索示例树，下面分别使用盲目搜索中的深度优先搜索和宽度优先搜索策略对图中的节点进行遍历。

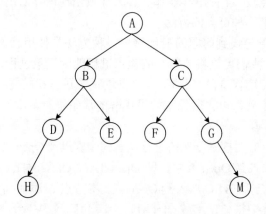

图 3-4　盲目搜索示例树

接下来首先分析使用两种搜索策略对此搜索树进行搜索的相关步骤以及相应的 Open 表和 Closed 表中元素的变化。

1. 深度优先搜索策略

使用深度优先搜索策略对搜索示例树进行搜索的步骤以及 Open 表和 Closed 表的变化如下：

（1）初始节点 A 加入到 Open 表中，即 Open=[A]，Closed=[]。

（2）将节点 A 的子节点 B、C 加入到 Open 表，将节点 A 添加到 Closed 表中并删除 Open 表中的 A 节点，即 Open=[B，C]，Closed=[A]。

（3）将节点 B 的子节点 D、E 添加到 Open 表的头部，添加 B 节点到 Closed 表中并删除 Open 表中的 B 节点，即 Open=[D，E，C]，Closed=[A，B]。同理可得

Open=[H，E，C]，Closed=[A，B，D]。

Open=[E，C]，Closed=[A，B，D，H]。

Open=[C]，Closed=[A，B，D，H，E]。

Open=[F，G]，Closed=[A，B，D，H，E，C]。

Open=[G]，Closed=[A，B，D，H，E，C，F]。

Open=[M]，Closed=[A，B，D，H，E，C，F，G]。

Open=[]，Closed=[A，B，D，H，E，C，F，G，M]。

在此过程中，一旦搜索到目标节点（问题的解）或 Open 表为空，则退出搜索程序。

依据深度优先搜索策略的基本原理以及具体的问题分析，我们可以总结出深度优先搜索策略主要有以下几个特点：

● 深度优先搜索策略概念有广义和狭义之分。广义的深度优先搜索策略是指：只要是先扩展深度最大的节点，就将其称为深度优先搜索策略。狭义的深度优先搜索策略是指：仅仅保留所有生成的节点。

● 深度优先搜索的设计方法有两种：递归方法和非递归方法。通常情况下，当问题的搜索深度较小且表现出明显的递归规律时，可以采用递归方法设计。递归方法能够使程序设计的实现更简单、易懂；反之，则使用非递归方法设计，这种情况通常是因为系统堆栈容量大小的限制，若此时使用递归方法会导致堆栈溢出。

● 深度优先搜索策略找到的第一个解不一定为问题的最优解。

● 当搜索树的节点较多、使用其他算法容易导致出现内存溢出的情况时，深度优先搜索策略为其提供了一种可行的方法。

深度优先搜索策略若想找到问题的最优解，一种方法是使用动态规划法，另一种方法是对算法进行改进。例如，我们可以将原算法的输出过程改为记录过程，记录能够通往当前目标的路径以及其所付出的相应代价，然后将其与之前的记录进行比较，保留其中最优的那条记录。待搜索过程全部完成结束后，再将所保留的最优解的那条记录输出。

2. 宽度优先搜索策略

使用宽度优先搜索策略对搜索示例树进行搜索的步骤以及 Open 表和 Closed 表的变化如下：

（1）初始节点 A 加入到 Open 表中，即 Open=[A]，Closed=[]。

（2）将节点 A 的子节点 B、C 加入到 Open 表，将节点 A 添加到 Closed 表中并删除 Open 表中的 A 节点，即 Open=[B，C]，Closed=[A]。

（3）将节点 B 的子节点 D、E 添加到 Open 表的尾部，添加 B 节点到 Closed 表中并删除

Open 表中的 B 节点，即 Open=[C，D，E]，Closed=[A，B]。同理可得

Open=[D，E，F，G]，Closed=[A，B，C]。

Open=[E，F，G，H]，Closed=[A，B，C，D]。

Open=[F，G，H]，Closed=[A，B，C，D，E]。

Open=[G，H]，Closed=[A，B，C，D，E，F]。

Open=[H，M]，Closed=[A，B，C，D，E，F，G]。

Open=[M]，Closed=[A，B，C，D，E，F，G，H]。

Open=[]，Closed=[A，B，C，D，E，F，G，H，M]。

在此过程中，一旦搜索到目标节点（问题的解）或 Open 表为空，则退出搜索程序。

宽度优先搜索策略的特点，主要体现在以下几个方面：

● 在生成新的子节点时，节点深度越小，就越先进行扩展，待当前层的节点都扩展完之后再进入到下一层。宽度优先搜索策略一般使用队列结构存储节点。

● 当节点通往根节点所付出的代价与节点所处的深度成正比时，尤其是当每一节点到达根节点的代价等于其深度时，此时得到的解就是问题的最优解。反之，若两者不成正比，就无法判断得到的解是不是问题的最优解。对于这种情况，若想求得问题的最优解，就需要在算法原有的基础上加以改进。例如，在搜索到目标节点后，先不退出搜索，而是记录目标节点的路径及其所付出的代价。当搜索到多个目标节点时，比较所记录下来的信息，留下其中较优的节点。待搜索完所有可能的路径之后，输出的那条路径就是所有路径中最优的。

● 一般情况下，宽度优先搜索策略在搜索过程中需要存储生成的全部节点，与深度优先搜索策略相比，它占用的存储空间要更大，因此在进行设计时必须考虑溢出和内存空间的问题。

综上所述，深度优先搜索策略虽占用内存空间少，但搜索速度较慢；宽度优先搜索策略刚好与之相反，占用内存空间多，搜索速度较快。并且，在节点到达根节点的代价与其所在搜索树的深度成正比的情况下，宽度优先搜索策略能够快速地得到最优解。在将搜索策略应用到实际的问题求解中时，应先依据问题自身情况综合考虑，选择合适的搜索算法。

3. A* 算法解决 8 数码问题

启发式搜索策略中，A* 算法因能找到问题的最优解而深受研究学者的欢迎。接下来，我们将讨论 A* 算法在 8 数码问题求解中的实际应用。

可定义 8 数码问题的评估函数为

$$f(n) = d(n) + h(n) \tag{3-24}$$

其中，$d(n)$ 表示搜索树的深度，$h(n)$ 表示数码所处位置错误的个数。依据实际情况可知，数码所处位置错误的个数一定小于或等于当前数码到达其正确位置的移动次数。若 $h^*(n)$ 表示当前数码到达其正确位置的移动次数，此问题就可以用 A* 算法进行解决。

依据评估函数生成 8 数码搜索树，结果如图 3-5 所示。

在搜索过程中，依次选择每层评价函数值最小的状态节点进行扩展。由搜索树我们可以看出，使用 A* 算法只需要扩展五次就能够寻找到目标状态节点。

A* 算法相较于 A 算法，其不仅能够获得目标解，并且能在问题有解的情况下，保证一定能够搜索到问题的最优解。

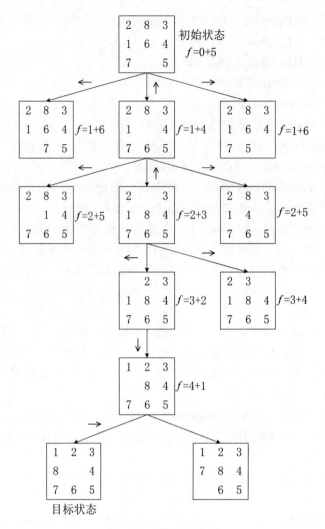

图 3-5　8 数码搜索树

3.2.2　博弈树搜索策略

人工智能任务领域中，博弈系统的主要采用博弈树搜索策略。本节内容将通过具体实例详细讨论博弈树搜索策略中 Min-Max 搜索算法和 $\alpha - \beta$ 剪枝搜索算法在问题求解中的应用。

1. Min-Max 搜索算法的应用

现有一个 3×3 的矩阵，Max、Min 双方交替在矩阵中放入黑白两种棋子（Max 为黑子，Min 为白子），规定先取得三子一线的一方取胜。

使用 Min-Max 搜索算法对问题进行求解的过程如下所述。

首先，定义评估函数为

$$f(p) = m - n \tag{3-25}$$

其中，m 为所有空格放 Max 棋子后，Max 成一线的总数；同理，n 为所有空格放 Min 棋子后，Min 成一线的总数。

在 Max 落第一个棋子时就开始调用搜索树，因棋盘本身具有对称性，故 Max 棋局局势的搜索树如图 3-6 所示。

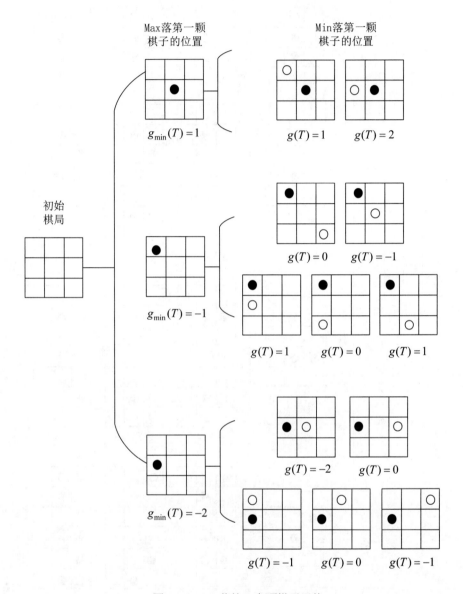

图 3-6　Max 落第一个颗棋子局势

待 Max 落第一颗棋子后，我们假设 Min 在其上方落了一颗棋子。那么，Max 在落第二颗棋子时，新的棋局态势将会重新调用搜索树，结果如图 3-7 所示。

此时，再次假设 Min 将第二颗棋子落在其第一颗棋子的右边。那么 Max 开始落第三个棋子时所生成的搜索树如图 3-8 所示。

这时，无论 Min 选棋盘的哪个位置落子，都无法挽回当前的棋局。

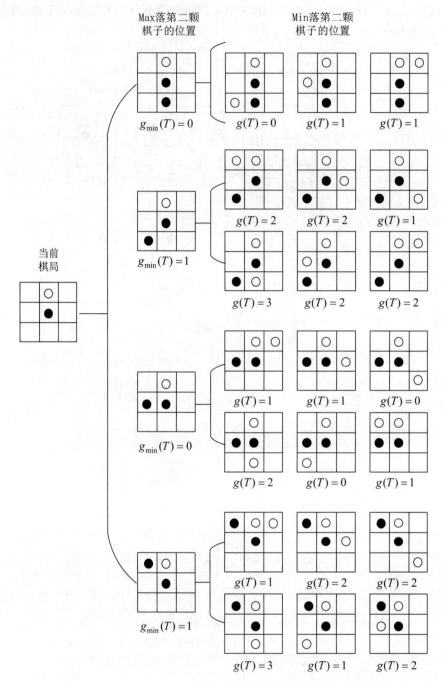

图 3-7　Max 落第二颗棋子的棋局局势

2.　α - β 剪枝搜索算法

　　现有一个深度为 4 的搜索树,依据叶子节点值使用剪枝算法求出搜索树中需要减掉的分支。其中,方框表示 Max 层,圆圈表示 Min 层。α 初始值为$-\infty$,β 初始值为$+\infty$。当节点处于 Max 层时,β 值不变,α =Max(当前值,下层,下层);当节点处于 Min 层时,α 值不变,β =Min(当前值,下层,下层)。搜索树如图 3-9 所示。

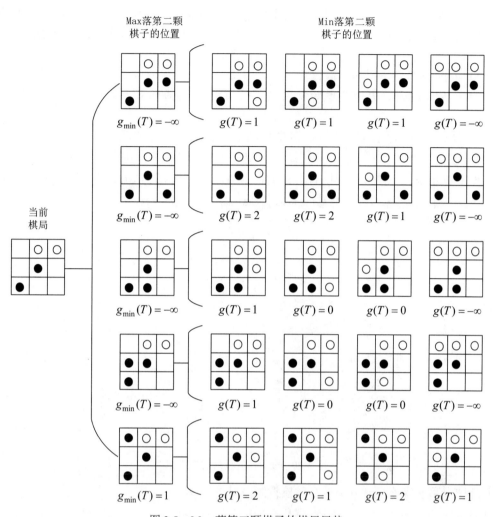

图 3-8　Max 落第三颗棋子的棋局局势

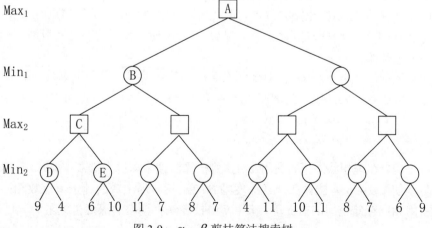

图 3-9　$\alpha - \beta$ 剪枝算法搜索树

首先，依据 $\alpha-\beta$ 剪枝搜索算法可推出 Max 层与 Min 层各节点 α、β 值的传递步骤如下：

（1）先将初始的 α、β 值传递到左子树各层节点，即 A、B、C、D 节点值均为：$\alpha=-\infty$、$\beta=+\infty$。

（2）依据 D 节点下层的数值计算其 α、β 值，再将其值返回到父节点（C 节点）。

（3）E 节点的 α、β 值先继承父节点（C 节点），再通过计算 E 节点下方的数值进行修改。

（4）通过计算 D、E 节点的 α、β 值修改 C 节点的 α、β 值。

（5）以此类推，求出其他节点的 α、β 值。当某一节点值出现时，立即进行剪枝操作。

依据上述步骤计算图 3-9 中所有节点的 α、β 值，Max 层与 Min 层各节点的 α、β 值如图 3-10 所示。图中带有斜线的分枝即为搜索树中需要剪掉的分枝。

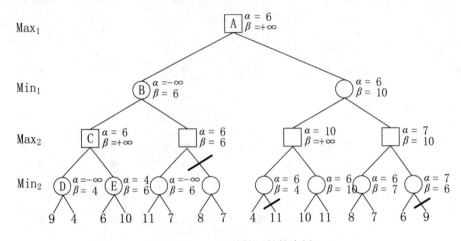

图 3-10　$\alpha-\beta$ 剪枝后的搜索树

接下来，我们来分析一下 $\alpha-\beta$ 剪枝搜索算法的效率。

当前有一个深度为 D 的搜索树，树上除叶子节点外的每个节点都有 M 个后继节点，那么这样的一棵搜索树的叶子节点一共有 M^D 个。假设 $\alpha-\beta$ 剪枝算法的搜索过程是依据各节点最终的返回值顺序进行扩展的。也就是说，对于 Max 节点而言，先扩展最大估计值的节点；对于 Min 节点，先扩展最小估计值的节点。但在实际搜索过程中，扩展节点时一般是不知道其返回值的，我们只是为了给搜索提供一个最理想的情况，使搜索树的剪枝数量能够达到最大值，人为地安排了这种排序。

那么在上述理想状态下，$\alpha-\beta$ 剪枝搜索算法在搜索过程中只会生成较少的叶子节点，需要剪掉的分枝数达到最大。设定此刻需要产生的叶子节点数为 T_D，则可以得到

$$T_D=\begin{cases}2B^{D/2}-1 & （D为偶数）\\ B^{(D+1)/2}+B^{(D-1)/2}-1 & （D为奇数）\end{cases} \tag{3-26}$$

由此可推出，在理想状态下，利用 $\alpha-\beta$ 剪枝算法搜索深度为 D 的树时，其生成的叶子节点数大约与不使用 $\alpha-\beta$ 剪枝算法搜索深度为 $D/2$ 的树时所生成的叶子节点数相同。由此可以得出，在占用相同存储空间的前提下，$\alpha-\beta$ 剪枝算法将搜索的深度扩大了近一倍。

3.3　实战——应用爬虫爬取新闻报道

在互联网中，一个网站中的所有网页地址之间的分布结构呈树形显示，那么在使用网络爬虫对网站中数据进行抓取时，可利用不同的搜索策略来控制爬虫访问网页的先后顺序。本节内容将采用 Scrapy 网络爬虫框架对新华网新闻网站中建党 100 周年专题新闻进行设计、抓取与存储，在搜索网页信息过程中分别利用深度优先搜索策略和宽度优先搜索策略对网页访问顺序进行控制，抓取相应的数据信息。

以下内容是新闻数据信息抓取的相关代码实现过程以及运行结果。

（1）创建 Scrapy 爬虫项目：scrapy startproject NewsScrapy。

创建爬虫 Spider：scrapy genspider NewSpider www.xinhua.com。

（2）编辑 Scrapy 爬虫项目中各项文件。

首先，需要在 Item.py 文件中定义搜索目标字段，实现代码如下：

```
newsTitle=scrapy.Field()
newsContent=scrapy.Field()
```

然后，在 setting.py 文件中设置深度/广度优先搜索策略，用于控制网页访问的先后顺序。若要设置广度优先搜索，则在文件中添加如下代码：

```
DEPTH_PRIORITY = 1
SCHEDULER_DISK_QUEUE = 'scrapy.squeues.PickleFifoDiskQueue'
SCHEDULER_MEMORY_QUEUE = 'scrapy.squeues.FifoMemoryQueue'
```

若使用深度优先搜索策略控制网页访问的先后顺序，则添加如下代码：

```
DEPTH_PRIORITY = 0
SCHEDULER_DISK_QUEUE = 'scrapy.squeues.PickleLifoDiskQueue'
SCHEDULER_MEMORY_QUEUE = 'scrapy.squeues.LifoMemoryQueue'
```

最后，在 Pipeline.py 文件中设置新闻数据存储的路径，实现代码如下：

```
with open(txt_path, 'a', encoding='utf-8') as f:
    f.writelines(item['urlTitle'] + '\n')
return item
```

（3）分析新华网网页结构。待 Scrapy 项目搭建基本完成后，查看新华网建党 100 周年专题新闻首页，对新华网的网页结构信息进行分析，确定目标数据在网页中的标签地址。使用 Chrome 浏览器检查新华网建党 100 周年专题新闻首页，可发现相关专题链接如图 3-11 所示。

图 3-11　右击"检查"查看新闻专题链接地址

之后右击网页，查看"网页源代码"，再次查看新闻专题链接地址，发现地址链接除"最新播报"外，其余专题链接地址均为空，如图 3-12 所示。

```
<div class="list list1">
<a href="http://www.xinhuanet.com/politics/jd100/zxbb.htm" target="_blank">最新播报</a>
<a href="#jjtx">聚焦·特写 </a>
<a href="#zbxc">直击现场 </a>
<a href="#byll">榜样力量 </a>
<a href="#hszx">红色追寻 </a>
<a href="#ghbn">光辉百年 </a>
<a href="#sjyj">视觉印记 </a>
<a href="#sshz">盛世华章 </a>
<a href="#dqpy">党旗飘扬 </a>
<a href="#dsxxjy">党史学习教育 </a>
<a href="#" id="language">EN </a>
</div>
```

图 3-12 "网页源代码"中的新闻专题链接地址

这种情况下，我们可以推断新闻专题链接地址可能是在网页响应过程中动态加载所得。此时，进入某新闻专题下查看网页响应信息，查看网页加载的 js 文件可发现网页导航栏中各专题网址通过 nav.js 加载，如图 3-13 所示。

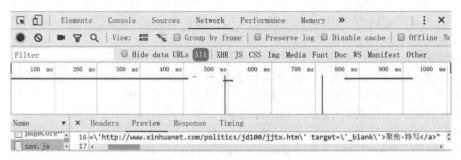

图 3-13 查看网页响应信息中的 nav.js

那么，可通过 nav.js 文件获取导航栏列表各模块的 url 地址，实现代码如下：

```
start_url=requests.get('http://www.xinhuanet.com/politics/jd100/ej/js/nav.js').text
        start_url_lines = start_url.replace('document.writeln', '\ndocument.writeln')
        str = re.compile(r'http://www.xinhuanet.com/politics/jd100/[a-z]{4,7}.htm')
        urls = str.findall(start_url_lines)
        for url in urls[-3:]:
                yield scrapy.Request(url, callback=self.parse_item)
```

其中，urls[-3:]为选取 urls 的后三位元素。

之后，利用 xpath 语法提取各网页导航栏中新闻列表的 url 地址，实现代码如下：

```
li_list=response.xpath("//div[@class='container']/ul[@class='xpage-container']/li/h3/a/@href").extract()
        for li in li_list:
                yield scrapy.Request(li, callback=self.parse_detail)
```

最后，利用 xpath 语法提取单条新闻中的标题信息与新闻内容，实现代码如下：

```
newsTitle=response.xpath("//div[@class='head-line clearfix']/h1/span/text()").extract()
newsContent=response.xpath("//div[@class='mainclearfix']/div[@class='main-left']/div[@id='detail']/p/text()").extract()
        newsContent="".join(newsContent)
        newsTitle = str(newsTitle).replace('\\r\\n','')
```

```
            newsContent = newsContent.replace('\u3000\u3000', '')
            if newsTitle and newsContent:
                item = NewsItem(newsTitle=newsTitle, newsContent=newsContent)
                yield item
            else:
                pass
```

运行爬虫项目，可对新华网中的新闻标题与内容进行抓取。本次实战只对新闻标题进行了存储，用于不同搜索策略下的数据抓取顺序结果对比。在项目运行过程中，采用深度优先搜索策略和广度优先搜索策略对新闻网页访问的顺序进行控制所得到的新闻标题顺序如图 3-14 所示。

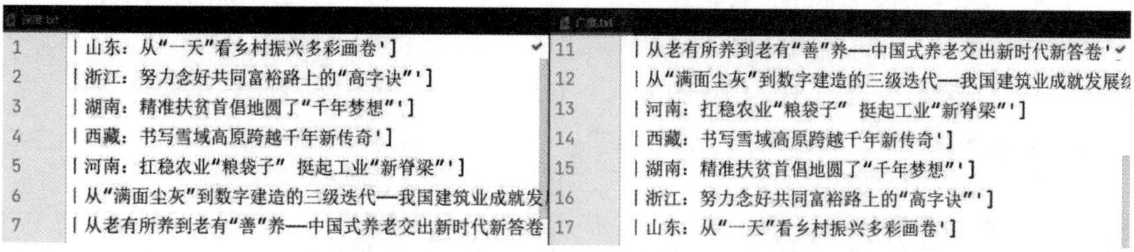

图 3-14　两种搜索策略访问新闻标题顺序结果

在搜索算法执行的过程中，对于同一棵搜索树，不同的搜索策略所搜索节点的顺序不同。由上述实验结果可知，对于同一个树形结构网站，不同的爬取策略所访问的网页顺序也不相同。

3.4　本章小结

搜索策略是人工智能研究领域中推理机制的关键技术，已广泛应用于实际问题求解中，如动态路径规划、搜索引擎技术等。本章主要对人工智能研究领域中几种典型的搜索策略进行了分析与讨论：盲目搜索中深度优先搜索和宽度优先搜索的通用性较好，多适用于求解较为简单的问题，但对于复杂的问题束手无策；启发式搜索能够利用与问题相关的启发式信息确定搜索路径，缩小搜索范围，提高搜索效率。启发式搜索中的 A^* 算法，能够保证在问题有解的情况下找到问题的最优解；博弈搜索主要针对计算机博弈（如 AlphaGo 系统中的算法就是利用的博弈搜索），这在问题有较多的状态且不能利用穷举法搜索解时，为问题求解提供了一种可行的办法，在计算机博弈系统中具有重要作用。

人工智能的含义是试图通过了解生物智能的实质，使计算机系统模拟出与人类智能相似反应的一种信息技术。本章所讨论的盲目搜索、启发式搜索、博弈树搜索策略虽为人工智能研究中的基础搜索算法，但从人工智能的含义出发，这几种搜索算法并不能称得上"智能"。此外，随着信息技术的不断发展，人们所研究的问题越来越复杂，本章所讨论的几种搜索算法在许多复杂的工程性问题上也不再适用，需要使用更好的搜索策略来寻找目标解。

习题 3

一、选择题

1. 下列选项中（   ）为盲目搜索策略。
   A．深度优先搜索   B．A*算法
   C．宽度优先搜索   D．深度有界优先搜索

2. 下列选项中（   ）为 A*算法的特性。
   A．可采纳性   B．最优性   C．离散性   D．$h(n)$ 的单调性

3. 下列（   ）可归为博弈。
   A．打麻将   B．囚徒困境   C．围棋   D．田忌赛马

4. 田忌赛马属于下列（   ）两种博弈。
   A．完全信息博弈   B．不完全信息博弈
   C．零和博弈   D．非零和博弈

5. $\alpha - \beta$ 剪枝算法，一个 Min 节点的 β 值等于其后继节点当前（   ）的最终倒推值。
   A．最小   B．β 值   C．最大   D．α 值

二、填空题

1. Open 表用于存放_____的节点，Closed 表存放_____的节点。

2. 在 A 算法的评估函数中：$f(n) = d(n) + h(n)$，若 $h(n)$ 恒为 0，$d(n)$ 为搜索树的深度，则此时 A 算法应改称_____搜索策略。

3. A*算法是一种_____搜索算法。

4. 在人工智能中，博弈树主要有_____和_____两种搜索算法。依据博弈双方掌握信息的程度，可分为_____和_____。

三、简答题

1. 如图 3-15 所示，请用深度优先搜索和宽度优先搜索策略写出其 Open 表和 Closed 表的变化。

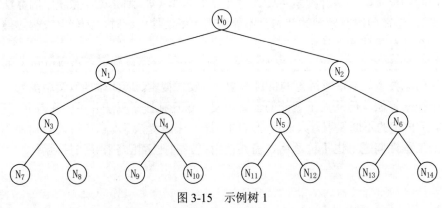

图 3-15　示例树 1

2．阐述盲目搜索和启发式搜索的区别。

3．图 3-16（a）为 8 数码的初始状态，图 3-16（b）为目标状态，请使用 A* 算法定义一个合适的启发函数，画出其搜索树以及各节点的值。

2	8	3
1		4
7	6	5

（a）初始状态

1	2	3
8		4
7	6	5

（b）目标状态

图 3-16　8 数码状态

4．使用 $\alpha - \beta$ 剪枝算法对图 3-17 进行分析（初始节点 $\alpha = -\infty$，$\beta = +\infty$），画出相应的搜索树。

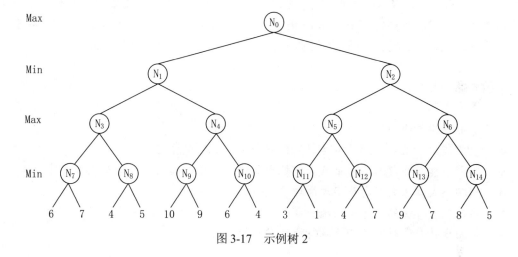

图 3-17　示例树 2

第 4 章　智能优化算法

本章导读

　　智能优化算法是人工智能领域的一项重要研究，它受人类智能、生物群体生活性、自然规律的启发并为人类生活的相关领域研究提供了新的思考方式与借鉴。本章主要介绍智能优化算法的概念、分类，以及几种经典的智能优化算法（遗传算法、差分进化算法、免疫算法、蚁群算法、粒子群算法、模拟退火算法、禁忌搜索算法）的原理及计算基本实现步骤，并通过实战应用遗传算法解决经典的 TSP（Travelling Salesman Problem，旅行商问题）。读者在理解各类优化算法的概念、实现原理的基础上应提高运用算法解决实际问题的能力。

本章要点

- 智能优化算法的概述
- 进化算法：主要介绍了遗传算法的概念及基本实现原理
- 集群智能及经典算法，重点介绍蚁群算法、粒子群算法的概念及基本实现原理
- 模拟退火算法的概念及实现原理
- 禁忌搜索算法的概念及实现原理
- 运用遗传算法解决 TSP（旅行商问题）

4.1　智能优化算法概述

4.1.1　智能优化算法的相关概念

1. 最优化问题

　　最优化问题通常指在一定条件约束下，寻求最优方案或最优参数使待解决问题的某个指标或多个指标达到最优（包括最大值或最小值）。我们通过一个实例来看一下优化的力量，如图 4-1 所示，有 A、B、C、D、E 五个箱子和 1、2、3、4、5、6 六件物品，假设每个箱子可容纳物品的最大高度为 6（忽略宽度），各物品的高度分别为 5、2、1、4、3、6，则需要多少个箱子装物品？

　　方案一：我们采用按原序装箱的方式，得到图 4-2 所示的结果，也就是共需要 5 个箱子容纳上述求解问题中的物品。

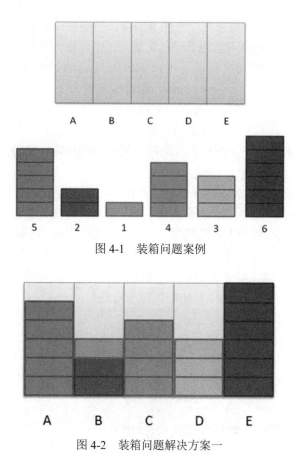

图 4-1　装箱问题案例

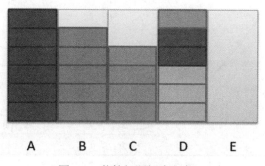

图 4-2　装箱问题解决方案一

方案二：我们将物品按照高度首先进行排序，再依次装箱，得到图 4-3 所示的结果，也即需要 4 个箱子就可以了。很明显，在我们优化了方案之后，箱子空间占用率得到了提高。

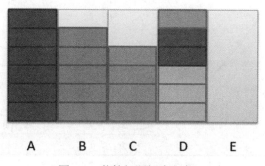

图 4-3　装箱问题解决方案二

在生活或者工作中，我们经常会面临各种各样亟待解决的最优化问题，如购房者要考虑如何在合适的时机、地点买到自己心仪的住所同时保持房屋的增值问题，股票投资者要考虑如何在变化莫测的股市中淘金，企业要考虑如何在一定成本控制下求得利润的最大化以及在研发成本与客户需求中保持平衡等。

2. 最优化算法

最优化算法一般建立在坚实的数学理论基础之上，它是研究在给定约束下如何寻求某些因素（的量），以使算法的时间复杂度、空间复杂度、正确性、鲁棒性、泛化能力等有关性能指标达到最优，用于求解各种优化问题。最优化算法，也可视为基于某种思想和机制的过程搜索，通过一定的途径或规则来得到满足用户要求的问题的最优解，其基本要素为：变量（Decision Variable）、约束条件（Constraints）和目标函数（Objective function）。

采用最优化算法解决实际问题主要分为下列两步：

（1）建立数学模型。对方案进行编码（变量）、设置约束条件及目标函数的构造。

（2）最优值的搜索策略。在约束条件下搜索最优解的策略，主要有穷举、随机和启发式搜索等。

实践证明，通过最优化算法，可优化资源利用率、降低能耗、提高系统效率与效益，并且随着处理对象规模增大，这种效果将会更加明显。目前，最优化算法已经广泛地应用于计算机、电子、通信、自动化、机器人、管理学、经济学、医学等诸多领域，并且已经产生了巨大的社会效益和经济效益。随着交叉学科的结合与应用，不断产生了许多复杂的优化组合问题，在搜索过程中时空复杂度过高时甚至会产生"组合爆炸"问题。对于这些问题的解决，传统的优化算法显得力不从心，而智能优化算法的优势相对凸显。

3．智能优化算法

智能优化算法受人类智能、生物群体社会性或自然现象规律的启发而产生，因此又被称为现代启发式算法，是一种具有全局优化性能、通用性强且适用于并行处理的一类算法。该类算法一般依从严密的理论依据，非单纯"专家经验论"，在理论上可以在一定的时间内找到最优解或近似最优解。

4.1.2   智能优化算法的分类

传统的优化算法大多数基于梯度下降的原理，如图 4-4 所示。

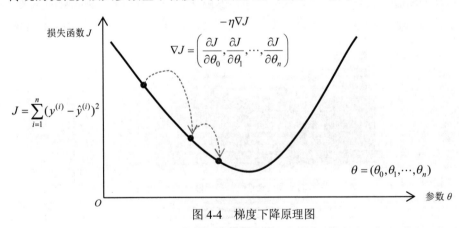

图 4-4   梯度下降原理图

而智能优化算法的优化过程通常采用直接搜索、随机搜索，而不直接采用梯度下降的方法。智能优化算法主要分为进化类算法、集群智能算法、模拟退火算法、禁忌搜索算法等。

1．进化算法

（1）从生物进化到进化算法。现代生物进化论认为，种群是生物进化的基本单位；遗传变异是生物进化的内因，突变和基因重组产生生物进化的原材料；自然选择使种群的基因频率发生定向的改变并决定生物进化的方向。

生物进化过程中，种群一般应具有如下特征：

- 由多个生物个体组成。
- 群体具有多样性，即生物个体之间存在差异性。
- 生物具有自我繁殖能力。
- 不同个体对环境的适应能力不同，或者说生存能力存在差异性，具有优良基因结构的个体繁殖能力强，反之则弱。

生物群体进化的三个重要环节（机制）如下：

- 自然选择：对生物体群体行为的发展方向起决定作用。对环境适应力强或生存能力强的个体数量会不断增加，同时该生物个体所具有的染色体性状特征在自然选择过程中得以保留；适应力差的个体将不断减少，适者生存、优胜劣汰。
- 杂交：通过杂交随机组合来自父代染色体上的遗传物质，产生不同于父代的染色体。将能适应自然环境的信息保存于生物个体所携带的染色体的基因库中，由子代个体实现基因的继承。
- 突变：随机改变父代个体的染色体上的基因机构，产生具有新染色体的子代个体。突变过程不可逆，具有突发性、间断性、不可预测性的特点，对确保群体多样性具有不可替代的作用。

另外，生物进化是一个开放的过程，自然界对进化中的生物群体提供及时的反馈信息，或称之为外界对生物的评价。由此形成了生物进化的外部动力机制。

（2）进化算法的概念。进化算法（Evolutionary Algorithms）的产生"灵感"仿效了大自然中生物的进化和遗传等过程，遵循了达尔文进化论"适者生存"的原则，一般从构建基因编码、种群初始化开始，通过复制、交叉、突变、保留机制等基本操作，逐步逼近问题的最优解。人们将这种"生存竞争、优胜劣汰"的进化规律的过程模式化而构成的一种优化算法称为进化算法，有时也被称为进化计算（Evolutionary Computation），它并非一个具体的算法，而是一个"算法簇"。

进化算法是一系列的搜索技术，包括遗传算法、进化规划、进化策略等，是一种成熟的具有高鲁棒性和广泛适用性的全局优化方法，具有自组织、自适应（调节）、自学习的特性，与传统的基于微积分的方法、穷举法等优化算法相比，不受问题性质的限制，能够有效地处理传统优化算法难以解决的复杂问题（比如 NP 难优化问题）。除了上述优点以外，进化算法还经常被用于多目标问题的优化求解，这类进化算法我们通常称之为进化多目标优化算法（MOEAs）。目前，进化算法已经广泛应用于函数优化、模式识别、机器学习、机器人控制、机械设计、工业调度、资源分配、复杂网络分析等诸多领域。

进化算法有四个主要的分支，分别为遗传算法（Genetic Algorithm，GA）、进化规划（Evolutionary Programming，EP）、进化策略（Evolution Strategy，ES）、遗传程序设计（Genetic Programming，GP），其经典算法主要有遗传算法、差分进化算法、免疫算法等。其中，遗传算法是进化算法中具有普遍影响的模拟进化优化算法；差分进化算法是一种基于群体迭代的启发式连续空间并行的随机搜索算法，该算法提出的初衷是为了求解切比雪夫多项式问题；免疫算法通过模仿生物免疫机制，结合基因的进化机理，采用群体搜索策略，通过迭代计算，最终以较大的概率得到问题的最优解。

（3）进化算法的一般过程及其基本机构。进化算法在形式上同其他智能优化算法一样，是一种迭代方法，是一种基于自然选择和遗传变异等生物进化机制的全局性概率搜索优化算法。

进化算法的迭代计算过程模拟生物体的进化机制，从一组解（群体）出发，在继承原有优良基因的基础上，生成具有更好性能指标的下一代解的群体，通过不断迭代逐步优化当前解，直至最后搜索到最优解或满意解，其一般过程如图 4-5 所示。

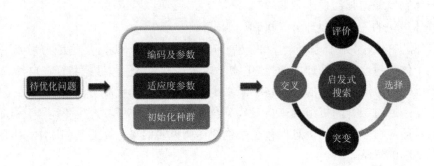

图 4-5　进化计算一般过程

进化算法的基本结构如下：

1）确定编码的形式并生成搜索空间，选择进化算法类型，配置相应的参数值（$t=0$）。

2）随机初始化种群 $P(0)=\{(x_{0,1},a_{0,1}),(x_{0,2},a_{0,2}),\cdots,(x_{0,\mu},a_{0,\mu})\}$。

3）计算每个个体的适应值 Fitness$\phi(x_{0,i})$，$i=1,2,\cdots,\mu$。

Repeat 4）～8）：

4）$t=t+1$。

5）重组操作：由 $P(t-1)$ 进行重组（交叉）操作生成群体 $P'(t)$。

6）变异操作：对 $P'(t)$ 进行变异操作生成群体 $P''(t)$。

7）评估操作：计算其中每个个体的适应值 $\phi(x_{t,i})$，$i=1,2,\cdots,\lambda$。

8）选择操作：对（$Q \cup P''(t)$）进行选择操作生成群体。其中，Q 代表 $P(t-1)$ 的某个子集或空集重复 4）～8），直到满足迭代次数或指定条件终止。

（4）进化算法中相关概念。

1）种群（Population）：又称为群体、解群、居群等。进化算法在求解问题时是从多个解开始的。一般种群的规模，即元素的个数在整个进化过程中是不变的。

2）个体（Individual）：通常指染色体带有特征的实体。

3）基因型（Geneotype）：形状染色体的内部表现。

4）表现型（Phenotype）：染色体决定性状的外部表现，也可看作是根据基因型形成的个体。

5）适应度（Fitness）：度量某个物种对生存环境的适应程度。

6）选择（Selection）：基于适应度函数从群体中选择个体的过程。

7）复制（Reproduction）：细胞分裂时候，遗传物质 DNA 通过复制从旧细胞克隆到新细胞中。

8）交叉（Crossover）：也称基因重组或杂交，通常指两个染色体部分位置交叉组合形成两个新染色体的过程。

9）编码（Coding）：对问题的解进行编码，即通过变换将其映射到另一空间（称为基因空间）。或者说把每一个可行解编码，采用字符串（如位串或向量等）的形式，一个二进制串称为一个染色体（chromosome）；染色体的每一位称为基因（gene），基因的取值称为基因位置（locus）。

10）解码（Decoding）：基因型到表现型的映射。

（5）进化算法的特点。进化算法采用简单的编码技术来表示各种复杂的机构，并通过对一组编码表示进行简单的遗传操作和优胜劣汰的自然选择来指导学习和确定搜索的方向，同时具有以下特点：

1）较强鲁棒性：能适应不同环境的不同问题，不受其搜索空间限制条件（如可微、连续、单峰等）的约束，且在大多数情况下都能得到比较满意的有效解。

2）智能化程度高：具有自组织、自适应和自学习性等特征。

3）可并行性：并非从单点开始搜索，而采用种群（即一组表示）的方式组织搜索，这使得其可以同时搜索解空间内的多个区域，而这种用种群组织搜索的方式使得进化算法具有可大规模并行计算的能力。

4）其他特征：除了具有以上特点外，进化算法还具有整体优化性、统计性、多解性等特点。

进化算法具有简单、易操作和通用的特征，且具有较高的执行效率，越来越受到人们的青睐。

2.　集群智能算法

（1）集群智能的概念。集群智能（Swarm Intelligence）体现了"集体智慧的结晶"，其产生的灵感常来自鸟群、蚁群、粒子群，通常指在某个群体中的若干个智能个体通过相互合作所表现出来的宏观的智能行为；在工程技术领域，集群智能被定义为一类关注简单行为个体组成的集群通过子组织完成复杂工作的自然启发式计算。

早在 1989 年，Beni、Hackwood 和 Wang 在细胞机器人系统的背景下使用"集群智能"这一表述来描述简单机械代理的自组织；而当 1991 年意大利学者 Dorigo 提出 ACO（Ant Colony Optimization）理论开始，群体智能便进入人们的视野，并引起广泛的关注与积极的研究；1992 年，V Genovese 描述了基于本能反应、自组织行为和群体智能的分布式细胞机器人系统；1993 年，Dario 等研究了移动机器人系统，并正式提出了集群智能的概念。1999 年，Bonabeau E 等将集群智能定义为由简单个体构成的群体所产生的集体智慧。

（2）集群智能的主要特点。集群智能是自组织的分布式系统所表现出来的一种群体智慧，可充分发挥集群的优势。主要特点如下：

1）分布式。集群的分布式特点指的是集群不存在中心控制，不会因为集群中某个个体的故障而影响到集群对整个问题的解决。

2）易实现。集群中的每个个体能力及遵循的行为准则相对简单，比较容易实现。

3）自适应性。集群的自适应性通常指集群中的每个个体都能够改变环境或根据环境进行策略调整，有时也被称为具有良好的可扩充性。

4）自发"涌现"。集群的自发"涌现"特点指群体个体间通过相互之间的不断交互而在群体层面涌现出一种智能，或者说群集智能可在适当的机制引导下通过个体之间的交互而以某种突现的形式发生并发挥作用，也称为"自组织性"。

（3）集群智能的基本原则。

1）临近原则（Proximity Principle）：集群能够进行基本的时间、空间计算。

2）品质原则（Quality Principle）：集群能够响应环境中的品质因子。

3）多样性反应原则（Principle of Diverse Response）：集群的行动范围不应该太窄。

4）稳定性原则（Stability Principle）：集群不应在每次环境变化时都改变自身的行为。

5）适应性原则（Adaptability Principle）：代价评估在允许的阈值内或所需代价不太高时，集群能够在适当的时候改变自身的行为。

（4）集群智能算法的应用。目前，集群智能算法已经应用于生物学、神经科学、人工智能、机器人、操作研究、计算机图形学、建筑学等多个领域。

4.2　进化算法

遗传算法原理

4.2.1　遗传算法

1．遗传算法概述

遗传算法（Genetic Algorithm，GA）借鉴了达尔文自然进化及孟德尔遗传变异等思想，由美国密歇根大学的 Holland 教授在 20 世纪 70 年代首先提出。遗传算法通过复制、交叉、变异等操作对群体中的个体进行多样化的重新组合，经适应度函数的筛选（评价），保留适应度较高的个体继而组成新的群体，反复迭代，直到群体的个体适应度不再提高或满足迭代终止条件。在迭代的过程中，新群体继承了父代群体的优良特征并得到不断优化。目前，遗传算法已经广泛应用于机器学习、智能控制、信号处理、优化组合及人工生命等领域。

2．遗传算法的基本流程

遗传算法的基本流程如图 4-6 所示。首先，随机产生一些染色体（常称为候选解）组成初始种群，随后对这些染色体进行向量编码，得到种群 $P(t)$，然后进入迭代过程。整个迭代过程：首先对种群 $P(t)$ 进行适应度计算，选择适应度大的染色体进行复制；再通过交叉、变异等遗传操作，提出适应度较低的染色体，留下适应度较高的优良染色体，得到新种群 $P(t+1)$。$P(t+1)$ 继承了父代优良的基因，理论上总体性能会明显优于父代。如此循环迭代，直到满足预定的优化指标或达到预设的迭代次数等，算法过程结束，整个过程通过不断的"优胜劣汰"，使得问题的最优解得以求出或满足其他预设条件。预设条件通常有以下几种：

（1）算法迭代次数满足指定数值。

（2）种群中个体的最大适应度值满足指定指标。

（3）种群中个体的平均适应度值满足指定指标。

3．遗传算法的基本操作

遗传算法有三个基本的操作：复制（Reproduction）、交叉（Crossover）、变异（Mutate）。

（1）复制（Reproduction）：也被称为繁殖或再生，通常根据适应度函数（Fitness）计算结果，选择适应值较高的个体复制，因此有时也将初始化种群与复制过程一起叫作选择运算，而按照适应度函数计算值进行复制模仿了达尔文生物进化论"适者生存、优胜劣汰"的自然选择过程，其意义在于选择并继承父（母）代优秀基因，繁殖优秀后代的概率就更大。遗传算法的传统选择策略主要有：轮盘赌选择策略（roulette wheel selection）、锦标赛选择策略等。

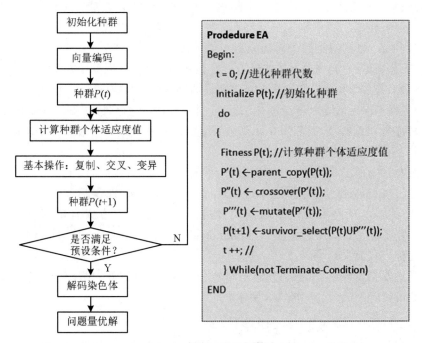

图 4-6　遗传算法的基本流程

1）轮盘赌选择策略主要以个体的适应度值为选择依据，下面以求解最大化问题为例，给出轮盘赌选择策略的一般步骤：

a. 计算出群体中每个个体的适应度 $f(x_i), i=1,2,\cdots,N$（N 为群体大小）及适应度之和 $F = \sum_{i=1}^{n} f(x_i)$。

b. 计算出每个个体被遗传到下一代群体中的概率或每个个体可被选中的概率 $p_i = \dfrac{f(x_i)}{F}$。

c. 计算每个个体的累计概率 $q_i = \sum_{j=1}^{i} P(x_j)$，用于构造轮盘，如图 4-7 所示。

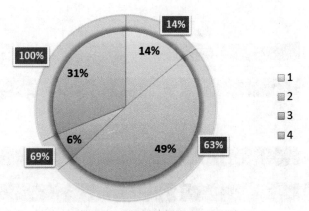

图 4-7　轮盘赌选择策略示意图

d. 轮盘选择：在[0,1]区间内产生一个随机数 r，若 $r<q[1]$，则选择个体 1，否则选择个体 k，满足 $q[k-1]<r\leqslant q[k]$。

e. 重复步骤 d，直到得到的个体构成新一代种群。

2）锦标赛选择策略：每次从种群中选取一定数量的个体（放回抽样），然后选择其中最好的进入下一代种群。重复该操作，直至新的种群规模达到原来的种群规模；由于该选择策略的随机性较强，可较大概率保证最优个体被选中，最差个体被淘汰，但存在较大的误差。操作步骤如下：

a. 从群体中随机选择 N 个个体并计算适应度值，将其中适应度最高的个体遗传到下一代种群中（其中 N 称联赛的规模）。

b. 重复步骤 a M 次，得到的个体构成新一代种群（M 为种群的规模）。

（2）交叉（Crossover）：模拟生物进化过程的繁殖现象，通过两个染色体按照某种方式互相交换部分基因，从而形成两个新的个体的过程。交叉的方式有单点交叉（One-point Crossover）、两点交叉/多点交叉（Two-point/Multi-point Crossover）、均匀交叉（Uniform Crossover，也称一致交叉）等。

单点交叉通常指将编码串随机设置一个交叉点，将染色体分为两部分，子代染色体的左右两侧分别来自父母染色体，如图 4-8 所示。

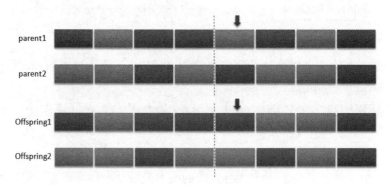

图 4-8　单点交叉示意图

两点/多点交叉：在编码串中设置两个/多个交叉点，两点或多点以间隔交换的方式进行部分基因交换，如图 4-9 所示。

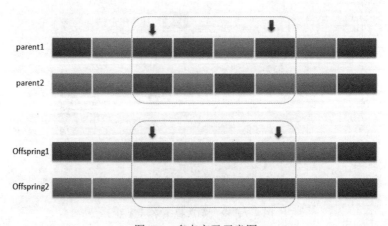

图 4-9　多点交叉示意图

　　均匀交叉：也称一致性交叉，可理解为当两个父代基因不同时有一半的概率交叉操作，如图 4-10 所示。

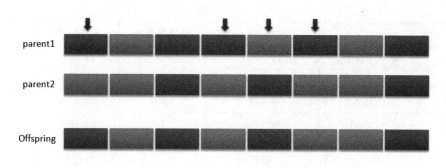

图 4-10　均匀交叉示意图

假设染色体串长度为 L，L 个数字间空隙分别标记为：1，2，…，$L-1$；

4. 基本遗传算法举例

接下来通过一个例子模拟（演示）基本遗传算法流程中的关键环节。

【例 4-1】优化问题 $\max\{f(x)=x^2 | x \in X\}$（最大值），解空间为非负整数集 $X=\{0, 1, 2, …, 31\}$，要求用遗传算法求解，模拟（演示）从初始基因生成到选择、交叉、变异等操作对个体基因改变、当前进化代数以及当前适应函数值等信息变化过程。

【案例分析】首先确定编码方案，获得初始化种群。

（1）编码。此优化问题解空间为非负整数集 $X=\{0, 1, 2, …, 31\}$，考虑采用二进制对其进行编码，由于 $2^5=32$，故采用 5 位无符号二进制数组成染色体数字字符串用于解变量 x 并优化求解。

（2）产生父代个体。采用随机的方法产生染色体数字串，组成初始种群，假设初始随机生成 4 个染色体数字串分别为 01101、11000、01001、10010，初始种群染色体及对应适应值见表 4-1。

表 4-1　父代个体适应度值

染色体编号	x	适应值 $f(x)=x^2$	选择概率 p	累计概率
1	01101	$13^2=169$	14.70%	14.70%
2	11000	$24^2=576$	50.09%	64.79%
3	01001	$9^2=81$	7.04%	71.83%
4	10010	$18^2=324$	28.17%	100.00%
Σ		1150		

（3）遗传算法基本操作。

1）复制（选择）。假设从区间[0,1]随机产生 4 个随机数：

$R_1=0.4532973$　　$R_2=0.1023734$　　$R_3=0.5772064$　　$R_4=0.9165688$

根据轮盘赌选择的规则：由于 64.79%>R_1>147.7%，故选中 2 号染色体；由于 R_2<14.7%，故选中 1 号染色体；由于 64.79%>R_3>147.7%，故选中 2 号染色体；100%>R_4>71.83%，故选中

4 号染色体。

由此可以得到各染色体被选中的次数，见表 4-2。

表 4-2   轮盘赌选择后结果

染色体编号	x	适应值 $f(x)=x^2$	选择概率 p	累计概率	选中次数
1	01101	$13^2=169$	14.70%	14.70%	1
2	11000	$24^2=576$	50.09%	64.79%	2
3	01001	$9^2=81$	7.04%	71.83%	0
4	10010	$18^2=324$	28.17%	100.00%	1

2）交叉。对于通过轮盘赌方式选中的 4 个个体，每 2 个 1 组，每组的 2 个个体生成 1 个 0～1 的随机数 p_0，假设预设交叉概率为 p_c，若 $p_0<p_c$，则进行交叉，否则将个体保留到子代中。交叉方式可选择单点交叉、多点交叉等，本例我们选择单点交叉方式进行基因重组。假设染色体 1、2 分为 1 组，染色体 3、4 分为 1 组，交叉点的位置从 1～4 之间随机产生两个数字（$k_1=2$，$k_2=3$），即第 1 组数字串将第 2 位之后 3～5 位因子交叉重组得到；第 2 组将第 3 位之后也即第 4～5 位因子交叉得到。

交叉过程示意如图 4-11 所示。

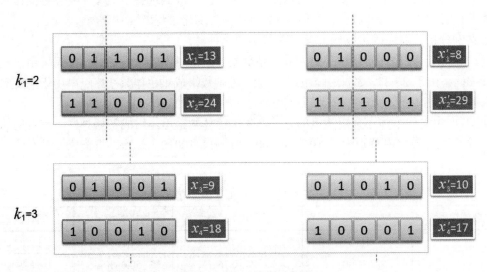

图 4-11   交叉操作示意图

3）变异。变异操作主要是为了避免陷入局部最优解的困境，通常按概率对少量个体进行变异操作，对于群组中的每个个体生成 1 个 0～1 的随机数 p_1，假设预设变异概率为 p_m（一般设置在 0.01～0.1 之间）的情况下，如果 $p_1<p_m$，则进行变异操作，否则不进行变异。为了演示，这里假设 x_4' 进行变异操作（变异基因位为第 2 位），则变异后 x_4'' 转换为 11001，即 25，新群组的适应度值见表 4-3。

对比表 4-1 与表 4-3，不难看出，群体的整体适应度值有所提高，新一代个体最高适应度值 841 高于父代最高适应度值 576，经过遗传算法过程得到的最佳个体逐步向问题最优解靠近。

表 4-3　新一代群体个体适应度情况

染色体编号	x	适应值 $f(x)=x^2$	选择概率 p	累计概率
1	01000	$8^2=64$	3.93%	3.93%
2	11101	$29^2=841$	51.60%	55.53%
3	01010	$10^2=100$	6.13%	61.66%
4	11001	$25^2=625$	38.34%	100.00%
		1630		

4.2.2　其他进化算法

1. 差分进化算法

差分进化算法（Differential Evolution，DE）的主要思想源于遗传算法，由 Rainer Storn 和 Kenneth Price 于 1997 年提出，本质是一种多目标（连续变量）优化算法，用于求解多维空间中整体最优解，模拟遗传学中的复制（Reproduction）、杂交（Crossover）、变异（Mutation）来设计遗传算子，具有收敛速度快、控制参数少、设置简单、鲁棒性较强等优点。

差分进化算法从某一随机产生的初始群体开始，以随机选取两个个体的差向量加权后按照一定的规则与第三个个体向量相加而产生变异个体；然后，变异个体与某个预先决定的父代个体交叉混合，产生试验个体。如果试验个体的适应度值优于父代个体的适应度值，则在下一代中试验个体取代父代个体，否则父代个体仍保存下来。算法通过不断地迭代，保留优良个体、淘汰劣质个体，引导搜索过程向全局最优解逼近。

相较于遗传算法，差分进化算法也随机生成初始种群，并采用适应度值作为评价选择标准，算法也主要包含变异、交叉和选择三个子过程。两者的区别在于：遗传算法是根据适应度值来控制父代杂交，变异后产生子代被选择的概率值，在最大化问题中适应值大的个体被选择的概率相应就高；而差分进化变异向量由父代差分向量生成，并与父代个体向量交叉生成新个体向量（试验个体），在试验个体与父代个体间进行优化选择。差分进化算法的初衷是求解切比雪夫多项式问题，因其强大的寻优能力，被广泛应用于信号处理、机械设计、图像处理、工业控制、机器学习等多个领域。

2. 免疫算法

（1）免疫算法概述。免疫算法（Immune Algorithm，IA）是一种具有生成+检测（generate and test）的迭代过程的智能搜索算法，将免疫概念及其理论应用于遗传算法，在保留原算法优良特性的前提下，力图有选择、有目的地利用待求问题中的一些特征信息或知识来抑制其优化过程中出现的退化现象。

免疫算法与遗传算法的主要区别如下：

1）对个体评价。遗传算法计算父代个体适应度并将其作为父代选择的标准；免疫算法对抗体的质量的评价准则包括抗体的亲和度和个体浓度。

2）在交叉、变异过程的基础上，增加了克隆选择、免疫记忆、疫苗接种等激励。

（2）免疫算法的一般步骤。免疫算法一般步骤（流程）如图 4-12 所示，具体如下：

1）抗原识别：免疫系统确认抗原入侵，即理解优化问题，对可行解进行分析，构建先验知识库并构造适合的亲和力评价函数，设置各种约束条件。

2）产生初始抗体群体：通过编码把问题的可行解表示成解空间中的抗体；激活记忆细胞产生抗体，从包含最优抗体（最优解）的先验知识库中选择出一些抗体。

3）计算亲和力：根据亲和力评价函数对种群中的每一个可行解进行亲和力评价。

4）记忆细胞分化：由于记忆细胞数量优先，新产生的与抗原具有更高亲和力的抗体替换较低亲和力的抗体。

5）判断是否满足算法终止条件：如果满足条件则终止算法寻优过程，输出计算结果；否则继续寻优运算。

6）抗体促进和抑制：计算抗体浓度和激励度，高亲和力抗体受到促进（激励），高密度抗体受到抑制。

7）群体更新：进行选择、交叉、变异等免疫操作，以随机生成的新抗体替代种群中激励度较低的抗体，形成新一代抗体，转步骤3）。

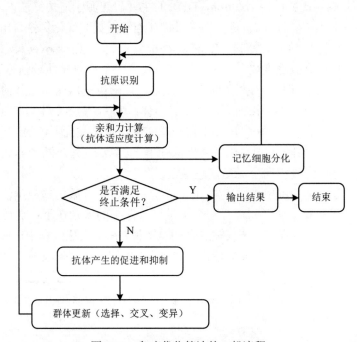

图 4-12　免疫优化算法的一般流程

4.3　集群智能算法

蚁群算法原理

4.3.1　蚁群算法

1. 蚁群算法概述

大自然总是在无形之中给予我们很多启示，也进一步促进仿生学的不断发展、创新。蚂蚁是大自然中种类繁多且具有顽强生命力的种群，它们具有较强的组织性和学习能力，可成群结队地在自然界寻觅"美食"；蚁群中的每一个个体并不需要知道全局的信息，它们仅根据眼前的局部信息（信息素）进行交流并形成并行处理模式，遵循简单的规则进行决策，最终形成复杂的集体智慧。受到蚂蚁觅食行为的启发，1991 年，M-Dorigo 等首先提出了蚁群算法（Ant Colony Algorithms），从此，人们开始了对蚁群算法的广泛研究。

蚁群算法可视为在图中搜索优化路径的算法，最早被应用于解决旅行商问题，随着不断改进、优化，越来越多地被应用于智能调度、车辆路径规划、任务指派、网络路由优化等其他优化领域。其主要特点如下：

（1）可并行：能分布式并行计算。

（2）信息正反馈：可较快发现较优的解。

（3）启发式搜索：反映搜索中的先验性、确定性因素的强度。

（4）鲁棒性强：不容易受个体因素的影响。

2. 蚁群算法的基本原理

蚁群算法是模拟蚂蚁觅食的原理，设计出的一种集群智能算法。科学家们发现，蚁群可以在多岔路环境下，找到一条从蚁穴通往食物源的最短路径；而这种现象的出现并非是单个个体指挥的结果，而是群体智慧的结晶。蚂蚁寻找最短路径的过程如图 4-13（其中 N 为蚁穴，F 为食物源）所示：蚂蚁在觅食过程中，从蚁穴 N 出发，在其经过的路径上释放一种称为信息素的气味记号；信息素可作为蚂蚁觅食的感知介质，并指导蚂蚁行动的方向，通常它们会朝着信息素浓度较高的方向移动，最终到达食物源 F，大量蚂蚁组成的集体觅食表现为一种对信息素的正反馈现象；某条路径越短，路径上通过的蚂蚁数量就越多，信息素的浓度相应也会越高，吸引蚂蚁选择该路径的概率就会更高，一段时间后，整个蚁群会逐步找到觅食的最优路径。

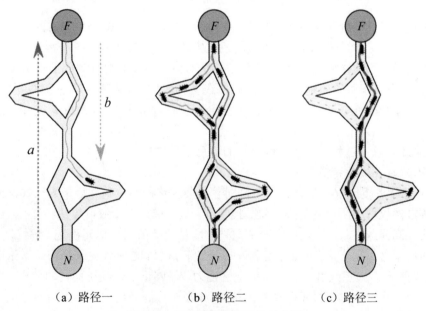

（a）路径一　　　　（b）路径二　　　　（c）路径三

图 4-13　蚁群寻找最短路径示意图

下面根据图 4-14 来进一步演示蚂蚁算法的关键过程。

蚂蚁群从蚁穴 N 出发，目的地是食物源 F，可能选择的路线有 $NABLF$、$NABCF$、$NMDLF$。假设每只蚂蚁（个体）速度相同，初始时，每条路线分配一只蚂蚁，每个单位时间行走 1 步，从蚁穴到食物源走的步数设为 d，如图 4-14（a）所示，则 $d_{NABLF}=12$，$d_{NABCF}=18$，$d_{NMDLF}=15$；

经过了 24 个单位时间的情形如图 4-14（b）所示，走 *NABLF* 路线的蚂蚁完成了蚁穴、食物源之间的往返，走 *NABCF* 路线的蚂蚁完成了从蚁穴到食物源，返回时大约走到了 *C* 点，走 *NMDLF* 路线的蚂蚁从蚁穴到食物源，返回时大约走到了 *D* 点。

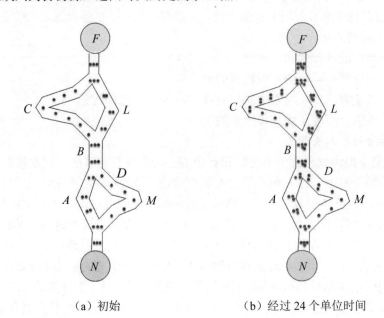

（a）初始   （b）经过 24 个单位时间

图 4-14   蚁群算法示意

假设蚂蚁每经过一处所留下的信息素为一个单位，经过 180 个单位时间（不考虑重叠的路线部分，均单独计算），走 *NABLF* 路线的蚂蚁完成了 7.5 次往返（15 个信息素），走 *NABCF* 路线的蚂蚁完成了 5 次往返（10 个信息素），走 *NMDLF* 路线的蚂蚁完成了 6 次往返（12 个信息素）；按照信息素指引的原则，在 *NABLF* 路线上再增加 1 只蚂蚁，其他路线蚂蚁数量不变，再经历 180 个单位时间，*NABLF* 路线信息素累计达 45 个信息素，*NABCF* 路线信息素累计为 20 个，*NMDLF* 为 24 个。若蚁群中的蚂蚁继续以信息素为指导，则最终所有蚂蚁将会优先选择 *NABLF* 路线，以上过程反映了蚁群算法的信息正反馈性。

3．人工蚁群算法的模型

Dorigo 等学者模拟蚁群觅食过程中协同寻找最优路径的机制并赋予人工蚁群，同时使人工蚁群具备自然蚁群中所不具备的一些其他特征，从而提出人工蚁群算法。人工蚁群算法最早用于求解旅行商问题。在人工蚁群中通常把具有简单功能的工作单元视为"蚂蚁"个体，它与自然蚁群的相似之处在于，都参照信息素来做出路径选择，通常优先选择信息素浓度较大的路径；不同之处在于，人工蚁群具有一定的记忆能力，能够记忆已经访问过的节点，为实现按算法有意识地而非盲目地寻找最短路径奠定基础（如在旅行商问题中可预先指导当前城市与下一目的地之间的距离）。

（1）运用人工蚁群算法求解旅行商问题的基本思路。

1）将 *m* 个蚂蚁随机地放在多个城市，让这些蚂蚁从所在的城市出发，分头并行搜索。

2）每只蚂蚁完成一次游历之后，更新各个路径的信息素数值，包括原有信息素的蒸发和有蚂蚁经过的路径上信息素的增加，信息素的数量与解的优化程度成正比；初始时信息素数量相等，随着算法迭代，较短路径的信息素会逐渐增加，同时也会增加蚂蚁选择的概率。

3）重复步骤 1）～2），直到达到预设的迭代次数或解不再变化终止（所有蚂蚁均选择路径相同），以求得旅行商问题的最优解（最短路径）。

（2）蚁群算法中的相关参数（表 4-4）。

表 4-4　蚁群算法中的相关参数

参数	含义	参数	含义
m	种群中蚂蚁的数量	τ_{ij}	城市 i 和城市 j 之间（边 e_{ij}）信息素的残留强度
k	第 k 只蚂蚁	$\Delta\tau_{ij}$	一次循环后边 e_{ij} 信息素的增量
n	城市数量	t	时刻
d_{ij}	城市 i 到城市 j 之间的距离	$p_{ij}^{k}(t)$	时刻 t 蚂蚁 k 从当前所在的城市 i 到下一个城市 j 的概率（转移概率）
η_{ij}	城市 i, j 之间的能见度，反映了由城市 i 转移到城市 j 的启发程度	tabu(k)	禁忌表，用于存放第 k 只蚂蚁已经走过的城市
ρ	信息素蒸发（或挥发）的系数	$1-\rho$	持久性（或残留）系数，$0<\rho<1$
α	信息启发因子，反映了蚂蚁在从城市 i 向城市 j 移动时，这两个城市之间道路上所累积的信息素指导蚂蚁选择城市 j 的程度，即蚁群在路径搜索中信息素的相对重要强度	β	期望值启发式因子，反映了蚂蚁在从城市向城市转移时候期望值 η_{ij} 在指导蚁群搜索中的相对重要程度。其大小反映了蚁群在道路搜索中的先验性、确定性等因素的强弱，α、β 的大小也会影响算法的收敛性

1）转移概率 $p_{ij}^{k}(t)$ 的计算公式为

$$p_{ij}^{k}(t)=\begin{cases}\dfrac{[\tau_{ij}(t)]^{\alpha}[\eta_{ij}(t)]^{\beta}}{\sum_{\in jk}(t)[\tau_{ij}(t)]^{\alpha}[\eta_{ij}(t)]^{\beta}}, & \text{如果 } j\in J_{k}(i)，J_{k}(i) \text{ 表示蚂蚁下一步允许选择的城市的集合}\\ 0, & \text{否则}\end{cases}$$

2）启发因子 η 的计算公式为 $\eta=\dfrac{1}{d_{ij}}$

3）信息素计算公式如下：

$$\tau_{ij}(t+n)=(1-\rho)\tau_{ij}(t)+\Delta\tau_{ij}$$

$$\tau_{ij}=\sum_{k=1}^{m}\Delta\tau_{ij}^{k}$$

$$\tau_{ij}^{k}\begin{cases}\dfrac{Q}{L_{k}}, & \text{若蚂蚁 }k\text{ 在本次遍历过程中经过边 }(i,j)\\ 0 \end{cases}$$

其中，L_{k} 为正常数，表示蚂蚁 k 在本次遍历过程中经过的长度。

初始时，令 $\tau(0)=C$。

（3）基本人工蚁群算法步骤。如图 4-15 所示，人工蚁群算法的步骤如下：

begin

1）初始化：

　　初始时每条边的信息素数量均相等；

　　将 m 只蚂蚁放置于各顶点，其对应的禁忌表 tabu(k)为对应各顶点

　　do

　　for   蚁群中的每一只蚂蚁 k

2）按照：计算转移概率 $p_{ij}^{k}(t)$ →按轮盘赌的方式选择下一个顶点→更新禁忌表，反复进行，直至便利所有顶点 1 次；

3）更新改蚂蚁 k 在各边的信息素数量 $\Delta\tau_{ij}^{k}$

　　end   for

4）计算各边的信息素增量 $\Delta\tau_{ij}$ 及信息素量 $\tau_{ij}(t+n)$

5）记录本轮迭代的路径，更新最优路径，清空禁忌表

While (判断是否达到指定迭代次数或无最优路径更新。是，算法结束，输出最优路径；否，进入下一轮迭代)

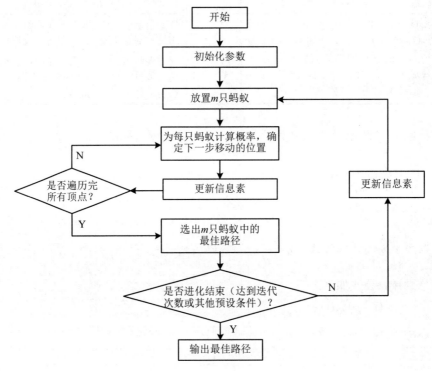

图 4-15   人工蚁群算法流程

4.3.2 粒子群算法

1. 粒子群算法概述

自然界中的蚁群、鸟群、鱼群等动物种群的行为以及所表现出的集体智慧群体行为一直备受科学家关注。1987 年，生物学家 Craig Reynolds 提出了一个非常有影响的鸟群聚集模型，

通过仿真实验非常近似地模拟出了鸟类飞行现象，模型中每个个体都遵循以下原则：避免与邻域个体相冲撞；匹配邻域个体的速度；飞向鸟群中心，且整个群体飞向目标。1990 年，生物学家 Frank Heppner 也提出了鸟类仿真模型：仿真过程开始，群体中每一只鸟都没有既定飞行目标，仅使用简单规则确定飞行方向及飞行速度；当有一只鸟飞到栖息地时，其周围的鸟也会跟着飞向栖息地，最终整个鸟群均会停落在栖息地。粒子群算法（Particle swarm optimization，PSO）于 1995 年由社会心理学家 Kennedy 和电气工程师 Eberhart 提出，该算法也是一种基于 Swarm Intelligence 的优化方法，模拟了鸟集群飞行觅食的行为，是对 Frank Heppner 模型的修正，鸟群的个体之间通过集体协作使群体达到最优目的：用鸟类飞行空间模拟将求解问题的搜索空间，将每只鸟抽象成一个没有质量和体积的粒子，用它来表征问题的一个可能解，将寻找问题最优解的过程看成鸟类觅食的过程，进而求解复杂的优化问题。

粒子群算法与遗传算法类似，也是一种基于群体"进化"、通过个体间协作，实现复杂空间最优解搜索的迭代算法，但并不需要对个体进行交叉、变异等算子操作，而是粒子在解空间向自身最佳位置或追随最优的粒子进行聚集以求得最优解。粒子群算法的优势在于有较好的生物学背景，便于理解，算法本身比较简单、需调整的参数相对较少、容易实现，对非线性、多峰问题均具有较强的全局搜索能力，既适合科学研究，又特别适合工程应用。目前，该算法已广泛应用于函数优化、神经网络训练、模式识别与图像处理、模糊控制、通信、任务分配、经济、生物信息、医学等领域。

粒子群算法的主要优点如下：
- 对优化问题定义的连续性无特殊要求。
- 具有生物学背景，易于理解。
- 算法实现简单、需要调整的参数较少。
- 算法收敛速度相对较快。
- 系统鲁棒性较强，无集中控制约束，不会因个体因素影响整个问题的求解。

粒子群算法的主要缺点如下：
- 对于有多个局部极值点的函数，容易陷入到局部最优的困境。
- 缺乏精密搜索方法的配合，往往得不到最精确的结果。
- 提供了全局搜索的可能，但不能保证收敛到全局最优点。
- 缺乏严格的理论证明，即算法使用范围、有效性的原理分析。

因此，粒子群算法一般不适用于高维数、多局部极值的且精度要求较高的复杂优化问题的求解。

2. 粒子群算法的基本思想与实现的基本过程

（1）粒子群算法的基本思想。在粒子群算法中，把最优化问题视为鸟群在空中觅食的过程，那么鸟群的"食物"就对应最优化问题的最优解，在空中每一只飞行觅食的"鸟"就是粒子群算法在解空间进行搜索的一个"粒子（Particle）"，所有的粒子都有一个由目标函数决定的适值（fitness value），该值用于评价粒子"好坏"的程度；粒子在搜索空间以一定的速度飞行，每个粒子知道迄今为止发现的最好位置（particle best，通常记为 pbest）和群体中所有粒子发现的最好位置（global best，通常记为 gbest），pbest 为该粒子本身搜索到的最优解，可视为粒子自己的飞行经验，gbest 是在 pbest 中的最好值及全局最优解，可视为是群体的经验，粒子在飞行过程中根据当前位置以及通过其本身与其他粒子的飞行经验进行动态调整。

（2）粒子群算法实现的基本过程。粒子群算法初始化为一群随机粒子（随机解），然后通过迭代过程找到最优解。在每一次迭代中，粒子通过跟踪两个"极值"来更新自己：一个是个体极值（pbest），即粒子本身所找到的最优解；另一个是全局极值（gbest），即整个种群目前找到的最优解。在找到这两个"极值"后，每个粒子调整在解空间的速度，尽可能朝着 pbest 与 gbest 所指的方向飞行。

3. 粒子群算法的模型

（1）算法问题及参数描述。假设待解决问题在 D 维搜索空间有 m 个粒子，则在 t 时刻：

1）群体中第 i 个粒子的位置为 $x_i^t = (x_{i1}^t, x_{i2}^t, \cdots, x_{iD}^t)$，$1 \leqslant i \leqslant m$，$1 \leqslant d \leqslant D$。

2）群体中第 i 个粒子的速度为 $v_i^j = (v_{i1}^t, v_{i2}^t, \cdots, v_{iD}^t)$，$1 \leqslant i \leqslant m$，$1 \leqslant d \leqslant D$。

3）粒子 i 经历过的历史最好位置可表示为 $p_{id}^t = (p_{i1}^t, p_{i2}^t, \cdots, p_{iD}^t)$，$(i=1,2,\cdots,m)$。

4）种群内所有粒子经历过的最好位置可表示为 $p_{gd}^t = (p_{g1}^t, p_{g2}^t, \cdots, p_{gD}^t)$，$(g=1,2,\cdots,m)$。

5）粒子 i 的第 d 维度速度更新公式为

$$v_{id}^{t+1} = wv_{id}^t + c_1 r_1 (pbest_{id}^t - x_{id}^t) + c_2 r_2 (gbest_d - x_{id}^t)$$

其中：v_{id}^t 为第 t 次迭代粒子 i 飞行速度矢量的第 d 维分量；c_1，c_2 为加速度常数，用于调节学习的最大步长；r_1，r_2 为两个随机函数，取值范围为[0,1]，以增加搜索的随机性；w 为惯性权重（$w \geqslant 0$），调节对解空间的搜索范围。

6）粒子 i 的第 d 维度位置更新公式为 $v_{id}^{t+1} = x_{id}^{t+1} = x_{id}^t + v_{id}^t$，$x_{id}^t$ 为第 t 次迭代粒子 i 飞行位置矢量的第 d 维分量。

粒子的迭代过程中更新示意图如图 4-16 所示。

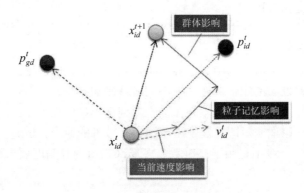

图 4-16   粒子迭代过程更新示意图

（2）实现的基本流程。基本实现流程如图 4-17 所示，具体描述如下：

1）初始化：初始化粒子群体，包括规模、随机位置、速度、迭代次数等；

do

2）评价：根据 fitness function，评价每个粒子的适应度；

3）查找：对于当前粒子，将当前适应值与历史最佳位置（pbest）做比较，如果当前适应度值>历史 pbest，则用当前适应度值更新，否则保持不变；

4）查找：对于当前粒子，将当前适应值与全局最佳位置（gbest）做比较，如果当前适应度值更高，则用当前适应度值更新全局最佳位置，否则保持不变；

5）根据相应公式更新粒子的速度与位置；

6）未达到迭代数或预设的其他条件，返回步骤 2）；

7）结束，输出，最优化问题解决。

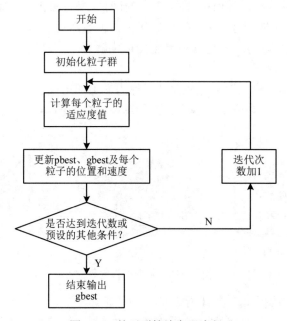

图 4-17 粒子群算法实现流程

4.4 其他智能优化算法

4.4.1 模拟退火算法

1. 模拟退火算法概述

遗传算法、进化算法、集群算法多通过模拟生物进化、生物群体行为的实现问题的优化，模拟退火算法（Simulated Annealing，SA）通过模拟物理过程求解最优化问题。模拟退火的思想最早由美国物理学家 N. Metropolis 等在 1953 年提出，他们运用蒙特卡洛法模拟计算多分子系统中分子的能量分布；1983 年，S. Kirkpatrick 等实现了该算法并将其应用于组合优化问题。

模拟退火算法是一种通用概率算法，用来在很大的搜寻空间内寻找问题最优解，它可以有效克服对初值的依赖性及避免优化过程陷入局部最优的窘境，常用于解决复杂问题，是解决问题的有效方法之一，目前在智能调度、机器学习、神经网络、信号处理、控制工程等领域得到广泛应用。

模拟退火算法的主要优点如下：

- 能够有效解决难问题、避免陷入局部最优解。
- 克服算法求得的优化解对初始解状态的依赖。
- 具有渐近收敛性，在理论上，已被证明是一种以概率收敛于全局最优解的全局优化算法。

● 计算具有较强的鲁棒性、过程简单、通用，可并行处理、用于求解复杂非线性优化问题。

模拟退火算法的主要缺点如下：

● 由于要求较高的初始温度、较慢的降温速率、较低的终止温度，以及各温度下需要多次抽样，因此优化执行过程相对较长。执行时间长，算法性能与初始值有关且对参数敏感。

● 当降温速率较慢时，得到解的性能较优秀，但收敛速度慢。

● 当降温速度过快，有可能无法得到全局最优解。

2. 模拟退火算法的原理

（1）物理退火过程。模拟退火算法模拟了热力学上的退火现象。在热力学上退火现象通常指物体在高温状态下，逐渐降温（退火）的物理现象，如图 4-18 所示。

  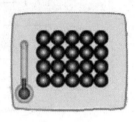

　　　　（a）初始状态　　　　　　　（b）加热　　　　　　　（c）冷却

图 4-18　物理退火现象

1）在初始状态，固体内部的粒子存在非均匀状态。

2）加热到一定温度，内能增大、粒子的热运动增强，使粒子偏离其平衡位置。

3）温度逐渐降低，粒子逐渐均匀有序、达到热平衡状态，最终常温时达到基态，内能减为最小。

（2）Metropolis 准则。1953 年，N. Metropolis 提出了一个重要性采样方法。

1）假设从当前状态 x_i 生成新状态 x_j，若新状态 x_j 的内能 $E(x_j)$ 小于状态 x_i 的内能 $E(x_i)$，则接受状态 x_j 为新状态，否则说明系统偏离全局最优位置（能量最低点）。此时，以一定的概率接受状态，并非完全拒绝。用公式可表示为

$$p = \begin{cases} 1, & E(x_j) < E(x_i) \\ \exp\left(-\dfrac{E(x_j) - E(x_i)}{\tau}\right), & E(x_j) \geqslant E(x_i) \end{cases}$$

2）粒子在温度 T 时趋于平衡的概率为 $p(\Delta E) = \left(-\dfrac{\Delta E}{kT}\right)$。

其中，E 为温度 T 时的内能，ΔE 为其改变数，k 为波尔兹曼（Boltzmann）常数，其值为 $1.3806488 \times 10^{-23}$。

在解决实际问题时，需根据实际情况设计能量差概率公式：

$$p(\Delta E) = \begin{cases} \exp\left(-\dfrac{\Delta f}{kT}\right), & \text{最小值优化问题} \\ \exp\left(\dfrac{\Delta f}{kT}\right), & \text{最大值优化问题} \end{cases}$$

（3）模拟退火原理。

模拟退火算法的基本思想是：从某个初始解出发，采用准则并用一组冷却进度表的参数控制算法进程，求得在给定温度下的最优解或近似最优解；该算法从某一较高初温出发，伴随温度参数的不断下降，结合概率突跳特性在解空间中随机寻找目标函数的全局最优解，即局部最优解能概率性地跳出并最终趋于全局最优。寻找问题的最优解（最值）即类似寻找系统的最低能量。因此，系统降温时，能量也逐渐下降，而同样地，问题的解也"下降"到最值。

模拟退火算法是一种在搜索过程中引入随机因素的贪心算法，主要包含了 Metropolis 算法与退火过程，这是退火算法的基础与核心，可有效避免局部最优以最终达到全局最优。该算法过程如图 4-19 所示。

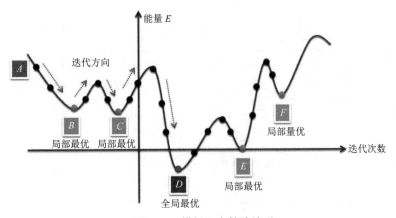

图 4-19　模拟退火算法演示

假定初始解为 A 点，随着迭代过程的更新会快速得到局部最优解 B。此时，B 点能量低于 A 点，继续迭代，随后能量上升，但算法并非就此结束，而是根据准则以一定的概率接受继续向右移动，逐渐从局部最优点 B 跳出到达局部最优点 C。然后，继续此过程，最终到达全局最优点 D。

模拟退火过程由一组初始参数，即冷却进度表控制，其核心是尽可能使系统达到平衡，促使算法在有限时间内逼近最优解。冷却进度表包括以下内容：

● 控制参数的初值 T_0：初始温度（冷却开始的温度）。
● 控制参数的衰减函数：温度下降的规则，可控制温度下降的速度。
● 马尔科夫（Markov）链的长度：每一温度马尔科夫链的迭代长度。
● 控制参数 T 的终值 T_f（停止准则）。模拟退火算法的全局搜索性能与温度的初始设置以及退火速度有密切的关联，也就是说，为确保算法在有效时间内的收敛，需要设置合适的初始温度并控制退火的速度。初始值高，搜索到全局最优解的可能性大，但时间成本相对较高；反之，全局搜索性能可能会受到影响。退火的速度过快，可能会导致无法达到全局最优解；反之，时间成本会增高。因此，在算法实现过程中，通常在退火初期设置较大值，随着退火的过程逐步降低，保持值和退火速度的平衡。

3. 模拟退火算法流程

模拟退火算法流程如图 4-20 所示。

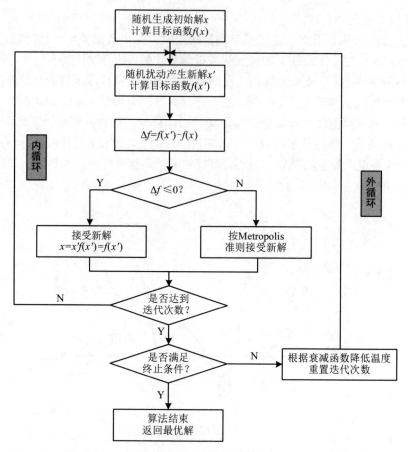

图 4-20   模拟退火算法流程

算法过程描述如下：

（1）初始化：配置冷却进度表，包括初始温度 T_0、终止温度 T_f、衰减函数 $t_{k+1}=\alpha t_k$（$k=0,1,2,\cdots$）、迭代次数 k 等；随机生成一个初始解 x_0，并计算响应的目标函数值 $f(x_0)$。

（2）计算新解 x_j 与当前解 x_i 目标函数差值 Δf：根据当前解 x_i 进行扰动，产生一个新解 x_j，计算响应的 $f(x_j)$，得到 $\Delta f = f(x_j) - f(x_i)$。

（3）判断新解 x_j 是否被接受：若 $\Delta f<0$，则新解 x_j 被接受；若 $\Delta f>0$，则新解 x_j 按概率 $\exp\left(-\dfrac{f(x_j)-f(x_i)}{\tau_i}\right)$ 接受，T_i 为当前温度；若新解被接受，则新解 x_j 被作为当前解。

（4）判断是否达到迭代次数 k：未达到迭代次数 k，循环以上 2 个步骤；在温度 T_i 下，重复 L_k 次的扰动和接受过程，即重复（2）～（3）。

（5）最后找到全局最优解：判断 T 是否已经达到终止温度 T_f，是，则终止算法；否，则根据衰减函数降低温度，转到循环步骤继续执行。

4.4.2   禁忌搜索算法

1. 禁忌搜索算法概述

禁忌搜索算法（Tabu Search，TS）最早由美国科罗拉多州大学的 Fred Glover 教授提出，是一种亚启发式随机搜索算法，通过局部邻域的搜索、禁忌准则约束避免陷入循环搜索，并通过藐视准则赦免一些被禁忌的优良状态，逐步实现全局最优化，目前该算法已经广泛应用到组合优化、网络优化、生产调度、路径规划、机器学习等多个领域。

禁忌搜索算法是局部领域搜索的一种扩展。禁忌搜索是在领域搜索的基础上，通过设置禁忌表来禁忌一些已经历的操作，并利用藐视准则来奖励一些优良状态，其中涉及邻域、禁忌表、禁忌长度、候选解、藐视准则等影响禁忌搜索算法性能的关键因素。

2. 禁忌搜索算法的基本思路

（1）禁忌搜索算法的核心思想。禁忌搜索是对局部领域搜索的一种扩展，其核心思想如下：

1）对已经搜索的局部最优解进行标记（暂时置于禁忌表中），在进一步的迭代搜索中暂时避开这些局部最优解，防止迂回搜索，确保对不同的有效搜索途径的探索。

2）在进行邻域选优的搜索过程中，为了逃离局部最优解，不以局部最优解为停止准则，算法允许接受且必须能够接受劣解，也就是每一次得到的解不一定优于原来的解。但是，一旦接受了劣解，算法迭代即可能陷入循环。为了避免循环，算法将最近接受的一些移动放在禁忌表中，在以后的迭代中加以禁止。只有不在禁忌表中的较好解（可能比当前解差）才能接受作为下一代迭代的初始解。

3）禁忌解除策略：随着迭代的进行，禁忌表不断更新，经过一定的迭代次数后，最早进入禁忌表的移动就从禁忌表中解禁退出。

（2）构造禁忌搜索算法的基本要素。构成禁忌搜索算法的基本要素如下：

1）评价函数（Evaluation Function）：用来评价领域中邻居优劣性的衡量指标，大多数情况下，可将评价函数设置为目标函数。

2）邻域移动（Moving Operator）：邻域一般指当前解可以搜索取值的范围；邻域移动是进行解转移的关键，也被称为"算子"，影响整个算法的搜索速度。

3）邻域选择策略（Neighborhood Selection Strategy）：选择最佳邻域移动的规则。目前，应用最广泛的是"最好解优先策略"及"第一个改进解优先策略"。前者需比较所有邻域，比较耗时但收敛性好；后者在发现"第一个"改进解就转移，耗时相对较小，但收敛性略弱于前者。

4）禁忌表（Tabu List）：计算过程中用于记忆的一张表，被禁忌的移动放在这张表中，以防止出现循环搜索或陷入局部最优解，其关键是禁忌对象的限定及禁忌长度（一般指禁忌对象在不考虑特赦准则的情况下不允许被选取的最大次数）。禁忌表是禁忌搜索算法的核心要素，禁忌表对象、长度及更新的策略很大程度上影响着搜索的效率与解的质量。

5）藐视准则（Aspiration Criterion）：是对禁忌策略的一种放松，也是对优良状态的奖励。在搜索过程中，如果存在 best so far 状态的禁忌候选解，则将其"解禁"或"赦免"（因此，有时也称为"特赦规则"）；或者，当候选解全部被禁忌时，藐视准则将选择最优禁忌候选解解禁。

6）停止规则（Stop Criterion）：禁忌搜索算法的停止规则，如最大迭代数，算法运行时间，在给定迭代次数内，当前的最优解没有变化等。

3. 禁忌搜索算法流程

禁忌搜索算法流程如图 4-21 所示，具体如下：

（1）初始化：设置初始配置参数，选定一个初始解 X^{now}，置空禁忌表 $T = \varnothing$。

（2）判断是否满足终止准则：不满足，在 X^{now} 的邻域 $N(X^{now})$ 中选出满足禁忌要求的候选集 $C\text{-}N(X^{now})$；否则，执行第（5）步。

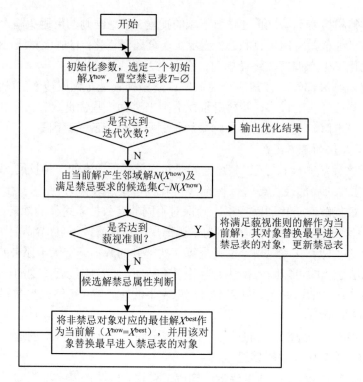

图 4-21   禁忌搜索算法流程

（3）判断是否满足藐视准则：如果满足，则将满足藐视准则的解作为当前解，其对象替换为最早进入禁忌表的对象并更新禁忌表；如果不满足，则将非禁忌对象的最佳解 X^{best} 作为当前解（即 $X^{now}=X^{best}$），并用该对象替换最早进入禁忌表的对象，更新禁忌表。

（4）返回第（2）步。

（5）算法终止，输出优化解。

下面通过一个实例来了解一下禁忌搜索算法的关键过程。

【例 4-2】分析四城市非对称旅行商问题。

$$\textbf{\textit{Distance}}=\begin{bmatrix} 0 & 1 & 0.5 & 1 \\ 1 & 0 & 1 & 1 \\ 1.5 & 5 & 0 & 1 \\ 1 & 1 & 1 & 0 \end{bmatrix}，其图像表示如图 4-22 所示。$$

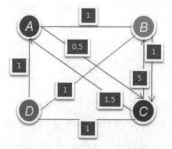

图 4-22   四城市旅行商问题

【案例分析】初始解 $x^0=(ABCD)$，$f(x^0)=4$，邻域映射为两个城市顺序兑换的 *2-opt*，始点和终点都是 A；禁忌对象为分量的变化，也就是两个城市交换，禁忌长度初始值设置为 3。

在算法执行过程中，解的形式、禁忌表（禁忌对象及长度）、候选解变化，依次如下。

第 1 步如图 4-23 所示。

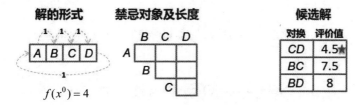

图 4-23　禁忌搜索算法求解四城市非对称旅行商问题第 1 步

从第 1 步中，可看出交换 CD 的评价值最小，因此将其放入禁忌表中，将该解答作为当前解。

第 2 步如图 4-24 所示。

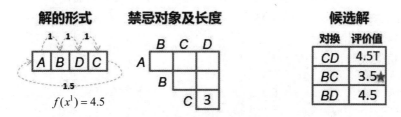

图 4-24　禁忌搜索算法求解四城市非对称旅行商问题第 2 步

从第 2 步，可以看出此时交换 BC 评价值最小，因此将 BC 放入禁忌表中，同时调整禁忌对象 CD 的禁忌长度；原 CD 禁忌长度为 3，当有新的禁忌对象加入时，将其禁忌长度减 1。

第 3 步如图 4-25 所示。

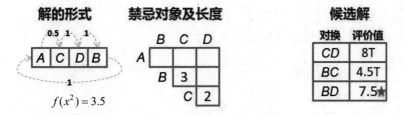

图 4-25　禁忌搜索算法求解四城市非对称旅行商问题第 3 步

从第 3 步可看出，由于 CD、BC 被禁忌掉，因此此时以 BD 为禁忌对象，并把相应的解 7.5 作为当前解。

第 4 步如图 4-26 所示。

从第 4 步可以看出，CD 已经达到禁忌长度 3，将 CD 解禁；此时，根据藐视准则，最优解为 min(4,4.5,3.5,7.5)=3.5，以此类推。

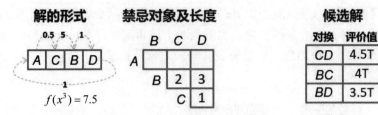

图 4-26　禁忌搜索算法求解四城市非对称旅行商问题第 4 步

4.5　实战——应用遗传算法解决问题

接下来，我们给出一个运用遗传算法来解决旅行商问题的实例。

问题描述：给定一系列城市和每对城市之间的距离，求解访问每一座城市一次并回到起始城市的最短回路，本例中每对城市之间的距离矩阵采用随机生成的方式产生。

（1）初始化种群。

1）测试城市坐标生成。

本例中随机生成城市之间的坐标。代码如下：

```
#导入运行的基础库
import numpy as np
import random
import matplotlib.pyplot as plt
city_nums =7    #城市的数量
#随机生成 7 个城市的坐标
city_coordinate = np.random.rand(city_nums, 2)    #random.rand 可返回一个或一组服从 0～1 均匀分布的随机样本值。随机样本取值范围是[0,1)
print(city_coordinate)
fig = plt.figure()
plt.clf()
plt.scatter(city_coordinate[:, 0], city_coordinate[:, 1], s=100, c='k')
```

执行后城市位置分布如图 4-27 所示，坐标如下：

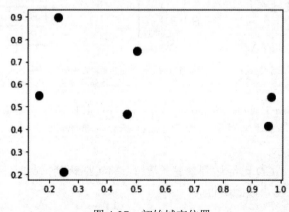

图 4-27　初始城市位置

```
[[0.95427187 0.41531485]
[0.96507729 0.54415492]
[0.16441376 0.54992471]
[0.24943109 0.21108322]
[0.46934002 0.46783156]
[0.23144687 0.89490086]
[0.50352851 0.74865353]]
<matplotlib.collections.PathCollection at 0x7f9504e5f8>
```

说明： 为了便于演示，本例中仅随机产生了 7 个城市的坐标，读者可自行调整 city_nums 的数值；因为城市坐标为随机产生，所以读者运行后，坐标的位置可能会有所不同，属于正常的情况。

2）配置遗传算法相关参数，具体代码如下：

```
population_size =5        #设置种群大小
p_crossover= 0.7          #交叉率，一般情况设置在 0.4～0.9 之间
p_mutation= 0.02          #变异率，一般情况设置在 0.01～0.1 之间
n_generations =3          #种群迭代的次数
```

说明： 本例中种群的大小及迭代的次数设置得较小，主要为演示结果的方便，读者可适当调整 population_size 与 n_generations。

（2）遗传算法核心过程（设置评价函数、选择、交叉、变异等过程）。

1）适应度函数是对个体适应值进行优劣判定的评价函数。本例中以从某个城市出发遍历所有城市的距离为衡量标准。两个城市 $m(x_m, y_m)$、$n(x_n, y_n)$ 之间的欧式距离可表示为

$d_{mn} = \sqrt{(x_m - x_n)^2 + (y_m - y_n)^2}$，fitness 函数选取为 $e^{20/d_{mn}}$。

2）选择操作：从种群中选择适应度较优的路径。

3）交叉操作：本例中交叉操作的过程如下：

首先，针对每条路径，生成随机数 r，当 $r \leqslant$ p_crossover（交叉率）时，进行交叉操作；否则不进行交叉操作；其次，随机两个一维布尔型数组，其长度为 city_nums，用于父代或母代的交叉操作。交叉过程示意图如图 4-28 所示。

图 4-28　交叉过程示意图

4）变异操作：针对每条路径，生成随机数 r，当 $r \leqslant$ p_mutation（变异率）时进行变异操作。

本例中，将上述过程统一封装成 GA 类，代码如下：

```python
class GA(object):
    def __init__(self):
        self.populations = np.vstack([np.random.permutation(city_nums)
                                      for _ in range(population_size)])
    # 取出每个点的横\纵坐标
    def DNA_decode(self, DNA_id):
        DNA = self.populations[DNA_id]
        coordinate_x = np.empty_like(DNA, dtype=np.float)
        coordinate_y = np.empty_like(DNA, dtype=np.float)
        for i in range(city_nums):
            coordinate_x[i] = city_coordinate[DNA[i], 0]
            coordinate_y[i] = city_coordinate[DNA[i], 1]
        return coordinate_x, coordinate_y
    #计算适应度值
    def calculate_fitness(self):
        distance = np.empty((population_size,))
        for i in range(population_size):
            DNA_x, DNA_y = self.DNA_decode(i)
            #计算两点之间的欧式距离
            distance[i] = np.sum(np.hstack((np.square(np.diff(DNA_x)), np.square(np.diff(DNA_y)))))
        fitness = np.exp(20/distance)
        return fitness, distance

    #选择操作
    def selection(self):
        fitness, _ = self.calculate_fitness()
        population_id = np.random.choice(np.arange(population_size), (population_size,),
                                         p=fitness/np.sum(fitness))
        new_populations = []
        for i in range(population_size):
            new_populations.append(self.populations[population_id[i]])
        self.populations = np.array(new_populations)
    #交叉操作
    def crossover(self):
        for i in range(0, population_size - 1, 2):
            r=random.random()
            if r < p_crossover:
                print("随机数 r: ",r,"小于等于交叉率进行交叉操作")
                father_points = np.random.randint(0, 2, city_nums).astype(np.bool)
                father_city1 = self.populations[i][father_points]
                father_city2 = self.populations[i][np.invert(father_points)]
                # np.isin 函数判断后者的元素是否在前者数组中，返回一个 bool 数组
                # invert=True 表示可以将 True 变成 False，False 变成 True
                    print("father_points:",father_points)
                print("father_city1:",father_city1)
```

```
                    print("father_city2:",father_city2)
                    mother_points = np.isin(self.populations[i+1], father_city1, invert=True)
                    mother_city1 = self.populations[i+1][mother_points]
                    mother_city2 = self.populations[i+1][np.invert(mother_points)]
                    self.populations[i] = np.hstack((father_city1, mother_city1))
                    print("mother_points:",mother_points)
                    print("mother_city1:",mother_city1)
                    print("mother_city2:",mother_city2)
                    self.populations[i + 1] = np.hstack((father_city2, mother_city2))
                else:
                    print("随机数 r: ",r,"大于交叉率不进行交叉操作")


    #变异操作
    def mutation(self):
        for i in range(population_size):
            for point in range(city_nums):
                if random.random() <    p_mutation:
                    swap_point = random.randint(0, city_nums -1)
                    swap_a, swap_b = self.populations[i][point], self.populations[i][swap_point]
                    self.populations[i][point], self.populations[i][swap_point] = swap_b, swap_a

    def evolve(self):
        self.selection()
        print('选择后种群情况',self.populations)
        self.crossover()
        print('交叉后种群情况',self.populations)
        self.mutation()
        print('变异操作后种群情况',self.populations)

def plot_route(dist_min, DNA_coordinate):
    # 清空 fig
    plt.clf()
    plt.scatter(city_coordinate[:, 0], city_coordinate[:, 1], s=100, c='k')
    plt.plot(DNA_coordinate[0], DNA_coordinate[1],color='red')
    plt.xlim((-0.1, 1.1))
    plt.ylim((-0.1, 1.1))
    plt.text(-0.05, -0.05, 'total distance=%.3f' % dist_min)
    plt.pause(0.01)
```

说明：以上代码中 plot_route 函数用来绘制路径。

（3）实例化 GA，并执行计算操作，代码如下：

```
ga = GA()
for step in range(n_generations):
    # 找寻 fitness 最大的 DNA
    ga_fitness, ga_dist = ga.calculate_fitness()
    best_DNA_id = np.argmax(ga_fitness)
    print('the best DNA: %.3f, mean distance: %.3f' % (ga_dist[best_DNA_id], np.mean(ga_dist)))
```

```
        plot_route(ga_dist[best_DNA_id], ga.DNA_decode(best_DNA_id))
ga.evolve()
```

第一次迭代路径如图 4-29 所示，结果如下：

the best DNA: 1.741, mean distance: 2.057

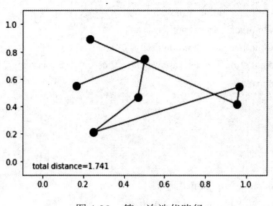

图 4-29　第一次迭代路径

选择后种群情况 [[5 0 1 3 4 6 2]
　[0 4 6 5 1 3 2]
　[0 4 6 5 1 3 2]
　[0 4 6 5 1 3 2]
　[0 4 6 5 1 3 2]]
随机数 r：0.7269581159975345 大于交叉率不进行交叉操作
随机数 r：0.5276713437634999 小于等于交叉率进行交叉操作
father_points: [True   True   True False False False   True]
father_city1: [0 4 6 2]
father_city2: [5 1 3]
mother_points: [False False False   True   True   True False]
mother_city1: [5 1 3]
mother_city2: [0 4 6 2]
交叉后种群情况 [[5 0 1 3 4 6 2]
　[0 4 6 5 1 3 2]
　[0 4 6 2 5 1 3]
　[5 1 3 0 4 6 2]
　[0 4 6 5 1 3 2]]
变异操作后种群情况 [[5 0 1 3 4 6 2]
　[0 4 6 5 1 3 2]
　[0 3 6 2 5 1 4]
　[5 1 3 0 4 6 2]
　[0 4 6 5 1 3 2]]

第二次迭代路径如图 4-30 所示，结果如下：

the best DNA: 1.741, mean distance: 1.952

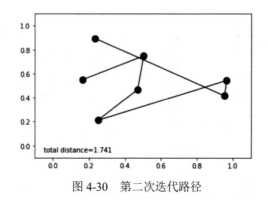

图 4-30 第二次迭代路径

选择后种群情况 [[5 0 1 3 4 6 2]

[0 4 6 5 1 3 2]

[0 4 6 5 1 3 2]

[0 4 6 5 1 3 2]

[0 4 6 5 1 3 2]]

随机数 r: 0.6136731440994437 小于等于交叉率进行交叉操作

father_points: [True False False True True True False]

father_city1: [5 3 4 6]

father_city2: [0 1 2]

mother_points: [True False False False True False True]

mother_city1: [0 1 2]

mother_city2: [4 6 5 3]

随机数 r: 0.1787868579657761 小于等于交叉率进行交叉操作

father_points: [False False True False False True False]

father_city1: [6 3]

father_city2: [0 4 5 1 2]

mother_points: [True True False True True False True]

mother_city1: [0 4 5 1 2]

mother_city2: [6 3]

交叉后种群情况 [[5 3 4 6 0 1 2]

[0 1 2 4 6 5 3]

[6 3 0 4 5 1 2]

[0 4 5 1 2 6 3]

[0 4 6 5 1 3 2]]

变异操作后种群情况 [[5 3 4 6 0 1 2]

[0 1 2 4 6 5 3]

[6 3 0 4 5 1 2]

[0 4 5 1 2 6 3]

[0 4 6 5 1 3 2]]

第三次迭代路径如图 4-31 所示，结果如下：

the best DNA: 1.401, mean distance: 1.963

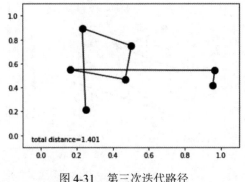

图4-31　第三次迭代路径

选择后种群情况 [[0 1 2 4 6 5 3]
　[0 1 2 4 6 5 3]
　[0 1 2 4 6 5 3]
　[0 1 2 4 6 5 3]
　[0 1 2 4 6 5 3]]
随机数 r：0.3981188098749714 小于等于交叉率进行交叉操作
father_points: [True　True False　True False　True False]
father_city1: [0 1 4 5]
father_city2: [2 6 3]
mother_points: [False False　True False　True False　True]
mother_city1: [2 6 3]
mother_city2: [0 1 4 5]
随机数 r：0.6236495307447832 小于等于交叉率进行交叉操作
father_points: [False　True　True　True　True False False]
father_city1: [1 2 4 6]
father_city2: [0 5 3]
mother_points: [True False False False False　True　True]
mother_city1: [0 5 3]
mother_city2: [1 2 4 6]
交叉后种群情况 [[0 1 4 5 2 6 3]
　[2 6 3 0 1 4 5]
　[1 2 4 6 0 5 3]
　[0 5 3 1 2 4 6]
　[0 1 2 4 6 5 3]]
变异操作后种群情况 [[0 1 4 5 2 6 3]
　[2 6 3 0 1 4 5]
　[1 2 4 6 0 5 3]
　[0 5 3 1 2 4 6]
　[0 1 2 4 6 5 3]]

从以上可以看出随着算法迭代，结果在逐渐向最优路径逼近。读者可根据本例试着调整遗传算法相关参数，看一下运行的结果。

4.6　本章小结

本章首先介绍了智能优化算法的分类、进化算法及集群智能算法的发展，以及经典的进化算法（如遗传算法、差分进化算法、免疫算法）和集群智能算法（如蚁群算法、粒子群算法、模拟退火算法、禁忌搜索算法等）的基本原理与算法实现流程，并对各算法的优缺点进行对比分析，重点讲解了遗传算法、蚁群算法、粒子群算法、禁忌搜索算法等。

智能优化算法受人类智能、生物群体社会性或自然现象规律的启发而产生，因此又被称为现代启发式算法，是一种具有全局优化性能、通用性强且适用于并行处理的一类算法。该类算法一般依从严密的理论依据，非单纯"专家经验论"，在理论上可以在一定的时间内找到最优解或近似最优解。智能优化算法主要分为进化类算法、集群智能算法、模拟退火算法、禁忌搜索算法等。

进化算法的产生灵感来自大自然中生物的进化和遗传等过程，遵循了达尔文进化论"适者生存"的原则，一般从构建基因编码、种群初始化开始，通过复制、交叉、突变、保留机制等基本操作，逐步逼近问题的最优解。进化算法具有较强的鲁棒性，同时具有可并行性、整体优化性、统计性、多解性等特点。进化算法的经典算法有遗传算法、差分进化算法、免疫算法等，在本章第 2 节对经典进化算法的流程、基本操作进行了较为详细的讲述并通过示例演示了进化算法执行的关键环节。

集群智能体现了"集体智慧的结晶"，其产生的灵感常来自鸟群、蚁群、粒子群，通常指在某个群体中的若干个智能个体通过相互合作所表现出来的宏观的智能行为；在工程技术领域，集群智能被定义为一类关注简单行为个体组成的集群通过子组织完成复杂工作的自然启发式计算。集群智能具有分布式、易实现、自适应性、自组织性等特点，目前已经广泛应用于生物学、神经科学、人工智能、机器人、操作研究、计算机图形学、建筑学等多个领域。集群智能算法主要有蚁群算法、粒子群算法等，在本章第 3 节对集群智能经典算法模型、流程进行了详细讲解。

不同于遗传算法、进化算法、集群算法多通过模拟生物进化、生物群体行实现问题的优化，模拟退火算法通过模拟物理过程求解最优化问题；禁忌搜索算法通过局部邻域的搜索、禁忌准则约束避免陷入循环搜索，并通过藐视准则赦免一些被禁忌的优良状态，逐步实现全局最优化，目前均已经广泛应用于机器学习、组合优化等多个领域。本章第 4 节对以上两种算法的基本思想、算法实现过程等进行了详细讲述。

本章最后，对如何运用遗传算法求解旅行商问题进行了实战演示，为读者进行智能优化算法的学习提供了案例借鉴。

习题 4

一、选择题

1. （　　）通过模拟物理过程求解最优化问题。
    A. 遗传算法　　　　　　　　　B. 进化算法
    C. 集群算法　　　　　　　　　D. 模拟退火算法

2. （　　）是一种亚启发式随机搜索算法，通过局部邻域的搜索、禁忌准则约束避免陷入循环搜索，并通过藐视准则赦免一些被禁忌的优良状态，逐步实现全局最优。
    A. 遗传算法　　　　　　　　　B. 进化算法
    C. 禁忌搜索算法　　　　　　　D. 模拟退火算法

3. 下列有关基因型和表现型说法，正确的一项是（　　　）。

　A．表现型相同，基因型就一定相同

　B．基因型相同，表现型一定相同

　C．基因型不同，表现型肯定不同

　D．表现型由基因型决定，但也受环境的影响

4. 遗传算法的选择操作中，适应度（　　　）的个体有较大的生存机会。

　A．<0　　　　　　　B．>0　　　　　　　C．较高　　　　　　D．较低

5. 下列说法不正确的是（　　　）。

　A．一个染色体指问题的一个"可能解"，一个基因是"可能解"的一个编码或若干编码的组合

　B．适用度用于衡量"可能解"解禁最优解的程度

　C．一个种群是包含问题所有"满意解"的集合

　D．产生"可能解"的方法包括复制、交叉、变异等。

6. 进化计算的主要分支有（　　　）。

　A．遗传算法　　　　B．进化规划　　　　C．进化策略　　　　D．遗传程序设计

7. 集群智能的主要特点有（　　　）。

　A．分布式　　　　　　　　　　　　B．易实现

　C．自适应性　　　　　　　　　　　D．自发"涌现"或自组织性

二、填空题

1. 智能优化算法主要包括_____、_____、模拟退火算法、禁忌搜索算法等。

2. 生物群体进化的三个重要环节（机制）为_____、_____、_____。

3. 集群智能算法的经典算法包括_____、_____等。

4. 构成禁忌搜索算法的基本要素有_____、_____、邻域策略选择、_____、_____、停止规则。

5. 进化算法具有较强_____、智能化程度高、_____等特点。

6. 模拟退火算法的全局搜索性能与_____以及_____有密切的关联。

三、简答题

1. 简述集群智能的基本原则。

2. 免疫算法与遗传算法的主要区别是什么？

第 5 章　机器学习

　　机器学习是人工智能领域的一个重要分支。本章主要介绍机器学习的发展历程、相关基本概念和分类，监督学习、无监督学习、强化学习的原理和经典算法，以及各类机器学习方法的比较，并通过实例讲解用线性回归方法与决策树方法进行预测的具体代码实现。读者应在理解相关概念的基础上重点掌握各方法的原理、代码实现，以提高使用机器学习解决实际问题的能力。

- 机器学习的发展与分类
- 监督学习、无监督学习、半监督学习、强化学习的原理及经典算法
- 符号学习的分类及学习过程
- 机器学习算法的实现（实例演示）

5.1　机器学习概述

5.1.1　机器学习的发展与分类

1. 机器学习的发展

　　机器学习作为人工智能的一个重要分支，随着大数据、物联网、云计算等技术的发展，其应用已经遍及经济、医学、交通、科学研究等多个领域。

　　机器学习是一门多领域交叉学科，涉及统计学、概率论、图形学、计算机科学、脑科学等多门学科。对于什么是机器学习，众说纷纭，很难给其下一个准确的定义。从名称上理解，机器学习是一门研究如何通过机器模拟人类的学习方式，从经验或数据中获取知识或者技能，并可通过获取新的知识不断重构、完善自身各种性能的方法或者过程。

　　1950 年，艾伦·图灵发表了论文探索机器智能，机器学习的概念也由此诞生。云计算、物联网的广泛应用，为机器学习提供了便利，使之迅速发展。根据不同时期阶段性研究热点的不同，机器学习可大致划分为三个阶段。

　　第一阶段，20 世纪 50 年代中叶至 70 年代中叶：逻辑推理期，也被视为机器学习的"萌芽期"。

　　这一阶段的主要特点在于：将"智能"与"逻辑推理"画等号，认为计算机"智能"的关键在于通过编写程序的方式赋予其"逻辑推理"能力。这一阶段的代表有西蒙和纽厄尔的

Logic Theorist 系统，二人也因此获得了 1975 年图灵奖。经过研究发现，逻辑推理存在局限性，仅具有逻辑推理能力并不能使机器具有"智能"。

第二阶段，20 世纪 70 年代中叶至 80 年代中叶：知识学习期，也被视为机器学习的"发展阶段"。

1980 年，在美国的卡内基梅隆召开了第一届机器学习国际研讨会，标志着机器学习研究已在全世界兴起。"专家系统"成为这一时期的标志性代表，这一阶段人们更关注于如何授予机器"知识"。被誉为"知识工程之父"的费根·鲍姆给专家系统定义为"一种智能的计算机程序，它运用知识和推理步骤来解决只有专家才能解决的复杂问题"。但知识与规则的获取源主要是人类专家，随着知识量的增大，知识获取成了机器学习的最大阻碍，因为人类很难持续、及时通过自身思维提取规则并"传授"给计算机设备。机器学习因此面临着"知识工程的瓶颈"，而"是否能让机器自主学习"的想法逐渐浮出水面。

第三阶段，20 世纪 80 年代中叶至今，自主学习期，也被视为机器学习的"繁荣期"。

这一阶段真正将机器学习发展为一门交叉学科，将数学、统计学、心理学、生物学、神经生理学、自动化和计算机科学等作为机器学习理论基础，与其他学科交叉应用并演化出了众多分支，如深度学习、语音识别、生物信息学等。"自主学习"的多种经典算法也应运而生，它是机器学习成为"突破知识工程瓶颈"的利器。特别是大数据时代下"深度学习"的产生，它像一颗璀璨的明星照耀在机器学习领域，在计算机视觉、自然语言处理、语音识别等众多领域都取得了较大的成功，被形象地称为"开启大数据时代的钥匙"。这个阶段，人们对机器学习的学习及应用需求也日益迫切，越来越多的学者、科技巨头、前沿研究机构投身到机器学习的领域中来，机器学习领域达到了空前的"繁荣"。

20 世纪 90 年代，基于机器学习的文本分类方法逐渐成熟，该方法更注重分类器的模型自动挖掘、生成及动态优化能力，在分类效果和灵活性上都比之前基于知识工程和专家系统的文本分类方法有所突破，成为相关领域研究和应用的经典范例。近年来，自然语言处理（Natural Language Processing，NLP）兴起并与机器学习结合更加紧密，特别是深度学习的产生、发展与逐渐成熟加速推动了语言处理领域的发展与突破性进展。加拿大多伦多大学的辛顿是深度学习的先驱，他和学生于 2006 年发表在《科学》上的文章提出了降维、逐层预训练的方法，这为深度学习奠定了基础；2009 年，微软亚洲研究院的邓力小组开始与辛顿合作，用深度学习加上隐马尔科夫链模型开发了实用的语音识别与同声翻译系统。在自然语言处理及机器翻译方面，运用比较多的是基于实例的机器学习方法，即从给定的较具代表性的示例中总结出一些规律，使其具有代表性和高精确度，并把学习得到的这些特性作为系统，赋给另一个从未见过的新事物。比较典型的应用有基于机器学习方法的自动文摘系统，用于进行智能中文关联词语识别、中文语句生成系统和诊断系统等。在国内，科大讯飞在 NLP 领域发展迅猛，成为目前中国最有名的自然语言处理企业。根据 IDC 数据，当前 40%的企业数字化转型项目都会运用人工智能。IDC 预计，到 2023 年中国人工智能市场规模将达到 979 亿美元，2018－2023 年复合增长率为 28.4%。

2. 机器学习的分类

（1）按照对人类学习的模拟方式分类。按照对人类学习的模拟方式，主要将机器学习分为模拟人脑的机器学习与基于统计学的机器学习。

模拟人脑的机器学习又分为符号学习与神经网络学习两种。符号学习用符号数据、推理建立规则以及推理过程中的搜索模拟人脑的学习过程,学习目标为概念或规则。符号学习的典型代表有记忆学习、示例学习、演绎学习、类比学习、解释学习等。神经网络学习也称连接学习,以神经学原理为基础、模拟人的神经网络行为特征,以人工神经网络为函数结构模型,以数值输入、数值运算为基本,以构建目标函数为学习目的,用迭代过程在系数向量空间中搜索。典型的神经网络学习有权值修正学习、拓扑结构学习等。

基于统计学的机器学习有广义与狭义之分。广义的基于统计学的机器学习以样本数据为依据,以概率统计理论为基础,以数值运算为方法。神经网络学习也可纳入广义统计机器学习范畴。狭义的基于统计学的机器学习又可分为以概率表达式函数为目标和以代数表达式函数为目标两大类。前者的典型代表有贝叶斯学习、贝叶斯网络学习等,后者的典型代表有几何分类学习方法和支持向量机等。

(2)按照学习方式分类。按照学习方式主要将机器学习分为监督学习、无监督学习、半监督学习、强化学习等。它们的区别在于,监督学习需要提供带有标签的样本集,无监督学习无需提供带有标签的样本集,半监督学习需要提供少量带有标签的样本,而强化学习需要反馈机制或者可以理解为不断的"试错"过程,很好地展现了"失败是成功之母"。我们将在 5.1.2～5.1.4 小节详细介绍机器学习的这几种方式。

(3)按照学习策略分类。按照学习策略,主要将机器学习分为归纳学习、解释学习、神经学习、知识发现等。

归纳学习以归纳推理为基础,从足够多的具体样本或示例中归纳出一般性的知识或概念,提取事物的一般规律,是从个别到一般的推理过程,又可分为符号归纳学习与函数归纳学习。符号归纳学习的典型代表有示例学习、决策树学习等(将在 5.2 节详细介绍);函数归纳学习也称学习发现,其典型代表有神经网络学习、示例学习、统计学习、发现学习等。

解释学习是基于解释的学习,根据任务所在领域的知识和正在学习的概念知识,对当前示例进行分析和求解,得出一个表征求解过程的因果解释树,通过对属性、表征现象和内在关系等进行解释以获取新知识。

神经学习是基于神经网络的学习,简称神经学习,神经网络的性质主要取决于两个因素:网络的拓扑结构,网络的权值、工作规则,二者结合就可以构成一个网络的主要特征。神经学习是指神经网络的训练过程,其主要表现为网络权值的调整,神经网络的连接权值的确定。学习规则可简单地理解为学习过程中连接权值的调整规则。因此,根据学习规则,神经学习又可分为 Hebb 学习、纠错学习、竞争学习及随机学习等。Hebb 学习的基本思想是:如果神经网络中的某一神经元同另一直接与其连接的神经元同时处于兴奋状态,那么这两个神经元之间的连接强度将得到加强,反之则减弱。纠错学习的基本思想是:将神经网络期望输出与实际输出之间的偏差作为连接权值调整的参考,并试图减少这种偏差,如单层感知器学习。竞争学习的基本思想是:网络中的某组神经元之间相互竞争对外界刺激模式相应的权力,在竞争中取胜的神经元,其连接权会向着对这一刺激模式竞争更有利的方向发展。随机学习的基本思想是:结合随机过程、概率和能量(函数)等概念来调整网络的变量,从而使网络的目标函数达到最大(或者最小),不仅可接受能量(函数)减少(性能得到改善)的变化,而且还可以以某种概率分布接受使能量函数增大(性能变差)的变化。

知识发现也称数据库知识发现,指从大量数据中挖掘出有效的、新颖的、潜在有用的、可被理解的模式的高级处理过程。

（4）按照数据形式分类。按照数据形式，主要将机器学习分为结构化学习与非结构化学习。

结构化学习以结构化数据为输入源，学习形式以数值计算或符号推演为主，其典型代表有统计学习、规则学习、决策树学习、神经网络学习等；非结构化学习以非结构化数据为输入源，其典型代表有类比学习、示例学习、解释学习、文本挖掘、图像声音影像挖掘等。

（5）按照学习目标分类。按照学习目标，主要将机器学习分为概念学习、规则学习、函数学习、类别学习、贝叶斯网络学习等。

概念学习以获取概念为目标和结果，典型代表有示例学习；规则学习以获取规则为目标和结果，典型代表有决策树；函数学习以获取目标函数为目标和结果，典型代表有神经网络学习；类别学习以获取分类（或类别）为目标和结果，典型代表有聚类分析；贝叶斯网络学习以获取贝叶斯网络为目标和结果，贝叶斯网络使用有向无环图 DAG（Directed Acyclic Graph）描述属性之间的依赖关系，使用条件概率表 CPT（Conditional Probability Table）描述属性的联合概率分布，一个贝叶斯网络 B 由结构 G 和参数 Θ 两部分构成，即 $B=<G,\Theta>$。因此，贝叶斯网络学习又分为结构学习和参数学习。

5.1.2　监督学习

1. 监督学习的概念

监督学习是利用一组已知类别的样本调整分类器的参数，使其达到所要求性能的过程，也称为监督训练或有教师学习。

在监督学习的训练集中的数据同时拥有标签（label）与特征（feature）：假设用 (X_i, y_i) 表示训练集中相应数据对，其中 X_i 代表特征集，y_i 代表标签，那么具有 N 对数据的训练集 T 可表示为

$$T=\{(X_1,y_1),(X_2,y_2),\cdots,(X_N, y_N)\}$$

经过训练后，机器可自主找到特征与标签之间的对应关系 $f(X, y)$，那么给定测试集，针对训练集中任意特征集 X_k 可用来预测标签 y，需要说明的是特征变量往往不止一个。

例如，通过给定训练集：孩子父母的身高与孩子身高的数据集合，通过监督学习来预测孩子可能的身高，假设 x_{11} 表示父亲的身高、x_{12} 表示母亲的身高，y 表示孩子的身高，在这里 $X_1=(x_{11}, x_{12})$ 用来表示特征变量，y 表示标签变量，(X, y) 共同构成特征、标签的数据对。

监督学习可用来解决回归（Regression）与分类（Classification），回归问题主要目标为连续性变量，如房价的预测（在本章的第 3 节将会讲解一个具体运用机器学习方法预测房价的实例）、股票的预测（如图 5-1 所示，根据历史的股票交易信息预测未来的收盘价格）。分类问题的主要目标是离散型数据，如通过患者的疾病诊断相关关键指标预测患者是否会患某种疾病、人脸的识别等。

2. 监督学习的经典算法

（1）最近邻算法（K-Nearest Neighbors，KNN）。KNN 算法于 1968 年由 Cover 和 Hart 提出，该算法的基本思想是：一个样本（测试样本）与数据集（训练样本）中的 k 个样本最相似，如果这 k 个样本中的大多数属于某一个类别，则该样本也属于这个类别。目前，KNN 算法已应用于字符识别、文本分类、图像识别等领域。

图 5-1　监督学习应用于股票分析

KNN 算法实现步骤如下：

设训练样本集 $D=\{(x_i,y_i),\ i=1,2,\cdots,n\}$，$k$ 为最近邻数，测试样例 $T=\{(x'_j,y'_j),\ j=1,2,\cdots,m\}$。

1）计算 $t=(x'_j,y'_j)$ 与 $(x_i,y_i)\in D$ 之间的距离 $d(x'_j,x)$，即计算测试样例数据与各个训练样本集数之间的距离。

2）按照距离的递增关系进行排序，选择离 $t=(x'_j,y'_j)$ 最近的 k 个训练样本集 $D_t\subseteq D$。

3）$y'_j=\arg\max\sum_{(x_i,y_i)\in D_t}I(v=y_i)$，统计前 k 个点所在的类别出现的频率；选择 k 个点中出现频率最高的类别作为测试数据的预测分类。

KNN 算法的主要优点如下：

● 原理简单、理论成熟。

● 不需要建立模型，时间复杂度为 $O(n)$。

● 多基于局部预测，当 k 很小时对噪声比较敏感。

● 既可用于解决回归问题、也可用于解决分类问题。

KNN 算法的主要缺点如下：

● 效率不高：因需要逐个计算测试样例和训练样例之间的距离，计算量较大。

● 对样本数据依赖性较大，当样本数据中存在错误数据或分布极不平衡时，可能会造成预测不准确，容错性较差。

● 不适用于多维度数据的处理。

（2）决策树相关算法（Decision Trees）。决策树是一种树形结构，通过不断分支选择，为人们提供决策依据。

随机森林（Random Forests）：可视为决策树分类器设计的集成算法，是 Bagging（装袋法）的一种拓展。

梯度提升决策树（Gradient Boosting Decision Tree，GBDT），也被称为 MART（Multiple Additive Regression Tree），是一种迭代的决策树算法，该算法由多棵决策树组成，利用梯度下降，将损失函数的负梯度值作为残差值来拟合回归决策树，综合所有树的结论给出最佳答案。

决策树的主要优点如下：

● 计算简单、易于理解和解释，可视化、易于规则提取。

- 可处理不相关的特征。
- 适合处理有缺失属性的样本。
- 运行效率高，在较短时间内对大数源能得出可行、效果良好的结果。

决策树的主要缺点如下：

- 容易发生过拟合现象（可通过剪枝、随机森林决策树的过拟合度）。
- 容易忽略数据集中特征之间的相关关联。
- 对于各类别样本不一致的情况，信息增益准则选择不同，有可能造成不同特征的倾向性选择。

（3）朴素贝叶斯算法（Naive Bayes）。贝叶斯分类是以贝叶斯定理为基础的一类分类算法的总称，朴素贝叶斯分类是贝叶斯分类中最简单也最常见的一种分类算法，主要应用有垃圾邮件检测、情感分类、文章分类、人脸识别等。

贝叶斯公式为 $P(B|A) = \dfrac{P(A \mid B)P(B)}{P(A)}$ ，相应有 $P(\text{类别}|\text{特征}) = \dfrac{P(\text{特征} \mid \text{类别})P(\text{类别})}{P(\text{特征})}$

朴素贝叶斯算法的主要优点如下：

- 理论基础扎实，分类效率比较稳定。
- 对小规模数据表现较好，适合增量式训练，能处理多分类任务。
- 算法鲁棒性好，对于噪声点、缺失数据不敏感。
- 算法简单，分类过程中的时空开销较小，常用于文本分类。

朴素贝叶斯算法的主要缺点如下：

- 需要计算先验概率。
- 理论上误差率低，但当特征属性较多或特征属性间相关较大时，分类误差率较大。
- 对输入数据的表达形式很敏感。

（4）线性回归算法（Linear Regression）。线性回归的基本思想是：找到一条线使得平面内的所有点到这条线的欧式距离和最小，这条线就是我们求解的线；线性回归算法是利用数理统计中的回归分析来确定两种或两种以上变量间相互依赖的定量关系的统计学方法。在线性回归中，试图找到一条直线，使所有样本到直线上的欧氏距离之和最短，用梯度下降法、最小二乘法、牛顿法等形式对误差函数进行优化。

线性回归算法主要面向数值型或标称型数据，且一般需满足：①自变量与因变量基本呈直线关系；②因变量符合正态分布；③因变量之间独立；④方差齐性。

在回归分析中，如果只包括一个因变量(Y)、一个自变量(X)，则两者关系可近似用一条直线表示，我们称该分析为一元线性回归分析。简单的线性回归可表示为：$Y=wx+b$。

如果分析中包括两个或两个以上的自变量，且因变量和自变量之间是线性关系，则称为多元线性回归分析。

假设有 m 个样本，每个样本对应 n 维特征和 1 个输出。

训练数据的形式为

$$(x_1^{(0)}, x_2^{(0)}, \cdots, x_n^{(0)}, y^{(0)}),\ (x_1^{(1)}, x_2^{(1)}, \cdots, x_n^{(1)}, y^{(1)}),\ \cdots,\ (x_1^{(m)}, x_2^{(m)}, \cdots, x_n^{(m)}, y^{(m)})$$

我们需通过算法找到参数（$b, w_1, w_2, \cdots, w_n$），满足 $y = \sum\limits_{j=1}^{n} w_j x_j + b$ ，其中 w 为回归系数，

b 为偏置。w 和 b 最优解的闭式解可表示为

$$w = \frac{\sum\limits_{i=1}^{m} y_i(x_i - \overline{x})}{\sum\limits_{i=1}^{m} x_i^2 - \frac{1}{m}\left(\sum_{i=1}^{m} x_i\right)^b} \qquad b = \frac{1}{m}\sum_{i=1}^{m}(y_i - wx_i)$$

线性回归算法的主要优点如下：
- 思想简单，实现容易。
- 建模迅速，对数据量小、关系简单的样本执行效率较高。
- 线性回归模型十分容易理解，结果具有很好的可解释性，有利于决策分析。

线性回归算法的主要缺点如下：
- 对于非线性数据或者数据特征间具有相关性的数据集基本不适用。
- 对于高复杂的数据表示性较差。

我们将在本章第 3 节通过实例讲解线性回归算法的实现。

（5）逻辑回归算法（Logistic Regression）。逻辑回归模型是一个二分类模型，其基本思想是：选取不同的特征与权重来对样本进行分类，即一个样本会有一定的概率属于一个分类，也会有一定的概率属于另一分类，概率大的分类即为样本所属分类；逻辑回归属于判别式模型，有很多模型正则化的方法，逻辑回归模型经常用于为多分类算法的基础组件解决分类问题，还可用于分析预测事件发生的概率、单因素对某个事件发生的影响因素等。

我们可以简单地把逻辑回归理解为是将 Sigmoid 函数作用于线性回归的结果。

在线性回归中，$y=wx+b$，其中 w 和 b 是待求参数。

在逻辑回归中，$p=\mathrm{Sigmoid}(wx+b)$，其中 w 和 b 是待求函数，根据 p 与 $1-p$ 的大小确定输出值，通常阈值取 0.5，若 $p>0.5$，则归为 1 类；若 $p \leq 0.5$，则归为 0 类。

Sigmoid 函数的示意如图 5-2 所示，Sigmoid 函数的定义为 $f(x) = \dfrac{1}{1+\mathrm{e}^{-x}}$。

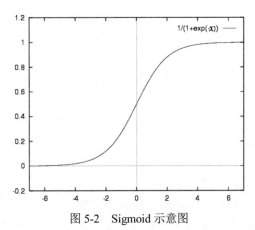

图 5-2　Sigmoid 示意图

逻辑回归算法的主要优点如下：
- 模型清晰，基础理论扎实。
- 概率意义清晰，输出值自然落于 0～1 之间。
- 可解释性强，参数代表每个特征对输出的影响。

- 实现简单，时空复杂度低（计算量非常小，速度很快，存储资源低），适用于大数据场景。
- 解决过拟合的方法丰富，如 $L1$、$L2$ 正则化。
- 对于逻辑回归而言，可用 $L2$ 正则化来解决多重共线性问题。

（6）支持向量机（Support Vector Machines）。支持向量机是一个二分类算法，试图在 N 维空间找到一个 $(N\text{-}1)$ 维的超平面，这个超平面可以将空间内点分为两类。如图 5-3 所示，支持向量机试图找到 1 条最优的直线将平面内点分为两类。

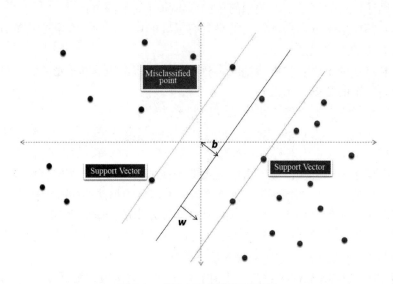

图 5-3   支持向量机模型示意图

支持向量机的主要优点如下：

- 有扎实的理论基础，是一种新颖的小样本学习方法，基本不涉及概率测度及大数定律等，因此不同于现有的统计方法。从本质上看，它避开了从归纳到演绎的传统过程，实现了高效的从训练样本到预报样本的"转导推理"，大大简化了通常的分类和回归等问题。
- 可以解决高维问题。计算的复杂性取决于支持向量的数目，而非样本空间的维数，在一定程度上避免了"维数灾难"。
- 算法实现简单，对异常值不敏感，具有良好的鲁棒性。
- 具有良好的泛化能力。

支持向量机的主要缺点如下：

- 当观测样本很多时，效率不是很高。
- 多用于解决二分类问题，解决多分类问题困难。
- 性能的优劣主要取决于核函数的选取，对非线性问题没有通用解决方案，很难找到一个合适的核函数，目前比较成熟的核函数及其参数的选择都是人为根据经验来选取的，具有一定的随意性。
- 在噪声过多的情况下，容易造成过拟合、对缺失数据敏感。
- 类严重重叠时表现不佳。

（7）集成学习。集成学习很好地体现了"三个臭皮匠，赛过诸葛亮"的思想，即组合多个弱监督模型以期得到一个更优更全面的强监督模型，具体是将很多分类器集成在一起，每个分类器设置不同的权重，将这些分类器的分类结果综合在一起作为分类结果。集成学习的基本思想在于以下三个方面：

- 偏差均匀化。偏差表示模型的预测值与真实值之间的差值，如图 5-4 所示。在集成算法中，集成评估器的偏差是基评估器偏差的均值。

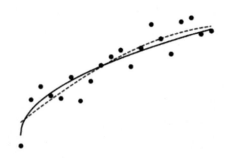

图 5-4　集成学习中的"偏差"与"方差"

- 减少方差。多角度考虑问题，总体预测的结果要比单一模型的预测结果好。类似于股票交易，综合考虑多只股票相对要比只考虑一只股票更全面一些。
- 不容易过拟合。综合考虑多种因素的多模型可有效降低过拟合率，如果单个模型不过拟合，集成的多模型就更不容易过拟合。

集成学习主要分为 Bagging、Boosting、Stacking 等。

1）Bagging。Bagging 算法最初由 Leo Breiman 于 1996 年提出，也称为装袋算法，是 Bootstrap aggregating 的缩写。

Bagging 算法的基本步骤如下：

- 给定包含 m 个样本的数据集，随机取出一个样本放入采样集中，再放回数据集。
- 经过 m 次随机采样操作，得到包含 m 个样本的采样集。
- 采样出 N 个包含 m 个训练样本的采样集，在每个采样集上学习 1 个模型，综合 N 个模型的输出。对于分类问题采用预测投票方式，对于回归问题采用 N 个模型预测平均的方式。

2）Boosting。Boosting（提升方法）是一种用来减少监督学习中偏差的学习方法，通过学习一系列弱分类器将其组合成为一个强分类器，其工作机制是：从训练器中训练出一个基学习器，根据基学习器表现对训练样本分布进行调整，更多地关注基学习器判断错误的样本（对于错误样本赋予更大的权值），然后基于调整后的样本训练下一个基学习器，反复此过程，直到满足目标。其代表算法有 AdaBoost（Adaptive boosting）算法、XGBoost 算法。

3）Stacking。Stacking（堆叠法）训练一个模型用于组合各学习模型，首先并行训练各学习器得到不同的模型，以各学习器的输出为输入来训练一个模型，以得到一个最终的输出。

5.1.3　无监督学习

在现实生活中，我们会面临这样的难题：因缺乏足够的先验知识而导致无法对数据类别进行标注而且标注的成本较高，无监督学习（unsupervised learning）是对这一难题很好的解决方案。无监督学习的训练集中没有分类标签，常用的无监督学习的算法主要有主成分分析法、等距映射法、局部性嵌入法、局部空间排列法、拉普拉斯特征映射法等。典型的无监督学习有聚类分析、关联规则分析、发现学习、竞争学习等。无监督学习常用于购物篮分析、用户细分、新闻分类、异常检测等场景中。

（1）购物篮分析。购物篮分析的一个经典案例是"啤酒与尿布"的故事，通过分析发现商品之间的关联性从而调整商品摆放位置实现销售收益的增加。例如，在京东、淘宝、拼多多、苏宁易购等电商平台，根据用户浏览、购买的信息，运用无监督学习采用关联规则分析、聚类等算法发现用户潜在的购买习惯，为商家、平台提供数据支撑，以便进一步实现商品推荐、打包优惠购买等促销策略，如图 5-5 所示。

图 5-5　购物篮分析

（2）用户细分与新闻分类。用户细分、新闻分类主要是运用聚类分析的无监督学习方式实现。

用户细分是 20 世纪 50 年代中期由美国学者温德尔·史密斯提出的，根据人口地域特征、个人属性（性别、年龄、收入、爱好等）、历史购买行为轨迹（近期消费、消费频次、消费主要类别）不同进行细分，发现高价值客户、潜在客户、预流失客户，企业根据特定用户群体制定特定的推广策略和营销策略，如图 5-6 所示。

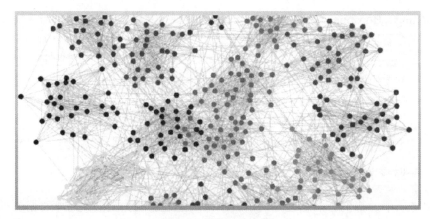

图 5-6　用户细分案例

新闻分类也是无监督学习一个典型应用，如百度新闻网站，通常是通过爬虫技术从各网站爬取新闻后利用无监督学习对新闻进行分类，如图 5-7 所示。

图 5-7　新闻分类

（3）异常检测（发现）。异常发现在金融领域应用比较广泛，通常运用无监督学习方法发现异常"洗钱"用户、捕捉欺诈等。Data Visor 联合创始人兼 CTO 俞舫说："网络交易愈来愈频繁，犯罪形式也日新月异，等到有标签后再做机器学习很多时候已经晚了。"因此，无监督学习在无需标签标注的情况下通过学习检测群组性异常，能有效地防患于未然。基于无监督学习的异常检测案例如图 5-8 所示。

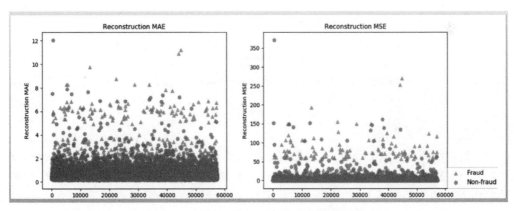

图 5-8　基于无监督学习的异常检测案例

5.1.4　半监督学习

半监督学习是监督学习与无监督学习相结合的机器学习方式，可在一定程度上降低监督学习中人工标记的成本，同时提高学习的准确度与效率，对数据样本的要求也较好地契合了现实世界中的"数据多而标签少"的实际场景。

1. 半监督学习假设

模型假设是半监督学习中的理论前提，模型假设的本质主要在于：相似的样本拥有相似的输出；当模型假设正确时，无标签的样例能够帮助改进学习性能。常用的假设有平滑假设、聚类假设、流形假设。

（1）平滑假设（Smoothness Assumption）：当两个距离很近的样例位于某一稠密数据区域时，假设它们类标签更趋于相同；当两个样例被稀疏区域分开时，则假设它们的类标签趋于不同。

（2）聚类假设（Cluster Assumption）：位于同一聚类簇的两个样例，被假设存在很大的概率具有相同的类标签。聚类假设也可被视为低密度分类假设（Low Density Separation Assumption），即给定的决策边界位于低密度区域。

（3）流形假设（Manifold Assumption）：假设位于统一流形上的数据具有相似的类标签。

下面通过一个例子来了解一下半监督学习及其假设。

在图 5-9 中，训练样本为一维数据，有两个分类，分别为 Positive 和 Negtive。

如果仅考虑样例中的两个标签样本（-1，-）和（1，+），采用监督学习，我们可得到的最佳决策边界是 $x=0$，对于样本 $x>0$，被分类为"+（正）"；对于样本 $x<0$，被分类为"-（负）"。

假设每个类的实例都围绕在类中心考虑样本集中的大量无标签样本（Unlabeled data），从图中我们可以观测到无标签样本可以分成两组。考虑无标签样本后，"×"点和"○"点将不再是每个类的中心点。用半监督学习，我们将得到预估决策边界是 $x=0.4$。

许多实验研究表明当不满足模型假设或模型假设不正确时，无类标签样例不仅不能对学习性能起到优化作用，反而会恶化学习，导致半监督学习的性能下降。

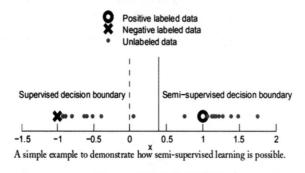

A simple example to demonstrate how semi-supervised learning is possible.

图 5-9　半监督学习举例

2. 半监督学习的算法

（1）自训练算法（Self-training）。假设训练集中带标签的数据集用 $L=\{(x_i,l_i)，i=1,2,\cdots,m\}$ 表示，不带标签的数据集用 $U=\{(x_k)，k=1,2,\cdots,n\}$ 来表示，自训练算法的基本步骤如下：

1）用 L 生成分类策略 F。

2）将分类策略 F 应用于 U 并计算误差。

3）选取 U 中误差较小的子集 u 标记，加入 L；$L=L+u$。

4）重复 1）～3），直到 U 为空集。

自训练算法可看作是通过学习形成初步策略 F，再通过加入非标签数据不断更新 F 的过程。

（2）联合训练（Co-training）。联合训练也被称作协同训练。联合训练通常利用不同数据、特征、算法、参数，训练不同的模型，利用它们之间的相容性与互补性，提高弱分类器的泛化能力。相容性指不同模型的最终输出空间是一致的；互补性指不同模型从不同的视角看待问题，互相补充，是一种集成的思想。

联合训练最早是为"多视图"设计的，我们通过一个实例来理解"多数据视图数据"以及多视图间的"相容"与"互补"。在现实应用中，一个对象可能具有多个属性，每个属性对应一个属性集（我们称之为一个视图）。对于一部电影而言，其属性可能有"声音""画面""字幕"等。假设我们用($<s^1,s^2,s^3>$,t)来表示电影片段视图，其中 s^1 为声音属性向量、s^2 为画面属性向量、s^3 为字幕属性向量，t 为标签用于表示电影类型。"相容性"指的是从各属性视图判别的标记空间的一致性，如通过 s^1、s^2、s^3 判别的标记空间均应该是{喜剧片,动作片}，而不能出现通过各属性标记的空间有的是{喜剧片,动作片}，而有的是{奇幻片,恐惧篇}。"互补性"体现在属性之间表示信息同一性的补充。例如，在电影片段中，两个人拥抱在一起的画面，我们很难判断是久别后的重逢，还是离别前的告别。再如，两个人互相注视着对方，很难判断影片的类型，如果我们能得到对应的信息"我喜欢你"，则判断该影片可能是"爱情片"。

联合训练的基本步骤如下：

1）在每个视图上基于有标签样本分别训练出一个分类器。

2）各分类器分别去挑选自己"最有把握的"未标记样本（置信度最高的若干各样本）赋予伪标记。

3）将伪标记样本提供给另一个分类器作为新增的有标记样本用于训练更新。

4）不断迭代上述过程，直到两个分类器都不再发生变化，或达到预先设定的迭代次数为止。

（3）半监督支持向量机（S3VM）。半监督支持向量机由直推学习支持向量机演化而来。S3VM 算法同时使用带有标记和不带标记的数据来寻找一个拥有最大类间距的分类面，通常用于文本分类、图像分类、邮件分类等场景。S3VM 示意图如图 5-10 所示，其中圆形和方形代表已经表示的数据，空心的圆形代表未表示的数据。

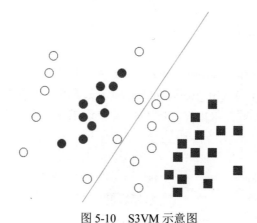

图 5-10 S3VM 示意图

S3VM 的定义为

$$\min_{w,b,\eta,\xi,z} C\left[\sum_{i=1}^{l}\eta_i + \sum_{j=l+1}^{l+k}\min(\xi_i,z_j)\right] + \|w\|$$

$$\text{subject to}\quad y_i(wx_i+b)+\eta_i\geq 1\quad \eta_i\geq 0\quad i=1,\cdots,l$$
$$(wx_j-b)+\xi_i\geq 1\quad \xi_i\geq 0\quad j=1+1,\cdots,l+k$$

$$-(wx_j-b)+z_j \geqslant 1 \qquad z_j \geqslant 0$$

其中，C 为错误率的惩罚因子。

S3VM 算法试图在低密度区域找到能将两类有标记样本划分开的超平面。

（4）基于图论的半监督学习。给定训练集 $L=\{(x_i, l_i), i=1,2,\cdots,m\}$ 和 $U=\{(x_k), k=1,2,\cdots,n\}$，其中 L 表示有标签的数据集，U 表示不带标签的数据集。那么，基于图论的半监督学习方法基本过程如下：

1）从训练样本中构建图。

2）衡量每两个顶点之间的相似性。图的顶点是已标记或者未标记的训练样本。图中可通过无向边将两个顶点$<x_i, x_j>$相连接，该无向边表示两个样本的相似性，或称两个样本的相似性度量。将边的权重记作 w_{ij}，w_{ij} 越大说明 x_i 和 x_j 越相似，两者的标签越可能相同。

3）根据图中的度量关系和相似程度，构造 k-聚类图。

4）根据已标记的数据信息去标记未标记数据。

基于图论的半监督学习算法，其目标函数多为凸函数，较好地保证了算法的收敛性，可采用多进程提高并行计算学习的效率。

（5）基于聚类的半监督学习。聚类是无监督学习的经典方法，实际应用时在有标记样本中增加一些额外的两类监督信息（约束），必连和勿连，效果往往会更好。"必连"描述位于同一个类簇两个样本的关系；当两个样本不位于一个类簇时，则它们的关系是"勿连"，这里监督信息是少量有标记的样本，我们将这种加入了约束条件的聚类学习称为聚类半监督学习。半监督聚类主要有两种类型，一种是聚类过程中保持样本间的必连和勿连关系，另一种是将有标记的样本作为种子，用它们初始化聚类中心。

半监督聚类学习综合了机器学习、数据挖掘、统计学、生物学、数据安全等知识，已广泛应用于模式识别、用户细分、生物学研究、文本分析、空间数据挖掘、流计算等领域。

5.1.5　强化学习

1. 强化学习的概念

强化学习（Reinforcement Learning，RL）又被称为增强学习、激励学习等，用于描述和解决智能体（agent）在与环境（Environment）的交互过程中，运用奖惩机制训练 agent 的学习策略，以实现既定目标或回报最大化。图 5-11 简要地描述了强化学习的基本方式。

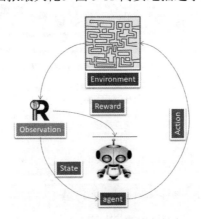

图 5-11　强化学习的基本方式

　　下面以"小孩子学习走路的过程"来形象地介绍强化学习的过程：小孩子在学习走路之前，首先得先学会站稳（保持平衡），然后思考一下先迈左腿还是先迈右腿，迈出一步之后接下来如何迈步。在这个例子中，小孩可被视为 Agent，Environment 设定为学习走路的地面，把走一步视为 state，当他完成了走路的子任务，走了几步，孩子可以得到 Reward（如给孩子尝 1 颗草莓或 1 个糖果），如果孩子不走路便得不到 Reward。

　　再如，模拟超级玛丽的游戏操作的过程。玛丽的每项操作都会改变自身的状态，如每碰到一个蘑菇（"奖"），就会变大或增加 1 项技能，不"采蘑菇"就不会变化，每碰到小怪物或仙人掌就会变小、减少 1 项技能或者死亡；每碰到金币，得分就会"+1"，否则，就没有奖励。通过反复地尝试、反馈，使玛丽的技能提升的过程可以视为一个强化学习的过程。

　　如果想要深入了解强化学习的内容，参见第 9 章强化学习与生成对抗网络。

5.2　符号学习

　　20 世纪 80 年代机器学习理论基本形成，符号学习被普遍认为是一种基于符号主义学派的机器学习。符号学习侧重于模拟人类的学习能力，采用符号表达的机制，使用相关的知识表示方法、符号推理、符号计算以及各学习策略来实施机器学习。根据学习策略的不同可将其划分为记忆学习、归纳学习、演绎学习等。

5.2.1　记忆学习

　　记忆学习，也被称为机械学习，是一种最基本的学习方法，是所有学习系统的基础。这种学习方法一般不要求系统具有对复杂问题的求解能力，建立在记忆与问题相关的信息存储的基础上，通过检索查询得到问题的求解答案。如图 5-12 所示的例子，系统不关心计算或推理的过程，有点类似于黑盒的原理，仅将输入对应的输出作为关联的集合（记录）存储下来，遇到同样的输入无需计算通过查询便直接得到相应的输出。

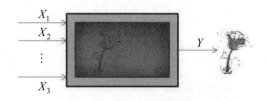

图 5-12　记忆学习举例

　　1952 年，美国计算机科学家亚瑟·塞缪尔开发的一个跳棋程序（图 5-13）可视为记忆学习的一个成功案例。该程序采用 Min-Max 搜索策略对未来棋盘的局势做出预测，选择对棋手最有力的棋步，学习环节将记录棋盘态势的估值及相应的索引，作为博弈经验的知识储备。这里需要说明的是，由于当时物理设备资源及性能的限制，很难通过试错的方法计算在合理的时间内并推演出最佳的棋步，因此采用了启发式的经验法则，即通过选择足够解决问题但并非最好的方案避免蛮力搜索带来的大量计算资源消耗。据相关文献报道，塞缪尔程序由于采用了记忆学习机制及启发式经验法则，战胜了美国一位保持 8 年常胜不败的专业棋手。

图 5-13　机器学习之塞缪尔"跳棋"

图 5-14 以井字棋为例描述了 Min-Max 博弈树算法。Max 代表自己，Min 代表对手。Max 希望最大化分数，而 Min 希望最小化分数。如果想要赢得比赛，就要从最有利于自己的结果并根据对手的情况从下往上反推，从而做出每一步的最优选择。

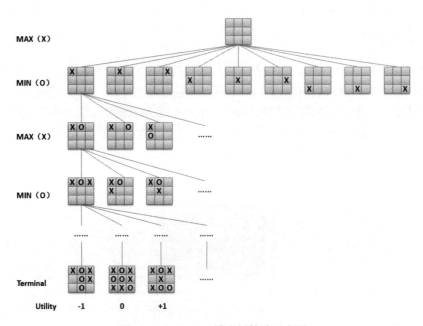

图 5-14　Min-Max 博弈树算法示意图

5.2.2　归纳学习

归纳学习是指以归纳推理为基础的学习，它是机器学习中被研究得较多的一种学习类型，其任务是要从关于某个概念的一系列已知的正例和反例中归纳出一个一般的概念描述。例如，示例学习和决策树学习。

1. 示例学习

示例学习也称实例学习，是以一种归纳学习方法，通过存储的大量样本数据集进行分类或回归学习，从中归纳总结出相应的规则、概念。学习过程对存储空间的需求很大，占用的存储空间一般取决于样本示例数量的大小，且预测的过程通过与已知示例对比实现，时间消耗较长。

示例学习的模型如图 5-15 所示，其中示例空间是我们提供的样例（示例）的集合；解释过程是从示例中抽象出一般性知识的归纳过程；规则空间主要研究对空间的要求、检索的方法、分类的规则等，是事物所具有各种规律的集合；从示例空间中选择一些新的实例，对规则空间的新规则进行验证、修改。因此，整个实例学习的过程是一个通过不断选择示例、建立规则、验证与完善规则的过程。

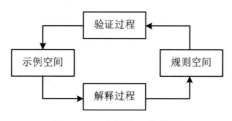

图 5-15　示例学习的模型

解释过程常用的方法有：将常量转化为变量，即将示例中的常量转化为变量以得到一个一般性的规则；去除无关子条件；增加析取条件项；对数值型归纳可采用最小二乘法进行曲线拟合。接下来通过例子来分析示例学习不同方法的应用。

（1）常量变量化。

【例 5-1】假设示例空间中，存在两个关于扑克牌中"同花"概念的示例。

示例 1：花色$(c_1$，梅花$)\wedge$花色$(c_2$，梅花$)\wedge$花色$(c_3$，梅花$)\wedge$花色$(c_4$，梅花$)\wedge$花色$(c_5$，梅花$)\rightarrow$同花$(c_1, c_2, c_3, c_4, c_5)$，示例 1 表明 5 张"梅花"扑克牌是"同花"。

示例 2：花色$(c_1$，红桃$)\wedge$花色$(c_2$，红桃$)\wedge$花色$(c_3$，红桃$)\wedge$花色$(c_4$，红桃$)\wedge$花色$(c_5$，红桃$)\rightarrow$同花$(c_1, c_2, c_3, c_4, c_5)$，示例 2 表明 5 张"红桃"扑克牌是"同花"。

【案例分析】将示例中的常量转换为变量，在本例中我们用变量 x 替换示例中的"梅花"与"红桃"，便得到如下一般性的规则：

规则 1：花色$(c_1, x)\wedge$花色$(c_2, x)\wedge$花色$(c_3, x)\wedge$花色$(c_4, x)\wedge$花色$(c_5, x)\rightarrow$同花$(c_1, c_2, c_3, c_4, c_5)$

（2）优化精简条件（去除无关或干扰子条件）。

【例 5-2】根据示例，学习扑克牌中"同花"的概念。

示例 3：花色$(c_1$，梅花$)\wedge$点数（c_1,1）$\wedge$花色$(c_2$，梅花$)\wedge$点数（c_2,2）$\wedge$花色$(c_3$，梅花$)\wedge$点数（c_3,3）$\wedge$花色$(c_4$，梅花$)\wedge$点数（c_4,4）$\wedge$花色$(c_5$，梅花$)\wedge$点数（c_5,5）$\rightarrow$同花$(c_1, c_2, c_3, c_4, c_5)$

【案例分析】对于学习"同花"的任务，在示例 3 中点数被认为是干扰或无关条件项，因此需要将"点数"子条件去掉，再将示例中常量转化为变量而得到规则 1。

规则 1：花色$(c_1, x)\wedge$花色$(c_2, x)\wedge$花色$(c_3, x)\wedge$花色$(c_4, x)\wedge$花色$(c_5, x)\rightarrow$同花$(c_1, c_2, c_3, c_4, c_5)$

（3）增加析取项，包括前件析取法与内部析取法。前件析取法通过示例前件析取来形成规则；内部析取法通过示例中集合及集合成员之间的关系来形成规则。

【例 5-3】根据示例，学习识别扑克牌中"花脸"。

示例 4：点数（c_1,J）→花脸（c_1）

示例 5：点数（c_1,Q）→花脸（c_1）

示例 6：点数（c_1,K）→花脸（c_1）

【案例分析】对以上示例的前件进行析取后，得到如下规则：

规则 2：点数（c_1,J）∨点数（c_1,Q）∨点数（c_1,K）→花脸（c_1）

【例 5-4】根据示例，学习识别扑克牌中"花脸"。

示例 7：点数 $c_1 \in \{J\}$→花脸（c_1）

示例 8：点数 $c_1 \in \{Q\}$→花脸（c_1）

示例 9：点数 $c_1 \in \{K\}$→花脸（c_1）

【案例分析】对以上示例采用内部析取法后，得到如下规则：

规则 3：点数 $c_1 \in \{J, Q, K\}$→花脸（c_1）

（4）曲线拟合。

【例 5-5】给定 3 个示例（空间中的 3 个点），求该示例空间下过 3 个点的曲线，3 个示例分别为：

示例 10：（1，1，4）

示例 11：（2，3，11）

示例 12：（0，2，3）

【案例分析】首先用假设常量变量化方法将空间中的点用(x, y, z)来表示，再运用最小二乘法进行曲线拟合，得到如下规则：

规则 4：$z=3x+2y-1$

需要注意的是，以上例子是一个线性回归的例子，而在实际的应用过程中，变量之间的关系较多呈现为曲线关系。

2．决策树学习

（1）决策树的基本概念。决策树（decision tree）也称判定树，是用来描述分类过程的层次数据结构。从结构上看，由若干节点和边构成；从组成上看，由对象的若干属性、属性值和有关决策组成。该树的根节点表示分类的

决策树原理

开始，叶子节点表示实例的结束（即决策），中间节点表示相应实例的某一属性，而边则代表某一属性可能的属性值。

图 5-16 是一棵决策树的示意图，其中 A、B、C 代表属性，a_i、b_j、c_k 代表属性值，d_l 代表相应的决策。不难看出，在决策树中，从根节点到叶子节点的每一条路径都代表一个具体的实例，并且同一路径上的所有属性之间为合取关系，不同路径（即一个属性的不同属性值）之间为析取关系。从根节点到每一个叶子节点的分枝路径上的诸"属性-值"对和对应叶子节点的决策，构成一个产生式规则：诸"属性-值"对的合取构成规则的前提，叶子节点的决策就是规则的结论。例如，图 5-16 中从根节点 A 到叶子节点 d_3 这一条分支路径的构成规则为：（$A=a_1$）∧（$B=b_3$）→d_3。

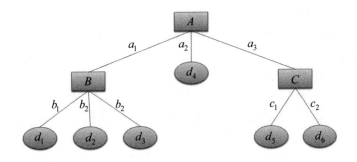

图 5-16　决策树示意图

　　决策树的分类过程实际上是对决策树遍历搜索的过程，根据给定的示例的属性值，从这棵树的根节点开始不断地测试满足条件的分支并依次下移，直到到达某个叶子节点为止。

　　决策树可以标识成规则的形式，下面举例说明。

　　【例 5-6】图 5-17 是一个哺乳动物/非哺乳动物分类决策树。

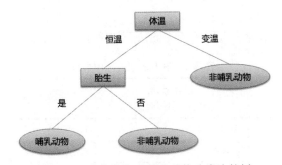

图 5-17　哺乳动物/非哺乳动物分类决策树

　　【案例分析】例 5.6 的决策树可以表示为如下形式：

IF 该动物的体温是"恒温"的 AND 该动物是"胎生"的 THEN 该动物是哺乳动物

IF 该动物的体温是"恒温"的 AND 该动物不是"胎生"的 THEN 该动物是非哺乳动物

IF 该动物的体温是"变温"的 THEN 该动物是非哺乳动物

　　【例 5-7】图 5-18 所示的是初步判断患者状况的决策树。

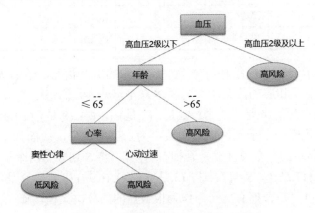

图 5-18　初步判断患者状况的决策树

【案例分析】例 5.7 的决策树可以表示为如下形式：

IF 该患者 血压诊断为"2 级以下"AND 年龄≤65 AND 心率为"窦性心律"THEN 该患者评级认定为低风险

IF 该患者 血压诊断为"2 级以下"AND 年龄≤65 AND 心率为"心动过速"THEN 该患者评级认定为高风险

IF 该患者 血压诊断为"2 级以下"AND 年龄>65 THEN 该患者评级认定为高风险

IF 该患者 血压诊断为"2 级及以上"THEN 该患者评级认定为高风险

（2）决策树的构造。决策树学习的过程实际上是一个构造决策树的过程，学习完成后，利用构造的决策树对未知的事物进行分类。接下来，我们一起了解一下决策树学习（形成）的基本方法与步骤。

首先，从给定的示例中选择一个属性作为决策树的根节点，并根据该属性取值的不同对示例集进行分类，即构建分支的过程；接着，考察每个分支所对应的子类中结论是否相同，如果相同，则以此作为该分支路径末端的叶子节点；否则选取一个非父节点的属性，重复上面的步骤，直到各分支都到达叶子节点为止。至此，完成一棵决策树的构造。下面结合实例演示决策树的生成过程。

【例 5-8】以下为判断债务人偿还能力的决策树例子，相关示例数据见表 5-1。

表 5-1　例 5.8 相关示例数据

ID	房产状况（是否有房产）	婚姻状况（单身/已婚/离婚）	年收入/万元	是否可偿还债务
1	是	单身	[10,+∞)	是（可偿还）
2	否	已婚	[10,+∞)	是（可偿还）
3	否	单身	[10,+∞)	是（可偿还）
4	是	已婚	[10,+∞)	是（可偿还）
5	否	离婚	[8,10)	否（不可偿还）
6	否	已婚	(0,8)	是（可偿还）
7	是	离婚	[10,+∞)	是（可偿还）
8	否	单身	[8,10)	否（不可偿还）
9	否	已婚	[8,10)	是（可偿还）
10	否	单身	[8,10)	否（不可偿还）

【案例分析】该示例集中共有 10 个实例，实例中的房产状况、婚姻状况和年收入为 3 个属性，是否可偿还债务是相应的决策项。为表述方便起见，我们将这个示例集简记为：

S={(1,是), (2,是), (3,是), (4,是), (5,否), (6,是), (7,是), (8,否), (9,是), (10,否)}

其中，每个元组代表一个示例，前面的数字为示例的序号，后面为示例决策项取值。对于 S，我们首先选择其中的一个属性"是否拥有房产"，将 S 划分为两个子集，即：

S_1={(1,是), (4,是), (7,是)}；S_2={(2,是), (3,是),(5,否), (6,是) (8,否), (9,是), (10,否)}

于是，我们得到以"是否拥有房产"作为根节点的部分决策树，如图 5-19 所示。

图 5-19 以"是否拥有房产"作为根节点的部分决策树

考察 S_1、S_2，不难看出，S_2 是否可偿还债务的分类类别不完全相同，也就是说，还需要对 S_2 进行分类；S_1 各示例的"可偿还债务"的分类类别已完全相同，不需要再进行分类。

对于子集 S_1，我们按"婚姻状况"将其分类；同样，对于子集 S_2，也按"婚姻状况"对其进行分类。分别得到子集 S_{21}, S_{22}, S_{23}，如下：

$S_{21}=\{(3,是), (8,否), (10,否)\}$；$S_{22}=\{(2,是), (6,是), (9,是)\}$；$S_{23}=\{((5,否))\}$

由此得到再次划分的分类树，如图 5-20 所示。

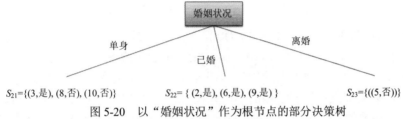

图 5-20 以"婚姻状况"作为根节点的部分决策树

考察 S_{21}、S_{22}、S_{23}，不难看出，在这三个子集中，S_{21} 是否可偿还债务的分类类别不完全相同，也就是说，还需要对 S_{21} 再次进行分类；S_{22}、S_{23} 各示例的"可偿还债务"的分类类别已完全相同，不需要再进行分类。

对于子集 S_{21}，我们再按照属性年收入进行划分，分别得到 S_{211}、S_{212}，如下：

$S_{211}=\{(3,是)\}$；$S_{212}=(8,否), (10,否)$

其中，S_{211} 中年收入大于 10 万元，S_{212} 中年收入在 8 万～10 万元之间（年收入小于 10 万元）。至此，重新划分后子集的分类类别已经完全相同，不需要再次进行划分，分类结束。得到再次划分的分类树，如图 5-21 所示。

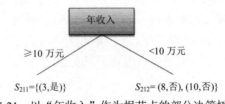

图 5-21 以"年收入"作为根节点的部分决策树

最终得到的完整的决策树，如图 5-22 所示。

根据这棵决策树，我们可以建立下面的规则集。

1）债主拥有房产，则具备偿还能力，即可偿还债务。

2）债主没有房产且已婚（未离婚），则可偿还债务。

3）债主没有房产且离婚，则不可偿还债务。

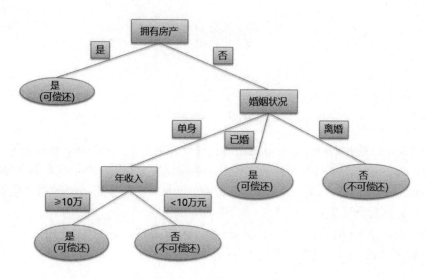

图 5-22　例 5.8 的完整决策树

4）债主没有房产且单身，年收入≥10 万元，则可偿还债务。

5）债主没有房产且单身，年收入<10 万元，则不可偿还债务。

从上面的例子可以看出，决策树的构造过程可看作是对示例进行分类的过程。在本例中，根节点以及每层的分支节点是根据示例的不同属性而随意选取的；不难想象，当每次选取的属性的次序不同时，构造的决策树也会不同；决策树不同，学习的效率和效果也不尽相同。那么怎样才能得到一棵相对较简的决策树呢？接下来介绍一个经典的决策树算法以试图解决这个问题。

（3）ID3 算法。ID3 算法由 J. R. Quinlan 于 1979 年提出，是一种以信息熵（entropy of information）的下降速度作为属性选择标准的学习算法，或者说是以信息熵为度量，用于决策树节点的属性选择；每次优先选取信息量最多的属性或者说能使熵值变成最小的属性，以构造一棵熵值下降最快的决策树，到叶子节点处的熵值为 0。此时，每个叶子节点对应的示例集中的示例属于同一类。其输入是包含已知分类的示例集，其输出是一个用于分类的决策树。下面首先介绍有关 ID3 算法的几个概念。

1）信息熵与条件熵。ID3 算法将示例集视为一个离散的信息系统，用信息熵表示其信息量。示例集中示例的结论视为随机事件，信息熵是对信息源整体的不确定性度量。

假设 S 是一个示例集或者示例集的一个子集（信源），A 为示例中的一个属性，$\mu_i(i=1,2,\cdots,n)$ 为 S 所发出的单个信息（S 中各实例所有可能的结论或者分类），$P(\mu_i)$ 为 μ_i 产生的概率，则信息熵可被定义为

$$H(X) = \sum_{i=1}^{n} P(\mu_i) \log_2 P(\mu_i)$$

信息熵反映了信源每发出一个信息所给予的平均信息量。

条件熵可被定义为

$$H(S \mid Z) = \sum_{k}^{m} \frac{\left| S_{a_k} \right|}{\left| S \right|} H(S_{a_k})$$

其中，a_k（$k=1,2,\cdots,m$）为属性 A 的取值，S_{a_k} 为 S 中与属性值 a_k 对应的子类。

2）ID3 算法的学习过程及举例。

ID3 算法的学习过程如下：

● 以整个示例集作为决策树的根节点 S，并计算 S 对于每个属性的期望熵（及条件熵）。

● 选择能使 S 的期望熵为最小的一个属性对上级节点（首次为根节点）进行分裂，得到下一层子节点。

● 重复分裂过程，直至所有叶子节点的熵值均下降为 0 为止。

此时，便可得到一棵以训练子集对应熵为 0 的决策树，概述从根节点到叶子节点的路径，实际是代表了一个分类过程，也即决策过程。

下面结合例 5.8 来描述 ID3 算法用条件熵进行属性选择的具体过程。

对于一个待分类的示例集 S，先分别计算各可取属性 A_j（$j=1, 2, \cdots, l$）的条件熵 $H(S|A_j)$，然后取其中条件熵最小的属性 A_s 作为当前节点。

对于例 5.8，当第一次对实例集 S 进行分类时，可选取的属性有房产状况、婚姻状况和年收入，分类结果为是否可偿还债务，我们将可以偿还债务用 A 表示，不可以偿还债务用 B 表示。

首先分别计算 S 的条件熵。

按房产状况，示例集 S 被划分为两个子集：

$S_{拥有房产}=\{(1,A),(4,A),(7,A)\}$；$S_{无房产}=\{(2,A),(3,A),(5,B),(6,A)(8,B),(9,A),(10,B)\}$

对于子集 $S_{拥有房产}$，$P(A)=\dfrac{3}{3}$，$P(B)=0$

对于子集 $S_{无房产}$，$P(A)=\dfrac{4}{7}$，$P(B)=\dfrac{3}{7}$

$H(S_{拥有房产})=-(P(A)\log_2 P(A)+P(B)\log_2 P(B))=0$

$H(S_{无房产})=-(P(A)\log_2 P(A)+P(B)\log_2 P(B))$

$$=-\left(\frac{4}{7}\times\log_2\frac{4}{7}+\frac{3}{7}\times\log_2\frac{3}{7}\right)=0.8074+1.2224=2.0298$$

$$\frac{|S_{拥有房产}|}{|S|}=\frac{3}{10}，\quad \frac{|S_{无房产}|}{|S|}=\frac{7}{10}$$

$H(S|房产状况)=\dfrac{3}{10}\times H(S_{拥有房产})+\dfrac{7}{10}\times H(S_{无房产})=\dfrac{7}{10}\times2.0298=1.42086$

按婚姻状况，示例集 S 被划分为三个子集：

$S_{单身}=\{(1,A),(3,A),(8,B),(10,B)\}$

$S_{已婚}=\{(2,A),(4,A),(6,A),(9,A)\}$

$S_{离婚}=\{(5,B),(7,A)\}$

对于子集 $S_{单身}$，$P(A)=\dfrac{2}{4}=\dfrac{1}{2}$，$P(B)=\dfrac{2}{4}=\dfrac{1}{2}$

对于子集 $S_{已婚}$，$P(A)=\dfrac{4}{4}=1$，$P(B)=\dfrac{0}{4}=0$

对于子集 $S_{离婚}$，$P(A)=\dfrac{1}{2}$，$P(B)=\dfrac{1}{2}$

$$H(S_{单身})=-(P(A)\log_2 P(A)+P(B)\log_2 P(B))=\frac{1}{2}\times\log_2 P\left(\frac{1}{2}\right)+\frac{1}{2}\times\log_2 P\left(\frac{1}{2}\right)=2$$

$$H(S_{已婚})=-(P(A)\log_2 P(A)+P(B)\log_2 P(B))=0$$

$$H(S_{离婚})=-(P(A)\log_2 P(A)+P(B)\log_2 P(B))=\frac{1}{2}\times\log_2 P\left(\frac{1}{2}\right)+\frac{1}{2}\times\log_2 P\left(\frac{1}{2}\right)=2$$

$$\frac{|S_{单身}|}{|S|}=\frac{4}{10}=\frac{2}{5},\ \frac{|S_{已婚}|}{|S|}=\frac{2}{10}=\frac{1}{5},\ \frac{|S_{离婚}|}{|S|}=\frac{4}{10}=\frac{2}{5}$$

$$H(S|婚姻状况)=\frac{2}{5}\times 2+\frac{1}{5}\times 0+\frac{2}{5}\times 2=1.6$$

为了表示方便，我们将收入 $[10,+\infty)$, $[8,10)$, $(0,8)$ 分别用高、中、低来表示，则根据收入状况，示例 S 被划分为三个子集：

$S_{高}=\{(1,A),(2,A),(3,A),(4,A),(7,A)\}$

$S_{中}=\{(9,A),(5,B),(8,B),(10,B)\}$

$S_{低}=\{(6,A)\}$

对于子集 $S_{高}$，$P(A)=1$, $P(B)=0$

对于子集 $S_{中}$，$P(A)=\frac{1}{4}$, $P(B)=\frac{3}{4}$

对于子集 $S_{低}$，$P(A)=1$, $P(B)=0$

$$H(S_{高})=-(P(A)\log_2 P(A)+P(B)\log_2 P(B))=0$$

$$H(S_{中})=-(P(A)\log_2 P(A)+P(B)\log_2 P(B))=2+4.150375=6.150375$$

$$H(S_{低})=-(P(A)\log_2 P(A)+P(B)\log_2 P(B))=0$$

$$\frac{|S_{高}|}{|S|}=\frac{5}{10}=\frac{1}{2},\ \frac{|S_{中}|}{|S|}=\frac{4}{10}=\frac{2}{5},\ \frac{|S_{低}|}{|S|}=\frac{1}{10}$$

$$H(S|收入情况)=\frac{1}{2}\times 0+\frac{2}{5}\times 6.150375+\frac{1}{10}\times 0=2.46$$

由上述分析过程可以看出，条件熵 $H(S|房产状况)$ 为最小，所以应取"房产状况"这一属性对示例集进行分类，即以"房产状况"作为决策树的根节点。

决策树学习算法至今仍然在不断发展。继 1979 年的 ID3 算法之后，人们又于 1986 年、1988 年相继提出了 ID4 和 ID5 算法。1993 年，J. R. Quinlan 针对 ID3 的不足进一步改进并发展成 C4.5 算法，C4.5 算法弥补了 ID3 算法的主要不足：①C4.5 算法采用将连续的特征离散化解决了 ID3 算法不能处理连续特征的问题；②C4.5 算法采用信息增益比选择特征，减少 ID3 算法因特征值多导致信息增益大的问题；③C4.5 算法通过设置并调节权重的方法解决对缺失值处理的问题；④C4.5 算法通过剪枝的方法降低算法的过拟合现象。

（4）CART 算法。另一类著名的决策树学习算法称为 CART（Classification and Regression Trees）。C4.5 算法选用了较为复杂的熵来度量模型，使用了相对比较复杂的多叉树，主要用来处理分类问题，不能处理回归问题，而 CART 对 C4.5 算法做了改进，可用来处理分类与回归问题。

CART 分类树算法使用基尼系数来代替信息增益比，基尼系数代表了模型的不纯度，基尼系数越小，不纯度越低，特征越好。

假设 K 个类别，第 k 个类别的概率为 p_k，概率分布的基尼系数表达式

$$\text{Gini}(p)=\sum_{k=1}^{K}p_k(1-p_k)=1-\sum_{k=1}^{K}p_k^2$$

如果是二分类问题，第一样本输出概率为 p，概率分布的基尼系数表达式为

$$\text{Gini}(p)=2p(1-p)$$

对于样本 S，个数为 $|S|$，假设 K 个类别，第 k 个类别的数量为 $|C_k|$，则样本 D 的基尼系数表达式为

$$\text{Gini}(S)=1-\sum_{k=1}^{K}\left(\frac{|C_k|}{|S|}\right)^2$$

对于样本 S，个数为 $|S|$，根据特征 A 的某个值 a，把 S 分成 $|S_1|$ 和 $|S_2|$，则在特征 A 的条件下，样本 D 的基尼系数表达式为

$$\text{Gini}(S|A)=\frac{|D_1|}{|D|}\text{Gini}(D_1)+\frac{|D_2|}{|D|}\text{Gini}(D_2)$$

算法从根节点开始，用示例集（训练集）递归建立 CART 分类树，具体建立过程如下：

1）对于当前节点的数据集为 S，如果样本个数小于阈值或没有特征，则返回决策树子树，当前节点停止递归。

2）计算示例集 S 的基尼系数，如果基尼系数小于阈值，则返回决策树子树，当前节点停止递归。

3）计算当前节点现有的各个特征的各个特征值对示例集 S 的基尼系数。

4）在计算出来的各个特征的各个特征值对示例集 S 的基尼系数中，选择基尼系数最小的特征 A 和对应的特征值 a。根据这个最优特征和最优特征值，把数据集划分成两部分 S_1 和 S_2，同时建立当前节点的左右节点，左节点的数据集 S 为 D_1，右节点的数据集 S 为 D_2。

5）递归调用 1）～4）步，生成决策树。

对于例 5.8 的示例集，运用 CART 算法的生成过程如下：分别用 A_1、A_2、A_3 表示房产状况、婚姻状况、收入状况 3 个特征；房产状况属性中的"有房产""无房产"分别用 1、2 表示；婚姻状况属性中的"单身""已婚""离婚"分别用 1、2、3 表示；收入状况中的"$[10,+\infty)$""$[8,10)$""$(0,8)$"分别用 1、2、3 表示。

特征 A_1 的基尼指数：

$$\text{Gini}(S,A_1=1)=\frac{3}{10}\times\left[2\times\frac{3}{3}\times\left(1-\frac{3}{3}\right)\right]+\frac{7}{10}\times\left[2\times\frac{4}{7}\times\left(1-\frac{4}{7}\right)\right]\approx0.343$$

$$\text{Gini}(S,A_1=2)=\frac{7}{10}\times\left[2\times\frac{4}{7}\times\left(1-\frac{4}{7}\right)\right]+\frac{3}{10}\times\left[2\times\frac{3}{3}\times\left(1-\frac{3}{3}\right)\right]\approx0.343$$

$$\text{Gini}(S,A_2=1)=\frac{4}{10}\times\left[2\times\frac{2}{4}\times\left(1-\frac{2}{4}\right)\right]+\frac{6}{10}\times\left[2\times\frac{5}{6}\times\left(1-\frac{5}{6}\right)\right]=\frac{11}{30}\approx0.367$$

$$\text{Gini}(S, A_2 = 2) = \frac{4}{10} \times \left[2 \times \frac{4}{4} \times \left(1 - \frac{4}{4}\right) \right] + \frac{6}{10} \times \left[2 \times \frac{3}{6} \times \left(1 - \frac{3}{6}\right) \right] = 0.3$$

$$\text{Gini}(S, A_2 = 3) = \frac{2}{10} \times \left[2 \times \frac{1}{2} \times \left(1 - \frac{1}{2}\right) \right] + \frac{8}{10} \times \left[2 \times \frac{6}{8} \times \left(1 - \frac{6}{8}\right) \right] = 0.4$$

$$\text{Gini}(S, A_3 = 1) = \frac{5}{10} \times \left[2 \times \frac{5}{5} \times \left(1 - \frac{5}{5}\right) \right] + \frac{5}{10} \times \left[2 \times \frac{2}{5} \times \left(1 - \frac{2}{5}\right) \right] = 0.24$$

$$\text{Gini}(S, A_3 = 2) = \frac{4}{10} \times \left[2 \times \frac{1}{4} \times \left(1 - \frac{1}{4}\right) \right] + \frac{6}{10} \times \left[2 \times \frac{6}{6} \times \left(1 - \frac{6}{6}\right) \right] = 0.15$$

$$\text{Gini}(S, A_3 = 3) = \frac{1}{10} \times \left[2 \times \frac{1}{1} \times \left(1 - \frac{1}{1}\right) \right] + \frac{9}{10} \times \left[2 \times \frac{6}{9} \times \left(1 - \frac{6}{9}\right) \right] = 0.4$$

根据 CART 算法，A_1、A_2、A_3 几个特征中，$\text{Gini}(S, A_3=2)$ 最小，选择特征 A_3 为最优特征，$A_3=2$ 为其最优切分点。接下来，按递归的方法完成 CART 的构造过程。

5.2.3 演绎学习

一般认为归纳是由"具体"到"一般"的过程，演绎是从"一般"到"特殊"的过程，演绎学习是指以演绎推理为基础的学习；而演绎推理被看作是前提与结论之间有必然联系的推理、由已知事实到得出必然结论的推理。演绎学习包括指示改造、知识编译、产生宏操作、保持等价操作及其他形式的保真变换等。

5.3 实战——线性回归与决策树

接下来，我们通过实例来了解机器学习的实现过程，数据选用的是 Kears 的波士顿房价（boston-housing）数据集，分别采用了线性回归与决策树的方法。

5.3.1 使用线性回归预测房价

波士顿房价问题也是机器学习中的一个入门问题，sklearn 这个模块中包含了 500 多条波士顿房价的数据，在本节我们先用比较经典的线性回归方法来实现对房价的预测。

（1）首先，导入项目所需的 Python 基础库。实现代码如下：

```
import  pandas  as  pd              #导入 Pandas 数据处理工具箱
import  numpy  as  np               #导入 NumPy 数学工具箱
import  matplotlib.pyplot  as  plt  #导入 Python 绘图库
from  sklearn.linear_model  import  LinearRegression  #线性回归模型
```

（2）导入波士顿房价数据，并查看 boston 的特征属性及数据。实现代码如下：

```
from sklearn.datasets import load_boston      #从自带数据库中下载波士顿房价数据
boston = load_boston()      #实例化
```

```
print(boston.DESCR)        #查看 Boston 属性
```

执行后显示结果如下：

```
.. _boston_dataset:

Boston house prices dataset
---------------------------

**Data Set Characteristics:**

    :Number of Instances: 506

    :Number of Attributes: 13 numeric/categorical predictive. Median Value (attribute 14) is usually the target.


    :Attribute Information (in order):
        - CRIM          per capita crime rate by town
        - ZN            proportion of residential land zoned for lots over 25,000 sq.ft.
        - INDUS         proportion of non-retail business acres per town
        - CHAS          Charles River dummy variable (= 1 if tract bounds river; 0 otherwise)
        - NOX           nitric oxides concentration (parts per 10 million)
        - RM            average number of rooms per dwelling
        - AGE           proportion of owner-occupied units built prior to 1940
        - DIS           weighted distances to five Boston employment centres
        - RAD           index of accessibility to radial highways
        - TAX           full-value property-tax rate per $10,000
        - PTRATIO       pupil-teacher ratio by town
        - B             1000(Bk - 0.63)^2 where Bk is the proportion of blacks by town
        - LSTAT         % lower status of the population
        - MEDV          Median value of owner-occupied homes in $1000's
    :Missing Attribute Values: None
    :Creator: Harrison, D. and Rubinfeld, D.L.

This is a copy of UCI ML housing dataset.
https://archive.ics.uci.edu/ml/machine-learning-databases/housing/
This dataset was taken from the StatLib library which is maintained at Carnegie Mellon University.


The Boston house-price data of Harrison, D. and Rubinfeld, D.L. 'Hedonic
prices and the demand for clean air', J. Environ. Economics & Management,
vol.5, 81-102, 1978.    Used in Belsley, Kuh & Welsch, 'Regression diagnostics
...', Wiley, 1980.    N.B. Various transformations are used in the table on
pages 244-261 of the latter.


The Boston house-price data has been used in many machine learning papers that address regression
problems.
.. topic:: References
   - Belsley, Kuh & Welsch, 'Regression diagnostics: Identifying Influential Data and Sources of
Collinearity', Wiley, 1980. 244-261.
   - Quinlan,R. (1993). Combining Instance-Based and Model-Based Learning. In Proceedings on the
Tenth International Conference of Machine Learning, 236-243, University of Massachusetts, Amherst.
Morgan Kaufmann.
```

从上面的结果我们可以得到 boston 的特征属性，见表 5-2。

表 5-2 boston 的特征属性

特征属性	说明
CRIM	城镇人均犯罪率
ZN	超过 25000 地区的居住面积所占的比例
INDUS	城镇非零售商用土地的比例
CHAS	是否位于 Charls 河流域（如果边界是河流，则为 1；否则为 0）
NOX	一氧化氮含量（浓度）
RM	住宅平均房间数
AGE	1940 年之前建成的住宅比例
DIS	到波士顿五个中心区域的加权距离
RAD	辐射性公路的接近指数
TAX	每 10000 美元的全值财产税率
PTRATIO	城镇师生比例（小学生老师的比例）
B	$1000(Bk-0.63)^2$，其中 Bk 指代城镇中黑色人种的比例
LSTAT	人口中地位低下者的比例
MEDV	自住房的平均房价，以千美元计

我们来看一下 boston 的数据：

```
{'data': array([[6.3200e-03, 1.8000e+01, 2.3100e+00, ..., 1.5300e+01, 3.9690e+02, 4.9800e+00],
       [2.7310e-02, 0.0000e+00, 7.0700e+00, ..., 1.7800e+01, 3.9690e+02, 9.1400e+00],
       [2.7290e-02, 0.0000e+00, 7.0700e+00, ..., 1.7800e+01, 3.9283e+02, 4.0300e+00],
       ...,
       [6.0760e-02, 0.0000e+00, 1.1930e+01, ..., 2.1000e+01, 3.9690e+02, 5.6400e+00],
       [1.0959e-01, 0.0000e+00, 1.1930e+01, ..., 2.1000e+01, 3.9345e+02, 6.4800e+00],
       [4.7410e-02, 0.0000e+00, 1.1930e+01, ..., 2.1000e+01, 3.9690e+02, 7.8800e+00]]),
 'target': array([24. , 21.6, 34.7, 33.4, 36.2, 28.7, 22.9, 27.1, 16.5, 18.9, 15. ,
       18.9, 21.7, 20.4, 18.2, 19.9, 23.1, 17.5, 20.2, 18.2, 13.6, 19.6,
       15.2, 14.5, 15.6, 13.9, 16.6, 14.8, 18.4, 21. , 12.7, 14.5, 13.2,
       13.1, 13.5, 18.9, 20. , 21. , 24.7, 30.8, 34.9, 26.6, 25.3, 24.7,
       21.2, 19.3, 20. , 16.6, 14.4, 19.4, 19.7, 20.5, 25. , 23.4, 18.9,
       35.4, 24.7, 31.6, 23.3, 19.6, 18.7, 16. , 22.2, 25. , 33. , 23.5,
       19.4, 22. , 17.4, 20.9, 24.2, 21.7, 22.8, 23.4, 24.1, 21.4, 20. ,
       20.8, 21.2, 20.3, 28. , 23.9, 24.8, 22.9, 23.9, 26.6, 22.5, 22.2,
       23.6, 28.7, 22.6, 22. , 22.9, 25. , 20.6, 28.4, 21.4, 38.7, 43.8,
       33.2, 27.5, 26.5, 18.6, 19.3, 20.1, 19.5, 19.5, 20.4, 19.8, 19.4,
       21.7, 22.8, 18.8, 18.7, 18.5, 18.3, 21.2, 19.2, 20.4, 19.3, 22. ,
       20.3, 20.5, 17.3, 18.8, 21.4, 15.7, 16.2, 18. , 14.3, 19.2, 19.6,
       23. , 18.4, 15.6, 18.1, 17.4, 17.1, 13.3, 17.8, 14. , 14.4, 13.4,
       15.6, 11.8, 13.8, 15.6, 14.6, 17.8, 15.4, 21.5, 19.6, 15.3, 19.4,
       17. , 15.6, 13.1, 41.3, 24.3, 23.3, 27. , 50. , 50. , 50. , 22.7,
       25. , 50. , 23.8, 23.8, 22.3, 17.4, 19.1, 23.1, 23.6, 22.6, 29.4,
       23.2, 24.6, 29.9, 37.2, 39.8, 36.2, 37.9, 32.5, 26.4, 29.6, 50. ,
```

32. , 29.8, 34.9, 37. , 30.5, 36.4, 31.1, 29.1, 50. , 33.3, 30.3,
34.6, 34.9, 32.9, 24.1, 42.3, 48.5, 50. , 22.6, 24.4, 22.5, 24.4,
20. , 21.7, 19.3, 22.4, 28.1, 23.7, 25. , 23.3, 28.7, 21.5, 23. ,
26.7, 21.7, 27.5, 30.1, 44.8, 50. , 37.6, 31.6, 46.7, 31.5, 24.3,
31.7, 41.7, 48.3, 29. , 24. , 25.1, 31.5, 23.7, 23.3, 22. , 20.1,
22.2, 23.7, 17.6, 18.5, 24.3, 20.5, 24.5, 26.2, 24.4, 24.8, 29.6,
42.8, 21.9, 20.9, 44. , 50. , 36. , 30.1, 33.8, 43.1, 48.8, 31. ,
36.5, 22.8, 30.7, 50. , 43.5, 20.7, 21.1, 25.2, 24.4, 35.2, 32.4,
32. , 33.2, 33.1, 29.1, 35.1, 45.4, 35.4, 46. , 50. , 32.2, 22. ,
20.1, 23.2, 22.3, 24.8, 28.5, 37.3, 27.9, 23.9, 21.7, 28.6, 27.1,
20.3, 22.5, 29. , 24.8, 22. , 26.4, 33.1, 36.1, 28.4, 33.4, 28.2,
22.8, 20.3, 16.1, 22.1, 19.4, 21.6, 23.8, 16.2, 17.8, 19.8, 23.1,
21. , 23.8, 23.1, 20.4, 18.5, 25. , 24.6, 23. , 22.2, 19.3, 22.6,
19.8, 17.1, 19.4, 22.2, 20.7, 21.1, 19.5, 18.5, 20.6, 19. , 18.7,
32.7, 16.5, 23.9, 31.2, 17.5, 17.2, 23.1, 24.5, 26.6, 22.9, 24.1,
18.6, 30.1, 18.2, 20.6, 17.8, 21.7, 22.7, 22.6, 25. , 19.9, 20.8,
16.8, 21.9, 27.5, 21.9, 23.1, 50. , 50. , 50. , 50. , 50. , 13.8,
13.8, 15. , 13.9, 13.3, 13.1, 10.2, 10.4, 10.9, 11.3, 12.3, 8.8,
 7.2, 10.5, 7.4, 10.2, 11.5, 15.1, 23.2, 9.7, 13.8, 12.7, 13.1,
12.5, 8.5, 5. , 6.3, 5.6, 7.2, 12.1, 8.3, 8.5, 5. , 11.9,
27.9, 17.2, 27.5, 15. , 17.2, 17.9, 16.3, 7. , 7.2, 7.5, 10.4,
 8.8, 8.4, 16.7, 14.2, 20.8, 13.4, 11.7, 8.3, 10.2, 10.9, 11. ,
 9.5, 14.5, 14.1, 16.1, 14.3, 11.7, 13.4, 9.6, 8.7, 8.4, 12.8,
10.5, 17.1, 18.4, 15.4, 10.8, 11.8, 14.9, 12.6, 14.1, 13. , 13.4,
15.2, 16.1, 17.8, 14.9, 14.1, 12.7, 13.5, 14.9, 20. , 16.4, 17.7,
19.5, 20.2, 21.4, 19.9, 19. , 19.1, 19.1, 20.1, 19.9, 19.6, 23.2,
29.8, 13.8, 13.3, 16.7, 12. , 14.6, 21.4, 23. , 23.7, 25. , 21.8,
20.6, 21.2, 19.1, 20.6, 15.2, 7. , 8.1, 13.6, 20.1, 21.8, 24.5,
23.1, 19.7, 18.3, 21.2, 17.5, 16.8, 22.4, 20.6, 23.9, 22. , 11.9]),
'feature_names': array(['CRIM', 'ZN', 'INDUS', 'CHAS', 'NOX', 'RM', 'AGE', 'DIS', 'RAD',
'TAX', 'PTRATIO', 'B', 'LSTAT'], dtype='<U7'),
'DESCR': ".. _boston_dataset:\n\nBoston house prices dataset\n---------------------------\n\n**Data Set Characteristics:** \n\n   :Number of Instances: 506 \n\n   :Number of Attributes: 13 numeric/categorical predictive. Median Value (attribute 14) is usually the target.\n\n   :Attribute Information (in order):\n   - CRIM   per capita crime rate by town\n   - ZN   proportion of residential land zoned for lots over 25,000 sq.ft.\n   - INDUS   proportion of non-retail business acres per town\n   - CHAS   Charles River dummy variable (= 1 if tract bounds river; 0 otherwise))\n   - NOX   nitric oxides concentration (parts per 10 million)\n   - RM   average number of rooms per dwelling\n   - AGE   proportion of owner-occupied units built prior to 1940\n   - DIS   weighted distances to five Boston employment centres\n   - RAD   index of accessibility to radial highways\n   - TAX   full-value property-tax rate per $10,000\n   - PTRATIO pupil-teacher ratio by town\n   - B   1000(Bk - 0.63)^2 where Bk is the proportion of blacks by town\n   - LSTAT   % lower status of the population\n   - MEDV   Median value of owner-occupied homes in $1000's\n\n   :Missing Attribute Values: None\n\n   :Creator: Harrison, D. and Rubinfeld, D.L.\n\nThis is a copy of UCI ML housing dataset.\nhttps://archive.ics.uci.edu/ml/machine-learning-databases/housing/\n\nThis dataset was taken from the StatLib library which is maintained at Carnegie Mellon University.\n\nThe Boston house-price data of Harrison, D.

and Rubinfeld, D.L. 'Hedonic\nprices and the demand for clean air', J. Environ. Economics & Management,\nvol.5, 81-102, 1978.   Used in Belsley, Kuh & Welsch, 'Regression diagnostics\n...', Wiley, 1980.   N.B. Various transformations are used in the table on\npages 244-261 of the latter.\n\nThe Boston house-price data has been used in many machine learning papers that address regression\nproblems.   \n   \n.. topic:: References\n\n   - Belsley, Kuh & Welsch, 'Regression diagnostics: Identifying Influential Data and Sources of Collinearity', Wiley, 1980. 244-261.\n   - Quinlan,R. (1993). Combining Instance-Based and Model-Based Learning. In Proceedings on the Tenth International Conference of Machine Learning, 236-243, University of Massachusetts, Amherst. Morgan Kaufmann.\n",

'filename': '/home/jetbot/.local/lib/python3.6/site-packages/sklearn/datasets/data/boston_house_prices.csv'}

上面这种方式不太符合我们的视觉习惯，可以换一种方式，使用 DataFrame 方式（为了便于显示，仅列出前 10 条数据），得到的结果如下：

CRIM ZN INDUS CHAS NOX RM AGE DIS RAD TAX \ 0 0.00632 18.0 2.31 0.0 0.538 6.575 65.2 4.0900 1.0 296.0 1 0.02731 0.0 7.07 0.0 0.469 6.421 78.9 4.9671 2.0 242.0 2 0.02729 0.0 7.07 0.0 0.469 7.185 61.1 4.9671 2.0 242.0 3 0.03237 0.0 2.18 0.0 0.458 6.998 45.8 6.0622 3.0 222.0 4 0.06905 0.0 2.18 0.0 0.458 7.147 54.2 6.0622 3.0 222.0 5 0.02985 0.0 2.18 0.0 0.458 6.430 58.7 6.0622 3.0 222.0 6 0.08829 12.5 7.87 0.0 0.524 6.012 66.6 5.5605 5.0 311.0 7 0.14455 12.5 7.87 0.0 0.524 6.172 96.1 5.9505 5.0 311.0 8 0.21124 12.5 7.87 0.0 0.524 5.631 100.0 6.0821 5.0 311.0 9 0.17004 12.5 7.87 0.0 0.524 6.004 85.9 6.5921 5.0 311.0 PTRATIO B LSTAT 0 15.3 396.90 4.98 1 17.8 396.90 9.14 2 17.8 392.83 4.03 3 18.7 394.63 2.94 4 18.7 396.90 5.33 5 18.7 394.12 5.21 6 15.2 395.60 12.43 7 15.2 396.90 19.15 8 15.2 386.63 29.93 9 15.2 386.71 17.10

还可以选择将数据存储到 Excel 文件中（可选），使用语句

```
data.to_csv('./boston.csv', index=None)
```

将波士顿数据保存到 CSV 文件中，得到的结果如图 5-23 所示。

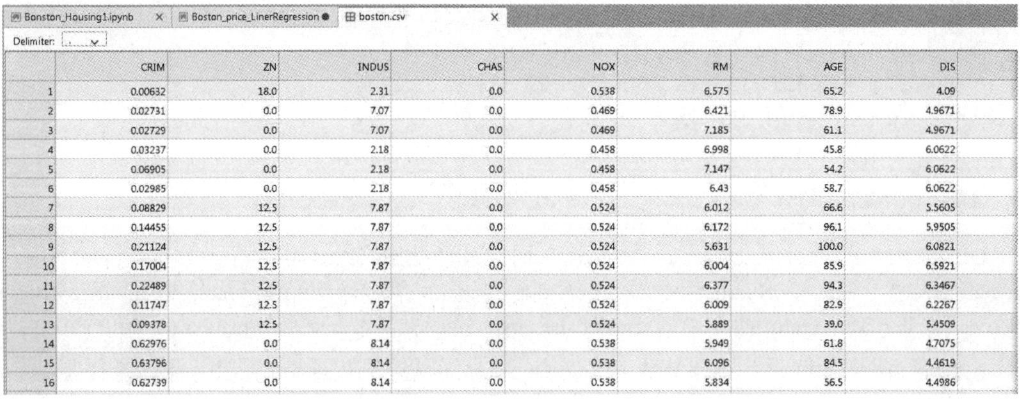

	CRIM	ZN	INDUS	CHAS	NOX	RM	AGE	DIS
1	0.00632	18.0	2.31	0.0	0.538	6.575	65.2	4.09
2	0.02731	0.0	7.07	0.0	0.469	6.421	78.9	4.9671
3	0.02729	0.0	7.07	0.0	0.469	7.185	61.1	4.9671
4	0.03237	0.0	2.18	0.0	0.458	6.998	45.8	6.0622
5	0.06905	0.0	2.18	0.0	0.458	7.147	54.2	6.0622
6	0.02985	0.0	2.18	0.0	0.458	6.43	58.7	6.0622
7	0.08829	12.5	7.87	0.0	0.524	6.012	66.6	5.5605
8	0.14455	12.5	7.87	0.0	0.524	6.172	96.1	5.9505
9	0.21124	12.5	7.87	0.0	0.524	5.631	100.0	6.0821
10	0.17004	12.5	7.87	0.0	0.524	6.004	85.9	6.5921
11	0.22489	12.5	7.87	0.0	0.524	6.377	94.3	6.3467
12	0.11747	12.5	7.87	0.0	0.524	6.009	82.9	6.2267
13	0.09378	12.5	7.87	0.0	0.524	5.889	39.0	5.4509
14	0.62976	0.0	8.14	0.0	0.538	5.949	61.8	4.7075
15	0.63796	0.0	8.14	0.0	0.538	6.096	84.5	4.4619
16	0.62739	0.0	8.14	0.0	0.538	5.834	56.5	4.4986

图 5-23   boston.csv 文件

（3）获取特征值、标签值（目标值）。

1）获取特征值，代码如下：

```
feature = boston["data"]    #获取特征值
print("feature:\n", feature)
print(print("feature 的形状：\n", feature.shape))
```

运行结果如下：

```
feature:
    [[6.3200e-03 1.8000e+01 2.3100e+00 ... 1.5300e+01 3.9690e+02 4.9800e+00]
```

```
[2.7310e-02 0.0000e+00 7.0700e+00 ... 1.7800e+01 3.9690e+02 9.1400e+00]
[2.7290e-02 0.0000e+00 7.0700e+00 ... 1.7800e+01 3.9283e+02 4.0300e+00]
...
[6.0760e-02 0.0000e+00 1.1930e+01 ... 2.1000e+01 3.9690e+02 5.6400e+00]
[1.0959e-01 0.0000e+00 1.1930e+01 ... 2.1000e+01 3.9345e+02 6.4800e+00]
[4.7410e-02 0.0000e+00 1.1930e+01 ... 2.1000e+01 3.9690e+02 7.8800e+00]]
feature 的形状：
 (506, 13)
None
```

2）获取标签值（目标值），代码如下：

```
target = boston["target"]     #获取目标值
print("target:\n", target)
print("target 的形状：\n", target.shape)
```

运行结果如下：

```
target:
[24.   21.6 34.7 33.4 36.2 28.7 22.9 27.1 16.5 18.9 15.  18.9 21.7 20.4
 18.2 19.9 23.1 17.5 20.2 18.2 13.6 19.6 15.2 14.5 15.6 13.9 16.6 14.8
 18.4 21.  12.7 14.5 13.2 13.1 13.5 18.9 20.  21.  24.7 30.8 34.9 26.6
 25.3 24.7 21.2 19.3 20.  16.6 14.4 19.4 19.7 20.5 25.  23.4 18.9 35.4
 24.7 31.6 23.3 19.6 18.7 16.  22.2 25.  33.  23.5 19.4 22.  17.4 20.9
 24.2 21.7 22.8 23.4 24.1 21.4 20.  20.8 21.2 20.3 28.  23.9 24.8 22.9
 23.9 26.6 22.5 22.2 23.6 28.7 22.6 22.  22.9 25.  20.6 28.4 21.4 38.7
 43.8 33.2 27.5 26.5 18.6 19.3 20.1 19.5 19.5 20.4 19.8 19.4 21.7 22.8
 18.8 18.7 18.5 18.3 21.2 19.2 20.4 19.3 22.  20.3 20.5 17.3 18.8 21.4
 15.7 16.2 18.  14.3 19.2 19.6 23.  18.4 15.6 18.1 17.4 17.1 13.3 17.8
 14.  14.4 13.4 15.6 11.8 13.8 15.6 14.6 17.8 15.4 21.5 19.6 15.3 19.4
 17.  15.6 13.1 41.3 24.3 23.3 27.  50.  50.  50.  22.7 25.  50.  23.8
 23.8 22.3 17.4 19.1 23.1 23.6 22.6 29.4 23.2 24.6 29.9 37.2 39.8 36.2
 37.9 32.5 26.4 29.6 50.  32.  29.8 34.9 37.  30.5 36.4 31.1 29.1 50.
 33.3 30.3 34.6 34.9 32.9 24.1 42.3 48.5 50.  22.6 24.4 22.5 24.4 20.
 21.7 19.3 22.4 28.1 23.7 25.  23.3 28.7 21.5 23.  26.7 21.7 27.5 30.1
 44.8 50.  37.6 31.6 46.7 31.5 24.3 31.7 41.7 48.3 29.  24.  25.1 31.5
 23.7 23.3 22.  20.1 22.2 23.7 17.6 18.5 24.3 20.5 24.5 26.2 24.4 24.8
 29.6 42.8 21.9 20.9 44.  50.  36.  30.1 33.8 43.1 48.8 31.  36.5 22.8
 30.7 50.  43.5 20.7 21.1 25.2 24.4 35.2 32.4 32.  33.2 33.1 29.1 35.1
 45.4 35.4 46.  50.  32.2 22.  20.1 23.2 22.3 24.8 28.5 37.3 27.9 23.9
 21.7 28.6 27.1 20.3 22.5 29.  24.8 22.  26.4 33.1 36.1 28.4 33.4 28.2
 22.8 20.3 16.1 22.1 19.4 21.6 23.8 16.2 17.8 19.8 23.1 21.  23.8 23.1
 20.4 18.5 25.  24.6 23.  22.2 19.3 22.6 19.8 17.1 19.4 22.2 20.7 21.1
 19.5 18.5 20.6 19.  18.7 32.7 16.5 23.9 31.2 17.5 17.2 23.1 24.5 26.6
 22.9 24.1 18.6 30.1 18.2 20.6 17.8 21.7 22.7 22.6 25.  19.9 20.8 16.8
 21.9 27.5 21.9 23.1 50.  50.  50.  50.  50.  13.8 13.8 15.  13.9 13.3
 13.1 10.2 10.4 10.9 11.3 12.3  8.8  7.2 10.5  7.4 10.2 11.5 15.1 23.2
  9.7 13.8 12.7 13.1 12.5  8.5  5.   6.3  5.6  7.2 12.1  8.3  8.5  5.
 11.9 27.9 17.2 27.5 15.  17.2 17.9 16.3  7.   7.2  7.5 10.4  8.8  8.4
 16.7 14.2 20.8 13.4 11.7  8.3 10.2 10.9 11.   9.5 14.5 14.1 16.1 14.3
```

```
11.7 13.4   9.6   8.7   8.4 12.8 10.5 17.1 18.4 15.4 10.8 11.8 14.9 12.6
14.1 13.   13.4 15.2 16.1 17.8 14.9 14.1 12.7 13.5 14.9 20.   16.4 17.7
19.5 20.2 21.4 19.9 19.   19.1 19.1 20.1 19.9 19.6 23.2 29.8 13.8 13.3
16.7 12.   14.6 21.4 23.   23.7 25.   21.8 20.6 21.2 19.1 20.6 15.2   7.
 8.1 13.6 20.1 21.8 24.5 23.1 19.7 18.3 21.2 17.5 16.8 22.4 20.6 23.9
22.   11.9]
```

target 的形状：
(506,)

3）获取标签属性，代码如下：

```
feature_names = boston["feature_names"]    #获取属性标签值
print("feature_names:\n", feature_names)
print("feature_names 的形状：\n", feature_names.shape)
```

运行结果如下：

```
feature_names:
 ['CRIM' 'ZN' 'INDUS' 'CHAS' 'NOX' 'RM' 'AGE' 'DIS' 'RAD' 'TAX' 'PTRATIO'
 'B' 'LSTAT']
feature_names 的形状：
 (13,)
```

（4）划分训练集、测试集及标准化数据。

1）一般比较常用的划分比例为 7:3 或 8:2，我们选用的是 7:3 的比例。代码如下：

```
#配置训练及测试数据集
from sklearn.model_selection import train_test_split   # 导入拆分数据集库
#训练集：测试集  = 7:3
train_x, test_x, train_y, test_y = train_test_split(feature, target, test_size=0.3, random_state=1)
print("训练集的特征值：\n", train_x)
print("训练集的特征值：\n", train_x.shape)
print("训练集的目标值：\n", train_y)
print("训练集的目标值：\n", train_y.shape)
print("测试集的特征值：\n", test_x)
print("测试集的特征值：\n", test_x.shape)
print("测试集的目标值：\n", test_y)
print("测试集的目标值：\n", test_y.shape)
```

运行结果如下：

```
训练集的特征值：
[[6.29760e-01 0.00000e+00 8.14000e+00 ... 2.10000e+01 3.96900e+02
  8.26000e+00]
 [1.71710e-01 2.50000e+01 5.13000e+00 ... 1.97000e+01 3.78080e+02
  1.44400e+01]
 [9.82349e+00 0.00000e+00 1.81000e+01 ... 2.02000e+01 3.96900e+02
  2.12400e+01]
 ...
 [5.87205e+00 0.00000e+00 1.81000e+01 ... 2.02000e+01 3.96900e+02
  1.93700e+01]
 [3.30450e-01 0.00000e+00 6.20000e+00 ... 1.74000e+01 3.76750e+02
  1.08800e+01]
```

[8.01400e-02 0.00000e+00 5.96000e+00 ... 1.92000e+01 3.96900e+02
8.77000e+00]]

训练集的特征值：

(354, 13)

训练集的目标值：

[20.4 16.　13.3 30.8 27.5 24.4 24.4 25.1 43.8 21.9 26.2 14.2 20.8 20.1
23.1 13.1 16.2 24.8 20.2 22.5 14.8 28.7 20.1 23.4 32.　19.1 50.　20.9
21.7 22.　17.2 30.3 12.3 21.4 20.5 35.2 19.6 22.　21.7 14.1 21.1 15.
11.9 20.　41.3 18.7 50.　50.　18.4 17.9 28.1 16.1 17.2 28.6 23.6 20.4
19.6 18.8 22.6 17.7 30.5 18.2 20.6 24.4 17.3 13.3 22.8 20.5 21.2 18.8
18.9 18.2 23.1 32.7 24.　10.2 19.5 33.1 13.4 15.2 24.8 24.3　9.5 24.2
18.5 44.　50.　24.7 21.5　8.4 21.8 50.　23.8 32.4 24.4 17.6 29.8　9.6
16.7 13.8 32.　16.1　8.3 26.6 14.3 15.　28.4 32.2 17.1 29.4 10.4 16.8
31.5 27.5 46.7 27.5 17.2 23.4 31.6 13.8 22.　17.　24.8 24.3 25.2 21.2
20.6 18.7　5.6 19.3 19.8 22.3 20.3 12.　23.9 16.5 13.2 33.2 10.5　7.5
27.5 18.4 23.2 13.8 35.4 23.　25.　7.2 14.4　8.8 22.7 13.1 18.9 25.
　8.5 16.1 29.　23.1 19.3 33.1 24.6 23.　15.2 27.1 19.6 24.5 20.3 34.9
17.1 15.6 26.4 22.6 15.6 29.　21.2 22.4 13.5 11.7 17.1 31.7 28.7 24.7
19.　7.2 13.8 12.8 36.2 38.7 18.5 29.1 20.4 11.3 17.4　8.7 18.9 23.2
22.2 29.1 34.6 25.　23.2 37.9　7.　18.2 19.3 26.7 19.2 30.1 20.6 50.
18.7 20.6 31.1 14.　17.8 42.3 15.3 18.5 21.4 15.　20.7 21.4 21.7 22.
31.6 22.　10.2 22.6 20.　17.8 13.6 11.8 19.4 21.4 32.9 20.8 31.　17.5
15.4 10.8 34.7 25.　48.8 42.8 19.5 30.1 22.2 50.　23.1 32.5 19.6 14.9
26.4 37.　24.1 24.5 23.7　7.　22.2 23.3 15.6 13.4 30.7 22.3 17.4 50.
22.9 19.7 15.6 17.8 10.9 35.1 15.7 50.　22.8 19.9 20.1 19.4 46.　23.2
37.6 23.1 13.9 33.3 33.　19.9 20.3 50.　19.4 19.5 22.8 16.6 20.　24.7
45.4 33.4 21.4 19.4　5.　7.4 20.1 12.7 20.3 14.1 18.3 19.9 23.3 36.5
20.　17.8　8.8 21.6 21.6 15.2 19.8 21.　27.1 16.8 14.4 22.5 18.6 20.1
19.6 25.　17.4 19.7　5.　16.3 13.1 29.6 13.1 19.1 12.1 21.7 21.9 33.2
29.9 35.4 15.1 31.5 21.7 16.4 14.3 11.8 14.1 21.1 18.4 48.5 13.8 20.9
22.8 12.5 24.　21.]

训练集的目标值：

(354,)

测试集的特征值：

[[4.9320e-02 3.3000e+01 2.1800e+00 ... 1.8400e+01 3.9690e+02 7.5300e+00]
[2.5430e-02 5.5000e+01 3.7800e+00 ... 1.7600e+01 3.9690e+02 7.1800e+00]
[2.2927e-01 0.0000e+00 6.9100e+00 ... 1.7900e+01 3.9274e+02 1.8800e+01]
...
[9.2990e-02 0.0000e+00 2.5650e+01 ... 1.9100e+01 3.7809e+02 1.7930e+01]
[5.4011e-01 2.0000e+01 3.9700e+00 ... 1.3000e+01 3.9280e+02 9.5900e+00]
[9.8843e-01 0.0000e+00 8.1400e+00 ... 2.1000e+01 3.9454e+02 1.9880e+01]]

测试集的特征值：

(152, 13)

测试集的目标值：

[28.2 23.9 16.6 22.　20.8 23.　27.9 14.5 21.5 22.6 23.7 31.2 19.3 19.4
19.4 27.9 13.9 50.　24.1 14.6 16.2 15.6 23.8 25.　23.5　8.3 13.5 17.5
43.1 11.5 24.1 18.5 50.　12.6 19.8 24.5 14.9 36.2 11.9 19.1 22.6 20.7

30.1 13.3 14.6   8.4 50.   12.7 25.   18.6 29.8 22.2 28.7 23.8   8.1 22.2
  6.3 22.1 17.5 48.3 16.7 26.6   8.5 14.5 23.7 37.2 41.7 16.5 21.7 22.7
23.   10.5 21.9 21.   20.4 21.8 50.   22.   23.3 37.3 18.   19.2 34.9 13.4
22.9 22.5 13.   24.6 18.3 18.1 23.9 50.   13.6 22.9 10.9 18.9 22.4 22.9
44.8 21.7 10.2 15.4 25.3 23.3   7.2 21.2 11.7 27.   29.6 26.5 43.5 23.6
11.   33.4 36.   36.4 19.   20.2 34.9 50.   19.3 14.9 26.6 19.9 24.8 21.2
23.9 20.6 23.1 28.   20.   23.1 25.   9.7 23.9 36.1 13.4 12.7 39.8 10.4
20.6 17.8 19.5 23.7 28.5 24.3 23.8 19.1 28.4 20.5 33.8 14.5]

测试集的目标值：

 (152,)

2）数据标准化。一般仅对特征值进行标准化，代码如下：

```
from sklearn.preprocessing import StandardScaler   # 标准差标准化
scalar = StandardScaler()       #实例化
#训练集标准化
train_x = scalar.fit_transform(train_x)
#测试集标准化
test_x = scalar.fit_transform(test_x)
print("标准化之后的数据：\n", train_x)
print("标准化之后的数据：\n", test_x)
```

运行结果如下：

标准化之后的数据：
 [[-0.36571739 -0.48366069 -0.46209575 ...   1.18880212   0.43987709
   -0.64691635]
 [-0.4195265   0.58018848 -0.90151022 ...   0.58247746   0.231398
    0.20337764]
 [0.71430973 -0.48366069   0.99191363 ...   0.81567925   0.43987709
    1.13897622]
 ...
 [0.25011703 -0.48366069   0.99191363 ...   0.81567925   0.43987709
    0.88168661]
 [-0.40087863 -0.48366069 -0.74530641 ... -0.49025077   0.21666488
   -0.28643573]
 [-0.43028363 -0.48366069 -0.78034278 ...   0.34927567   0.43987709
   -0.57674646]]
标准化之后的数据：
 [[-0.37202876   0.94808886 -1.25101694 ... -0.02982572   0.44392137
   -0.6517555]
 [-0.37475271   1.91188554 -1.01729517 ... -0.39250643   0.44392137
   -0.70355322]
 [-0.35151078 -0.49760615 -0.56007694 ... -0.25650116   0.39934715
    1.01613102]
 ...
 [-0.36704949 -0.49760615   2.17738934 ...   0.2875199   0.24237303
    0.8873767]
 [-0.31606867   0.37857265 -0.98954071 ... -2.4779205   0.39999004
   -0.34688893]

```
 [-0.26495102 -0.49760615 -0.38040333 ...   1.14888659   0.41863407
    1.17596398]]
```

（5）使用线性回归预测。代码如下：

```
from sklearn.linear_model import LinearRegression   # 线性回归模型
lr = LinearRegression()                  #构建算法实例
lr.fit(train_x, train_y)                 #训练数据
y_predict = lr.predict(test_x)           #预测数据
print(y_predict)
```

代码运行结果如下：

```
[31.86639586 27.17105112 16.63200582 20.94687928 18.16975139 19.16186198
 32.24812566 16.97320113 24.98722187 26.07441939 26.68205525 27.89298187
 20.26314195 26.39799278 22.52361778 20.40460843 15.88298674 36.79446048
 29.96795083  6.54143019 19.98714044 14.86677955 24.2266115  24.16669122
 31.10960885  9.80899617 12.39639894 15.50353364 34.91067482 13.60386028
 20.08294546 12.68572685 42.45368046 16.72066129 20.7686435  19.56234583
 16.24460902 26.0446623   9.16786691 19.05360089 23.38339266 20.21913151
 28.72350754 15.15289243 18.40987323 13.17726897 40.1697359  17.25258314
 25.52147307 19.77381998 24.26205061 23.43644434 24.19499818 26.03636894
  3.36472639 23.26990664  9.17617052 26.42755426 15.67416411 34.60360396
 18.52884951 26.73950134 15.46498855 18.23963618  9.59776844 31.49651118
 35.48394747 20.41728193 24.08644453 24.54483151 22.72622984  5.94233524
 16.0925564  19.14609706 19.84078432 21.31569621 35.26104111 27.13005332
 23.79047567 34.34843037 17.62725622 23.16733654 33.81758235 11.80985119
 19.67121415 29.56648315 15.75787677 23.63967938 18.18301863 15.89474119
 26.21254282 39.9325102  13.24606077 22.1197365  14.66817382 20.59923765
 22.1115918  28.85603605 35.88367998 19.57155438 17.3265104  16.22210531
 24.56718144 21.23201368  6.8569042  20.60182882 15.83031095 33.91438481
 23.57042602 24.35540921 37.64043157 28.10884526 13.62650028 34.18516551
 34.4696498  32.2025804  20.21321805 16.02424776 34.14088739 37.97411589
 20.60163668 14.40234619 26.77557697 17.58225468 26.5181627  20.2644672
 25.4303104  21.56685998 22.48519981 27.71686322 19.60221867 23.10132557
 29.34873307  9.2963686  26.37132684 31.80750691 13.46893918 12.52880862
 32.28454031 13.47342416 16.97641511 15.20201353 16.19189168 28.00837783
 33.72321991 19.43095013 23.88451217 16.24944323 27.77068434 19.77739185
 32.67734922 12.36593393]
```

（6）获取线性回归参数。代码如下：

```
#获取线性回归权重与偏置
weight = lr.coef_
bias = lr.intercept_
print("线性回归权重： ", weight)
print("线性回归偏置： ", bias)
```

运行结果如下：

```
线性回归权重：  [-0.83884271  1.42840065  0.40532651  0.67942473 -2.53039124  1.93381643
   0.10090715 -3.23615418  2.70318306 -1.91729896 -2.15578621  0.58227649
  -4.13433172]
线性回归偏置：22.339830508474574
```

（7）模型评价。代码如下：

```
# 获取准确率
score = lr.score(test_x, test_y)
print("线性回归预测房价准确率为：{:.2f}%".format(score*100)) from sklearn import metrics
print('平均绝对误差：{}'.format(metrics.mean_squared_error(y_predict,test_y)))
print('均方误差 MSE：{}'.format(metrics.mean_absolute_error(y_predict,test_y)))
print('解释方差分：{}'.format(metrics.explained_variance_score(y_predict,test_y)))
print('R2 得分：{}'.format(metrics.r2_score(y_predict,test_y)))
```

运行结果如下：

```
线性回归预测房价准确率为：78.16%
平均绝对误差：20.018510201285224
均方误差 MSE：3.288817396874971
解释方差分：0.6739508142575357
R2 得分：0.6670877566906281
```

（8）预测值与真实值之间比较的可视化。代码如下：

```
plt.figure(figsize=(10,6))   #设置大小
plt.plot(test_y,label='True')
plt.plot(y_predict,label='Predict')
plt.legend()
plt.xlabel('test data point')
plt.ylabel('target value')
```

运行上述代码后，显示结果如图 5-24 所示。

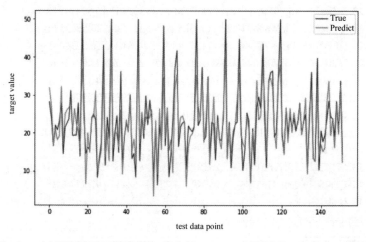

图 5-24　运用线性回归预测房价-真实值（True）与预测值（Predict）对比图

5.3.2　使用决策树预测房价

（1）首先，导入项目所需的 python 基础库。代码如下：

```
import pandas as pd   # 导入 Pandas 数据处理工具箱
import numpy as np   # 导入 NumPy 数学工具箱
import matplotlib.pyplot as plt   # 导入 python 绘图库
from sklearn.tree import DecisionTreeRegressor   #决策树回归
```

（2）导入波士顿房价数据，并查看 boston 的特征属性及数据。步骤代码与执行结果参照 5.3.1。

（3）获取特征值、标签值（目标值）。步骤代码与执行结果参照 5.3.1。

（4）划分训练集、测试集及标准化数据。步骤代码与执行结果参照 5.3.1。

（5）使用决策树预测，代码如下：

```
#实例化决策树，设置 max_depth=4
dr =DecisionTreeRegressor(max_depth=4)
dr.fit(train_x, train_y)
y_predict=dr.predict(test_x)
print(y_predict)
```

运行结果如下：

```
[30.39333333 30.39333333 16.57647059 22.89245283 20.39431818 20.39431818
 22.89245283 20.39431818 16.57647059 20.39431818 30.39333333 30.39333333
 20.39431818 20.39431818 20.39431818 20.39431818  9.12916667 47.09285714
 22.89245283 13.11578947 20.39431818 15.53888889 20.39431818 22.89245283
 22.89245283  9.12916667 16.57647059 20.39431818 30.39333333 13.11578947
 22.89245283 16.57647059 47.09285714 15.53888889 20.39431818 20.39431818
 13.11578947 30.39333333  9.12916667 15.53888889 22.89245283 22.89245283
 22.89245283 16.57647059 13.11578947  9.12916667 47.09285714 15.53888889
 20.39431818 20.39431818 25.55        20.39431818 22.89245283 20.39431818
 13.11578947 22.89245283 13.11578947 22.89245283 15.53888889 47.09285714
 15.53888889 22.89245283 13.11578947 15.53888889 16.57647059 30.39333333
 47.09285714 22.89245283 20.39431818 20.39431818 22.89245283  9.12916667
 15.53888889 20.39431818 15.53888889 20.39431818 50.         22.89245283
 22.89245283 30.39333333 15.53888889 20.39431818 30.39333333  9.12916667
 22.89245283 22.89245283 13.11578947 22.89245283 15.53888889 15.53888889
 30.39333333 47.09285714 13.11578947 20.39431818 15.53888889 20.39431818
 20.39431818 22.89245283 47.09285714 20.39431818 15.53888889 13.11578947
 22.89245283 22.89245283  9.12916667 20.39431818 15.53888889 22.89245283
 20.39431818 30.39333333 30.39333333 20.39431818 13.11578947 30.39333333
 30.39333333 30.39333333 20.39431818 20.39431818 30.39333333 47.09285714
 20.39431818 13.11578947 30.39333333 15.53888889 20.39431818 20.39431818
 22.89245283 20.39431818 15.53888889 30.39333333 15.53888889 20.39431818
 22.89245283  9.12916667 22.89245283 30.39333333 13.11578947 13.11578947
 47.09285714 15.53888889 22.89245283 13.11578947 16.57647059 22.89245283
 30.39333333 20.39431818 22.89245283 16.57647059 22.89245283 16.57647059
 25.55        16.57647059]
```

（6）模型评价。代码如下：

```
# 获取准确率
score = dr.score(test_x, test_y)
print("决策树预测房价准确率为：{:.2f}%".format(score*100))
#决策树模型得分指标，这是以测试集为标准进行估测
from sklearn import metrics
print('平均绝对误差：{}'.format(metrics.mean_squared_error(y_predict,test_y)))
print('均方误差 MSE：{}'.format(metrics.mean_absolute_error(y_predict,test_y)))
```

```
print('解释方差分: {}'.format(metrics.explained_variance_score(y_predict,test_y)))
print('R2 得分: {}'.format(metrics.r2_score(y_predict,test_y)))
```

运行结果如下:

决策树预测房价准确率为: 83.82%
平均绝对误差: 14.826087410012532
均方误差 MSE: 3.0081201239555218
解释方差分: 0.8212542749421672
R2 得分: 0.805725767812388

　　将上述结果对比 5.3.1,对于此数据,决策树的方法在准确率方面略高于线性回归算法,但也不能说明决策树算法一定优于线性回归算法,因为在不同数据集上的表现存在差异性。

　　(7)调整 max_depth,查看各指标的不同表现。代码如下:

```
#决策树模型优化(利用循环找出最佳决策树深度)
for depth in range(5,10):
    dr_test=DecisionTreeRegressor(max_depth=depth)
    dr_test.fit(train_x,train_y)
    y_test_predict=dr_test.predict(test_x)
    print('max_depth=',depth,dr_test.score(test_x,test_y))
    #优化后的决策树模型得分指标
    #from sklearn import metrics
print('max_depth=',depth,'平均绝对误差: {}'. format(metrics.mean_squared_error(y_test_predict,test_y)))
print('max_depth=',depth,'均方误差 MSE: {}'. format(metrics.mean_absolute_error(y_test_predict,test_y)))
print('max_depth=',depth,'解释方差分: {}'. format(metrics.explained_variance_score(y_test_predict,test_y)))
print('max_depth=',depth,'R2 得分: {}'.format(metrics.r2_score(y_test_predict,test_y)))
```

运行结果如下:

max_depth= 5 0.8315888369131377
max_depth= 5 平均绝对误差: 15.435638774944048
max_depth= 5 均方误差 MSE: 3.0314467498002253
max_depth= 5 解释方差分: 0.8191162513587811
max_depth= 5 R2 得分: 0.7985603479792891
max_depth= 6 0.8269639193618514
max_depth= 6 平均绝对误差: 15.859533220995308
max_depth= 6 均方误差 MSE: 3.0079390673855273
max_depth= 6 解释方差分: 0.811396484464427
max_depth= 6 R2 得分: 0.79090023842346
max_depth= 7 0.8365368827808607
max_depth= 7 平均绝对误差: 14.982128168781715
max_depth= 7 均方误差 MSE: 2.91287015416631
max_depth= 7 解释方差分: 0.8212239099741954
max_depth= 7 R2 得分: 0.7983517149887553
max_depth= 8 0.8136397356630702
max_depth= 8 平均绝对误差: 17.08075444395727
max_depth= 8 均方误差 MSE: 3.0526038150717354
max_depth= 8 解释方差分: 0.781880681985593
max_depth= 8 R2 得分: 0.7700707026406096
max_depth= 9 0.7982456723870888

max_depth= 9 平均绝对误差：18.49168941793002
max_depth= 9 均方误差 MSE：3.193540582224793
max_depth= 9 解释方差分：0.7953566824268279
max_depth= 9 R2 得分：0.7842639698759009

（8）预测值与真实值之间比较的可视化。代码如下：

```
plt.figure(figsize=(10,6))    #设置大小
plt.plot(test_y,label='True')
plt.plot(y_predict,label='Predict')
plt.legend()
plt.xlabel('test data point')
plt.ylabel('target value')
```

运行上述代码后，显示结果如图 5-25 所示。

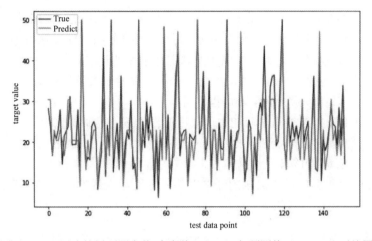

图 5-25　运用决策树预测房价-真实值（True）与预测值（Predict）对比图

5.4　本章小结

　　本章介绍了机器学习的发展史、常见的机器学习分类以及符号学习，以及常见的各种监督学习、无监督学习、半监督学习、强化学习的经典算法，并对各算法的优缺点进行了对比分析。

　　机器学习是一门研究如何通过机器模拟人类的学习方式，从经验或数据中获取知识或者技能，并可通过获取新的知识不断重构、完善自身各种性能的方法或者过程。自艾伦·图灵发表了论文探索机器智能开始，先后经历了逻辑推理的萌芽期、知识学习的发展阶段以及自主学习的繁荣期。机器学习按照对人类学习的模拟方式分为模拟人脑的机器学习与基于统计学的机器学习；按照学习的方式分为监督学习、无监督学习、半监督学习、强化学习等；按照学习策略分为归纳学习、解释学习、神经学习、知识发现等；基于数据的形式分为结构化学习与非结构化学习；基于学习目标分为概念学习、规则学习、函数学习、类别学习、贝叶斯学习等。

　　监督学习：利用一组已知类别的样本调整分类器的参数，使其达到所要求性能的过程，也称为监督训练或有教师学习。经典的监督学习算法有最近邻算法、决策树相关算法、随机森

林、梯度提升决策树、朴素贝叶斯算法、线性回归算法、逻辑回归算法、Bagging 算法、Boosting 算法、Stacking 等。

面对因缺乏足够的先验知识而导致无法对数据类别进行标注且标注的成本较高的现实问题，无监督学习往往是我们选择较多的方案。典型的无监督学习有聚类分析、关联规则分析、发现学习、竞争学习等。无监督学习常用于购物篮分析、用户细分、新闻分类、异常检测等场景中。

半监督学习是介于监督学习与无监督学习之间的一种学习方式，一定程度上降低了监督学习中人工标记的成本，同时也提高了学习的准确度与效率。半监督学习的经典算法有自训练算法、联合训练算法等。半监督聚类学习综合了机器学习、数据挖掘、统计学、生物学、数据安全等知识，已广泛应用于模式识别、用户细分、生物学研究、文本分析、空间数据挖掘、流计算等领域。

此外，本章还介绍了强化学习的概念，并以图形化的实例描述了强化学习的方式。

强化学习又被称为增强学习、激励学习等，用于描述和解决智能体在与环境的交互过程中，运用奖惩机制训练智能体的学习策略，以实现既定目标或回报最大化。

本章第 2 节着重介绍了符号学习的概念、分类，并通过实例详细演示了示例学习、决策树学习、ID3 算法、CART 算法的学习过程。

符号学习侧重于模拟人类的学习能力，采用符号表达的机制，使用相关的知识表示方法、符号推理、符号计算以及各学习策略来实施机器学习。根据学习策略的不同可将其划分为记忆学习、归纳学习、演绎学习等。

本章最后分析了波士顿房价问题的经典案例，分别运用线性回归与决策树算法描述了机器学习的一般过程，可供读者借鉴。

习题 5

一、选择题

1. 先给物体打上标签再让模型进行学习的训练方法属于（　　）。
   A. 监督学习　　　B. 半监督学习　　C. 无监督学习　　　D. 强化学习
2. 机器学习的首要步骤是（　　）。
   A. 数据收集　　　B. 特征提取　　　C. 交叉验证　　　　D. 模型训练
3. 在机器学习的定义中，没有涉及（　　）。
   A. 知识表示　　　　　　　　B. 特征提取
   C. 学习技能　　　　　　　　D. 人为因素后期干预
4. 监督学习与强化学习的最大区别在于（　　）。
   A. 有无标签　　　　　　　　B. 如何产生动作
   C. 对产生动作的好坏做以评价　D. 外部信息较丰富
5. 下列明显属于回归问题的是（　　）。
   A. 垃圾邮件的识别　　　　　B. 产品好坏的预测
   C. 产品销售额的估测　　　　D. 广告是否被点击的预测

6. 决策树停止划分数据集的情况主要包括（　　）。

    A. 当前节点包含的样本属于同一类别

    B. 当前节点包含的样本集合为空，不能划分

    C. 当前属性集为空，或所有样本所有属性上取值相同，无法划分

    D. 以上都对

7. 以下（　　）方法属于生成式模型。

    A. 决策树　　　　　B. 朴素贝叶斯　　C. SVM　　　　　　D. 逻辑回归

8. 下列有关机器学习的说法，正确的有（　　）。

    A. 学习系统使用样本数据来建立并更新模型，并以可理解的符号形式表达，使经过
更新的模型处理同源数据的能力得以提升

    B. 机器学习系统利用经验来改善计算机系统自身的性能

    C. 计算机学习人解决问题的"经验"，并模仿人来解决问题

    D. 机器学习系统不可以学习人的判断过程

9. 机器学习按照学习策略主要分为（　　）等。

    A. 归纳学习　　　　B. 解释学习　　　C. 神经学习　　　　D. 知识发现

10. 下列算法属于无监督学习的有（　　）。

    A. 主成分分析　　　B. 空间聚类　　　C. SVM　　　　　　D. Q-Learning

二、填空题

1. 机器学习的发展主要经历了＿＿＿＿＿＿＿（萌芽期）、＿＿＿＿＿＿＿（发展阶段）、＿＿＿＿＿＿＿（繁荣期）等阶段。

2. 机器学习按照学习的方式可分为＿＿＿＿＿＿＿、＿＿＿＿＿＿＿、＿＿＿＿＿＿＿、＿＿＿＿＿＿＿等。

3. 符号学习侧重于模拟人类的学习能力，采用符号表达的机制，使用相关的知识表示方法、符号推理、符号计算以及各学习策略来实施机器学习。根据学习策略的不同可将其划分为＿＿＿＿＿＿＿、＿＿＿＿＿＿＿、＿＿＿＿＿＿＿等。

三、简答题

1. 简述监督学习、无监督学习、半监督学习的定义。

2. 简述强化学习与监督学习、非监督学习的区别。

3. 简述集成学习的基本思想。

第 6 章　人工神经网络与深度学习

本章导读

人工神经网络是人工智能领域的一个关键节点和基础工具，许多令人赞叹的机器学习的实现就由此而来。本章主要介绍人工神经网络的发展历程、相关基本概念、深度学习的基本原理、经典算法以及人工神经网络与深度学习的比较，并通过实例讲解 BP 手写数字的识别方法及深度学习中卷积网络的 textCNN 的代码实现。读者应在理解相关概念的基础上重点掌握各方法的原理、代码实现，以掌握使用深度学习算法解决实际问题的方法。

本章要点

- 人工神经元的理解
- 人工神经网络的结构
- 深度学习的理解
- 神经网络与深度学习的相同点与不同点

人工神经网络

6.1　人工神经网络

人工神经网络（Artificial Neural Networks，ANNs），也称为神经网络（NNs），是人脑或自然神经网络对信息的感知与处理等智能行为的抽象和模拟，是一种全新的计算网络模型。神经网络的基本组成单元是神经元，智能行为则存在于神经网络中大量神经元的相互连接之中。数学中的神经元模型是和生物学中的神经细胞对应的，生物的神经细胞是神经网络理论诞生和形成的物质基础和源泉，为了更好地了解神经网络的学习机制，有必要先对自然神经系统中神经元的行为特性进行一个基本的了解。

6.1.1　神经元与神经网络

神经系统的基本构造是神经元（神经细胞），它是处理人体内各部分之间信息相互传递的基本单元。神经生物学家研究的结果表明，人的大脑一般有 1011～1012 个神经元，每个神经元都与其他神经元连接，并通过这种连接方式可以收发不同数量的能量（信息），人的认知过程反映在这些大量的神经元整体活动之中。在人的大脑中，神经元的结构形式并非是完全相同的。但是，无论结构形式如何，神经元都是由一些基本成分所组成的。

人体神经元结构如图 6-1 所示，从图中可以看出：单个神经元由一个细胞体（Core）、一个连接其他神经元的轴突（Axon）和一些向外伸出的其他较短分支的树突（Dendrites）所组成。细胞体是由很多分子形成的综合体，是神经元的主要组成部分。整个细胞的最外层称为细胞膜，内部则含有细胞核、核糖体、原生质网状结构等，它吸收和生成维持神经元生命所必需的物质，是神经元活动的能量供应地，并在这里进行新陈代谢等各种生化过程。细胞体的基本功能是将接收到的所有信号进行处理（如对输入信号按照重视程度加权求和），然后由轴突输出。树突是由细胞体向外伸出的较短的分支，围绕细胞体形成灌木丛状，树突的功能是接收来自其他神经元的兴奋（信号），为神经元细胞的信息输入端。

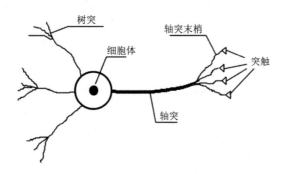

图 6-1　人体神经元结构

神经元的树突与另外的神经元的轴突末梢的突触（Synapse）相连。轴突是由细胞体向外伸出的最长的一条分支，超过 1m。轴突末端的神经末梢将本神经元的输出信号（兴奋）同时传送给多个别的神经元，是神经元细胞的信息输出端。突触是一个神经元与另一个神经元之间相联系并进行信息传送的结构，如图 6-2 所示。它由突触前成分、突触间隙和突触后成分组成。突触前成分是一个神经元的轴突末梢，突触间隙是突触前成分与后成分之间的距离空间，突触后成分可以是细胞体、树突或轴突。突触的存在说明：两个神经元的细胞质并不直接连通，二者彼此联系是通过突触这种结构相互作用的，是神经元之间的一种连接。

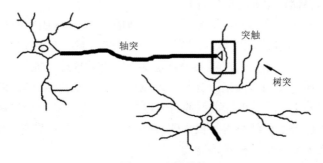

图 6-2　突触连接

人脑的活动基础是由大量的神经元组成的神经系统，这些神经元以特定的方式相互交织在一起构成一个非常复杂的网络，当外部的信息进入该网络中时，将引发一连串的各种化学反应，信号沿着神经元传递，神经元的状态也发生了不同的改变。一个神经元具有两种状态：兴奋状态和抑制状态，这是由细胞膜内外之间不同的电位差来表征的。在抑制状态，细胞膜内外之间有内负外正的电位差，这个电位差大约在 $-50\sim-100\text{mV}$ 之间。在兴奋状态，则产生内正外负的相反电位差，这时表现为约 $60\sim100\text{mV}$ 的电脉冲。细胞膜内外的电位差是由膜内外的离子浓度不同导致的，细胞的兴奋电脉冲宽度一般大约为 1ms。对神经元的研究结果表明：神经元的电脉冲几乎可以不衰减地沿着轴突传送到其他神经元上去。由神经元传出的电脉冲信号，首先到达轴突末梢，使其中的囊泡产生变化从而释放神经递质。这种神经递质通过突触间隙进入到另一个神经元的树突中。树突上的受体能够接收神经递质从而改变膜向离子的通透性，使膜内外离子浓度差产生变化，进而产生电位。于是，信息就从一个神经元传送到了另一个神经元中。当神经元接收来自其他神经元的信息时，膜电位在开始时是按时间连续渐渐变化的。当膜电位变化超出一个定值时，才产生突变上升的脉冲，这个脉冲接着沿轴突进行传递。神经元这种膜电位高达一定阈值后才产生脉冲传送的特性称阈值特性。神经元的信息传递除了有阈值特性之外，还有两个特点。一个是单向性传递，即只能从前一级神经元的轴突末梢传向后一级神经元的树突或细胞体；另一个是延时性传递，即信息通过突触传递时通常会产生 0.5～1ms 的延时。在神经网络结构上，大量不同的神经元的轴突末梢可以到达同一个神经元的树突并形成大量突触，神经元可以对不同来源的输入信息进行综合。与此同时，对于来自同一个突触的信息，神经元可以对不同时间传入的信息进行综合，故神经元对信息有空间综合与时间综合的特性。神经元对能量的接收并不是立即做出响应的，而是将它们累加起来，当这个累加的总和达到某个临界阈值时，它们将自己的那部分能量发送给其他的神经元。人工神经网络是以计算机网络系统来模拟生物神经网络的智能计算系统，网络上的每个节点相当于一个神经元，它是对具有以上行为特性的神经元的一种模拟，每个神经元就是一个简单的处理单元，这些大量的神经元之间相互作用，共同完成信息的并行处理工作。

神经网络最早是作为一种主要的连接主义模型。20 世纪 80 年代中后期，最流行的一种连接主义模型是分布式并行处理（Parallel Distributed Processing，PDP）模型，其主要特性如下：

- 信息表示是分布式的（非局部的）。
- 记忆和知识存储在单元之间的连接上。
- 通过逐渐改变单元之间的连接强度来学习新的知识。连接主义的神经网络有着多种多样的网络结构以及学习方法，虽然早期模型强调模型的生物学合理性（Biological Plausibility），但后期更关注对某种特定认知能力的模拟，如物体识别、语言理解等。尤其在引入误差反向传播来改进其学习能力之后，神经网络也越来越多地应用在各种机器学习任务上。随着训练数据的增多以及（并行）计算能力的增强，神经网络在很多机器学习任务上已经取得了很大的突破，特别是在语音、图像等感知信号的处理上，神经网络表现出了卓越的学习能力。

人工神经元（Artificial Neuron），简称神经元（Neuron），是构成神经网络的基本单元，其主要是模拟生物神经元的结构和特性，接收一组输入信号并产生输出。

1943 年，心理学家 McCulloch 和数学家 Pitts 根据生物神经元的结构，提出了一种非常简单的神经元模型——MP 神经元。现代神经网络中的神经元和 MP 神经元的结构并无太多变化。不同的是，MP 神经元中的激活函数 f 为 0 或 1 的阶跃函数，而现代神经元中的激活函数通常要求是连续可导的函数。

假设一个神经元接收 D 个输入 $x_1, x_2, \cdots, x_D$，令向量 $x=[x_1, x_2, \cdots, x_D]$ 来表示这组输入，并用净输入 $Z \in R$ 表示一个神经元所获得的输入信号 x 的加权和，则有

$$z = \sum_{d=1}^{D} w_d x_d + b = \boldsymbol{w}^{\mathrm{T}} \boldsymbol{x} + b$$

其中，$\boldsymbol{w}=[w_1, w_2, \cdots, w_D] \in \boldsymbol{R}$ 是 D 维的权重向量；$b \in \boldsymbol{R}$ 是偏置。

净输入 z 在经过一个非线性函数 $f(\cdot)$ 后，得到神经元的活性值 a，即：

$$a = f(z)$$

图 6-3 给出了一个典型的神经元结构示例。

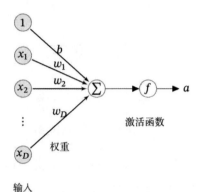

图 6-3　典型的神经元结构示例

激活函数在神经元中是非常重要的。为了增强网络的表示能力和学习能力，激活函数需要具备以下几点性质：

（1）连续并可导（允许少数点上不可导）的非线性函数。可导的激活函数可以直接利用数值优化的方法来学习网络参数。

（2）激活函数及其导函数要尽可能简单，有利于提高网络计算效率。

（3）激活函数的导函数的值域要在一个合适的区间内，不能太大也不能太小，否则会影响训练的效率和稳定性。

常用的激活函数 $f(\cdot)$ 有阈值型激活函数、分段线性型激活函数和 Sigmoid 型激活函数。阈值型激活函数如图 6-4 所示，这是一种最简单的激活函数，它只具有两种输出，即 0 和 1，分别表示神经元的激活与抑制状态，这种激活函数的神经元为离散输出模型，其数学表达式为

$$y_k = f(u_k) \begin{cases} 1, & u_k > 0 \\ 0, & u_k \leqslant 0 \end{cases}$$

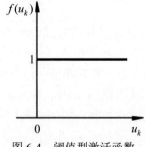

图 6-4　阈值型激活函数

分段线性型激活函数如图 6-5 所示，它表示在一定的范围内，输入/输出为一线性变化关系。当输入达到某一量值时，神经元进入饱和限幅状态，限制输出的幅度。其数学表达式为

$$y_k = f(u_k) \begin{cases} 1, & u_k \leqslant -1 \\ (1+u_k)/2, & -1 < u_k < 1 \\ 0, & u_k \geqslant 1 \end{cases}$$

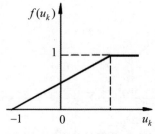

图 6-5   分段线性型激活函数

Sigmoid 型激活函数如图 6-6 所示，这种函数具有连续、平滑及饱和的非线性特性，一般采用指数或双曲正切等 S 状的曲线来表示，如

$$y_k = f(u_k) = \frac{1}{1 + \exp(-au_k)}$$

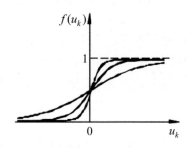

图 6-6   Sigmoid 型激活函数

以上几种都是常见的激活函数以及它们的函数图像，鉴于本书的篇幅和使用的频率并没有将所有的激活函数都放在其中。但这并不影响激活函数是神经网络和深度学习中最容易做出成绩和受到一众学者关注的点。

6.1.2   神经网络的类型

神经网络的拓扑结构也是以神经元互联的方式为依据的，它是一个高度非线性动力学系统，大量的形式相同的神经元连接在一起就组成了神经网络。虽然每个神经元的结构和功能都不复杂，但由于各神经元之间的并行、互联功能，神经网络的动态行为却十分复杂。目前，已经建立了数十种神经网络模型，从网络的结构上看，主要有前向神经网络和反馈神经网络两种。前向神经网络中各神经元按层次排列，组成输入层、中间层（亦称隐含层，可有多层）和输出层。每一层神经元只接收前一层神经元的输出，形成单向流通连接，外部信号从输入层经隐含层依次传递到输出层，网络中间没有信号反馈的连接回路，如图 6-7（a）所示。图

中，实线指明实际信号的流通线路。前向神经网络的例子有多层感知器、学习向量量化网络等。反馈神经网络中各神经元不仅接收前一层神经元的输出，而且还接收其他神经元（本层或后续层的神经元）的输出，多个神经元互联以组织一个互联神经网络，网络中存在信号的反馈回路，如图 6-7（b）所示。反馈神经网络中，有些神经元的输出被反馈至同层或前层神经元，信号能够正向流通也可以反向流通，如 Hopfield 网络、Elmman 网络、Jordan 网络等均属于这一类网络。

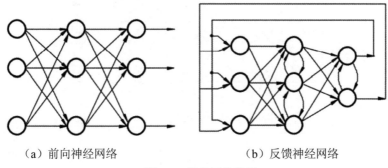

　　　　（a）前向神经网络　　　　　　　　　　（b）反馈神经网络

图 6-7　神经网络类型

　　此外，还可以按照其他的方式来划分神经网络的类型，如从信息的类型来看，神经网络可分为连续型网络和离散型网络；从对信息的处理方式来看，神经网络可分为确定性网络和随机性网络；从学习方式来看，神经网络可分为有教师学习网络和无教师学习网络，等等。神经网络的工作过程主要由两个阶段组成，一个阶段是网络的工作期，此时神经网络中连接权固定不变，而各计算单元的状态发生变化，以达到网络的某种稳定状态。这一阶段的工作速度较快，各个计算单元的状态反映的是一种短期的记忆。另一阶段是网络的学习期，此时各计算单元的状态不变，而网络的连接权值可以通过学习来修改，这一学习过程往往比较缓慢，当网络的学习过程完成后，其各计算单元之间的连接权值就是一种长期的记忆。

6.1.3　BP 神经网络

　　BP 神经网络最初是由 P.Werbos 于 1974 年开发的一种反向传播迭代梯度算法（即 BP 算法），用于求解前馈网络的实际输出与期望输出间的最小均方差值。在 1986 年，以 E.Rumelhart 和 R.J.Williams 等为首的研究小组独立地提出了 BP 的完整学习算法，用于前向神经网络的学习与训练。该网络具有和多层感知器相同的结构，由输入层、隐含层和输出层组成，相邻层之间的各神经元实现连接，即下一层的每一个神经元与上一层的每个神经元都实现全连接，而每层的各神经元之间无连接。BP 网络采用有教师方式进行学习，神经元单元为 Sigmoid 型激活函数，连续地输入/输出信号，具有逼近任意非线性函数的能力，是目前应用最广的网络之一，其网络结构模型如图 6-8 所示。

　　BP 网络的学习过程是：首先，由教师对每一种输入模式设定一个期望输出值，即给出学习样本对，然后将实际输入样本的学习记忆模式送往 BP 网络输入层，并经隐含层到达输出层，此过程称为"模式顺传播"。实际得到的输出与期望输出之差即是误差，按照误差平方最小这一规则，由输出层往中间层逐层修正连接权值，此过程称为"误差逆传播"。随着"模式顺传播"和"误差逆传播"过程的交替反复进行，网络的实际输出逐渐向各自所对应的期望输出逼近，网络对输入模式的响应的正确率也不断上升，最后达到网络学习的预期目标。BP 网络是一种反向传递并能修正误差的多层前向网络，BP 算法具有明确的数学意义和分明的运算步骤，以样本对误差最小来指导网络的学习方向，是一种具有很强的学习和识别能力的神经网络模型。但是，BP 网络本身也存在局限性，如学习收敛速度太慢、学习记忆具有不稳定性、容易陷于局部极小等。

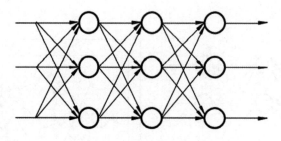

图 6-8   多层 BP 网络结构模型

深度学习

6.2   深度学习

深度学习是机器学习的分支，是一种试图使用包含复杂结构或由多重非线性变换构成的多个处理层对数据进行高层抽象的算法。深度学习是机器学习中一种基于对数据进行表征学习的算法，至今已有数种学习框架，如卷积神经网络、深度置信网络和递归神经网络等，已被应用在计算机视觉、语音识别、自然语言处理、音频识别与生物信息学等领域并获取了极好的效果。

深度学习框架，尤其是基于人工神经网络的框架可以追溯到 1980 年福岛邦彦提出的新认知机，而人工神经网络的历史则更为久远，甚至可以追溯到公元前亚里士多德为了解释人类大脑的运行规律而提出的联想主义心理学。1989 年，扬·勒丘恩等开始将 1974 年提出的标准反向传播算法应用于深度神经网络，这一网络被用于手写邮政编码识别，并且在美国成功地被银行商业化应用了，轰动一时。2007 年前后，杰弗里·辛顿和鲁斯兰·萨拉赫丁诺夫提出了一种在前馈神经网络中进行有效训练的算法。这一算法将网络中的每一层视为无监督的受限玻尔兹曼机（RBM），再使用有监督的反向传播算法进行调优。之后，由 Hinton 等创造的深度置信网络（DBN）指出，RBM 可以以贪婪的方式进行堆叠和训练，也掀起了深度学习的研究热潮。2009 年，又进一步提出 DBM（Deep Boltzmann Machine），与 DBN 的区别在于，它允许在底层中双向连接。因此，用 DBM 表示堆叠的，比用 DBN 好得多。随着深度学习的高速发展，出现了大量的新模型与架构，这些架构在不同领域发挥着重要作用。

6.2.1   深度学习与卷积网络

卷积神经网络（Convolutional Neural Network，CNN 或 ConvNet）是一种具有局部连接、权重共享等特性的多层次前馈神经网络。

卷积神经网络最早主要用来处理图像信息。用全连接前馈网络处理图像时，会存在以下两个问题。

（1）参数太多。如果输入图像大小为 100×100×3（即图像高度为 100，宽度为 100 以及 RGB 3 个颜色通道），在全连接前馈网络中，第一个隐藏层的每个神经元到输入层都有 100×100×3=30000 个互相独立的连接，每个连接都对应一个权重参数。随着隐藏层神经元数量的增多，参数的规模也会急剧增加。这会导致整个神经网络的训练效率非常低，也很容易出现过拟合。

（2）局部不变性特征。自然图像中的物体都具有局部不变性特征，如尺度缩放、平移、旋转等操作不影响其语义信息。而全连接前馈网络很难提取这些局部不变性特征，一般需要进行数据增强来提高性能。

卷积神经网络是受生物学上感受野机制的启发而提出的。感受野机制主要是指听觉、视觉等神经系统中一些神经元的特性，即神经元只接收其所支配的刺激区域内的信号。在视觉神经系统中，视觉皮层中的神经细胞的输出依赖于视网膜上的光感受器。视网膜上的光感受器受刺激兴奋时，将神经冲动信号传到视觉皮层，但不是所有视觉皮层中的神经元都会接收这些信号。一个神经元的感受野是指视网膜上的特定区域，只有这个区域内的刺激才能够激活该神经元。

目前的卷积神经网络一般是由卷积层、汇聚层和全连接层交叉堆叠而成的前馈神经网络。卷积神经网络有三个结构上的特性：局部连接、权重共享及汇聚。这些特性使得卷积神经网络具有一定程度上的平移、缩放和旋转不变性。和前馈神经网络相比，卷积神经网络的参数更少。卷积神经网络主要使用在图像和视频分析的各种任务（如图像分类、人脸识别、物体识别、图像分割等）上，其准确率一般也远远超出了其他的神经网络模型。近年来，卷积神经网络也广泛地应用到自然语言处理、推荐系统等领域。

本章中介绍的卷积神经网络均使用最常见的二维卷积层。它有高和宽两个空间维度，常用来处理图像数据。本节中，我们将介绍简单形式的二维卷积层的工作原理。

虽然卷积层得名于卷积运算，但我们通常在卷积层中使用更加直观的互相关运算。在二维卷积层中，一个二维输入数组和一个二维核数组通过互相关运算输出一个二维数组。我们用一个具体例子来解释二维互相关运算的含义。如图 6-9 所示，输入是一个高和宽均为 3 的二维数组。我们将该数组的形状记为 3×3 或（3，3）。核数组的高和宽分别为 2。该数组在卷积计算中又称卷积核或过滤器。卷积核窗口（又称卷积窗口）的形状取决于卷积核的高和宽，即 2×2。图 6-9 中的阴影部分为第一个输出元素及其计算所使用的输入和核数组元素：$0×0+1×1+3×2+4×3=19$。

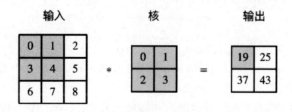

图 6-9　二维互相关运算

在二维互相关运算中，卷积窗口从输入数组的最左上方开始，按从左往右、从上往下的顺序，依次在输入数组上滑动。当卷积窗口滑动到某一位置时，窗口中的输入子数组与核数组按元素相乘并求和，得到输出数组中相应位置的元素。图 6-9 中的输出数组高和宽分别为 2，其中的 4 个元素由二维互相关运算得出：

$$0×0+1×1+3×2+4×3=19$$
$$1×0+2×1+4×2+5×3=25$$
$$3×0+4×1+6×2+7×3=37$$
$$4×0+5×1+7×2+8×3=43$$

下面我们将上述过程实现在 corr2d 函数里。它接收输入数组 X 与核数组 K，并输出数组 Y。代码如下：

```
from mxnet import autograd, nd
from mxnet.gluon import nn
def corr2d(X, K):   # 本函数已保存在 d2lzh 包中方便以后使用
    h, w = K.shape
    Y = nd.zeros((X.shape[0] - h + 1, X.shape[1] - w + 1))
    for i in range(Y.shape[0]):
        for j in range(Y.shape[1]):
            Y[i, j] = (X[i: i + h, j: j + w] * K).sum()
    return Y
```

我们可以构造图 6-9 中的输入数组 X、核数组 K 来验证二维互相关运算的输出。代码如下：

```
X = nd.array([[0, 1, 2], [3, 4, 5], [6, 7, 8]])
K = nd.array([[0, 1], [2, 3]])corr2d(X, K)
[[19. 25.]
 [37. 43.]]
```

二维卷积层将输入和卷积核做互相关运算，并加上一个标量偏差来得到输出。卷积层的模型参数包括了卷积核和标量偏差。在训练模型的时候，通常先对卷积核随机初始化，然后不断迭代卷积核和偏差。

下面基于 corr2d 函数来实现一个自定义的二维卷积层。在构造函数 __init__ 里我们声明 weight 和 bias 这两个模型参数。前向计算函数 forward 则是直接调用 corr2d 函数再加上偏差。代码如下：

```
class Conv2D(nn.Block):
    def __init__(self, kernel_size, **kwargs):
        super(Conv2D, self).__init__(**kwargs)
        self.weight = self.params.get('weight', shape=kernel_size)
        self.bias = self.params.get('bias', shape=(1,))

    def forward(self, x):
        return corr2d(x, self.weight.data()) + self.bias.data()
```

卷积窗口形状为 $p×q$ 的卷积层称为 $p×q$ 卷积层。同样，$p×q$ 卷积或 $p×q$ 卷积核说明卷积核的高和宽分别为 p 和 q。

下面我们来看一个卷积层的简单应用：检测图像中物体的边缘，即找到像素变化的位置。首先，我们构造一张 6×8 的图像（即高和宽分别为 6 像素和 8 像素的图像）。它中间 4 列为黑（0），其余为白（1）。代码如下：

```
X = nd.ones((6, 8))
```

```
X[:, 2:6] = 0X
[[1. 1. 0. 0. 0. 0. 1. 1.]
 [1. 1. 0. 0. 0. 0. 1. 1.]
 [1. 1. 0. 0. 0. 0. 1. 1.]
 [1. 1. 0. 0. 0. 0. 1. 1.]
 [1. 1. 0. 0. 0. 0. 1. 1.]
 [1. 1. 0. 0. 0. 0. 1. 1.]]
```

然后，我们构造一个高和宽分别为 1 和 2 的卷积核 K。当它与输入做互相关运算时，如果横向相邻元素相同，输出为 0；否则输出为非 0。代码如下：

```
K = nd.array([[1, -1]])
```

下面将输入 X 和我们设计的卷积核 K 做互相关运算。可以看出，我们将从白到黑的边缘和从黑到白的边缘分别检测成了 1 和-1。其余部分的输出全是 0。结果如下：

```
Y = corr2d(X, K)
Y
[[ 0.  1.  0.  0.  0. -1.  0.]
 [ 0.  1.  0.  0.  0. -1.  0.]
 [ 0.  1.  0.  0.  0. -1.  0.]
 [ 0.  1.  0.  0.  0. -1.  0.]
 [ 0.  1.  0.  0.  0. -1.  0.]
 [ 0.  1.  0.  0.  0. -1.  0.]]
```

由此，我们可以看出，卷积层可通过重复使用卷积核有效地表征局部空间。

最后，我们来看一个例子，它使用物体边缘检测中的输入数据 X 和输出数据 Y 来学习我们构造的核数组 K。首先，构造一个卷积层，将其卷积核初始化成随机数组。接下来在每一次迭代中，使用平方误差来比较 Y 和卷积层的输出，然后计算梯度来更新权重。简单起见，这里的卷积层忽略了偏差。

虽然我们之前构造了 Conv2D 类，但由于 corr2d 使用了对单个元素赋值（[i, j]=）的操作因而无法自动求梯度。下面我们使用 Gluon 提供的 Conv2D 类来实现这个例子。代码如下：

```
#构造一个输出通道数为 1（将在"多输入通道和多输出通道"一节介绍通道），核数组形状是(1, 2)的二
#维卷积层 conv2d = nn.Conv2D(1, kernel_size=(1, 2))conv2d.initialize()
# 二维卷积层使用 4 维输入输出，格式为(样本, 通道, 高, 宽)，这里批量大小（批量中的样本数）和通
# 道数均为 1X = X.reshape((1, 1, 6, 8))Y = Y.reshape((1, 1, 6, 7))
for i in range(10):
    with autograd.record():
        Y_hat = conv2d(X)
        l = (Y_hat - Y) ** 2
    l.backward()
    # 简单起见，这里忽略了偏差
    conv2d.weight.data()[:] -= 3e-2 * conv2d.weight.grad()
    if (i + 1) % 2 == 0:
        print('batch %d, loss %.3f' % (i + 1, l.sum().asscalar()))


batch 2, loss 4.949
batch 4, loss 0.831
batch 6, loss 0.140
```

batch 8, loss 0.024
batch 10, loss 0.004

可以看到，10 次迭代后误差已经降到了一个比较小的值。现在来看一下学习到的核数组：

conv2d.weight.data().reshape((1, 2))
[[0.9895   -0.9873705]]

可以看到，学习到的核数组与我们之前定义的核数组 K 较接近。

实际上，卷积运算与互相关运算类似。为了得到卷积运算的输出，我们只需将核数组左右翻转并上下翻转，再与输入数组做互相关运算。可见，卷积运算和互相关运算虽然类似，但如果它们使用相同的核数组，对于同一个输入，输出往往并不相同。在深度学习中核数组都是学出来的：卷积层无论使用互相关运算还是卷积运算都不影响模型预测时的输出。为了解释这一点，假设卷积层使用互相关运算学出图 6-9 中的核数组。设其他条件不变，使用卷积运算学出的核数组即图 6-9 中的核数组按上下、左右翻转。也就是说，图 6-9 中的输入与学出的已翻转的核数组再做卷积运算时，依然得到图 6-9 中的输出。

我们使用高和宽为 3 的输入与高和宽为 2 的卷积核得到高和宽为 2 的输出。一般来说，假设输入形状是 $nh×nw$，卷积核形状是 $kh×kw$，那么输出形状将会是：

$$(nh−kh+1)×(nw−kw+1)$$

所以，卷积层的输出形状由输入形状和卷积核形状决定。本节我们将介绍卷积层的两个超参数，即填充和步幅。它们可以对给定形状的输入和卷积核改变输出形状。

填充是指在输入高和宽的两侧填充元素（通常是 0 元素）。如图 6-10 所示，我们在原输入高和宽的两侧分别添加了值为 0 的元素，使得输入高和宽从 3 变成了 5，并导致输出高和宽由 2 增加到 4。图 6-10 中的阴影部分为第一个输出元素及其计算所使用的输入和核数组元素：$0×0+0×1+0×2+0×3 = 0$。

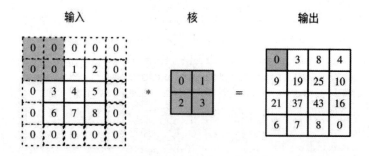

图 6-10   在输入的高和宽两侧分别填充了 0 元素的二维互相关计算

一般来说，如果在高的两侧一共填充 ph 行，在宽的两侧一共填充 pw 列，那么输出形状将会是$(nh − kh + ph + 1) × (nw − kw + pw + 1)$，也就是说，输出的高和宽会分别增加 ph 和 pw。

在很多情况下，我们会设置 $ph = kh-1$ 和 $pw = kw -1$ 来使输入和输出具有相同的高和宽。这样会方便在构造网络时推测每个层的输出形状。假设这里 kh 是奇数，我们会在高的两侧分别填充 ph/2 行。如果 kh 是偶数，一种可能是在输入的顶端一侧填充 ph/2 行，在底端一侧填充 ph/2 行。在宽的两侧填充同理。卷积神经网络经常使用奇数高和宽的卷积核，如 1、3、5 和 7，所以两端上的填充个数相等。对任意的二维数组 X，设它的第 i 行第 j 列的元素为 $X[i,j]$。当两端上的填充个数相等，并使输入和输出具有相同的高和宽时，我们就知道输出 $Y[i,j]$ 是由输入

以 $X[i,j]$ 为中心的窗口同卷积核进行互相关计算得到的。下面的例子里我们创建一个高和宽为 3 的二维卷积层，然后设输入高和宽两侧的填充数分别为 1。给定一个高和宽为 8 的输入，我们发现输出的高和宽也是 8。代码如下：

```
from mxnet import nd
from mxnet.gluon import nn
# 定义一个函数来计算卷积层。它初始化卷积层权重，并对输入和输出做相应的升维和降维
def comp_conv2d(conv2d, X):
    conv2d.initialize()
    # (1, 1)代表批量大小和通道数均为1
    X = X.reshape((1, 1) + X.shape)
    Y = conv2d(X)
    return Y.reshape(Y.shape[2:])    # 排除不关心的前两维：批量和通道
# 注意这里是两侧分别填充 1 行或列，所以在两侧一共填充 2 行或列
conv2d  =  nn.Conv2D(1,  kernel_size=3,  padding=1)X  =  nd.random.uniform(shape=(8, 8))comp_conv2d
(conv2d, X).shape
(8, 8)
```

当卷积核的高和宽不同时，我们也可以通过设置高和宽上不同的填充数使输出和输入具有相同的高和宽。代码如下：

```
# 使用高为 5、宽为 3 的卷积核。在高和宽两侧的填充数分别为 2 和 1
conv2d = nn.Conv2D(1, kernel_size=(5, 3), padding=(2, 1))comp_conv2d(conv2d, X).shape
(8, 8)
```

卷积窗口从输入数组的最左上方开始，按从左往右、从上往下的顺序，依次在输入数组上滑动。我们将每次滑动的行数和列数称为步幅。目前我们看到的例子里，高和宽两个方向的步幅均为 1。当然，也可以使用更大步幅。图 6-11 展示了在高上步幅为 3、在宽上步幅为 2 的二维互相关运算。可以看到，输出第一列第二个元素时，卷积窗口向下滑动了 3 行，而在输出第一行第二个元素时卷积窗口向右滑动了 2 列。当卷积窗口在输入上再向右滑动 2 列时，由于输入元素无法填满窗口，因此无结果输出。图 6-11 中的阴影部分为输出元素及其计算所使用的输入和核数组元素：0×0+0×1+1×2+2×3=8、0×0+6×1+0×2+0×3=6。

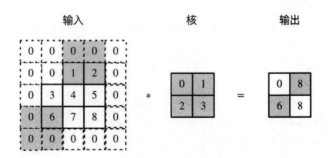

图 6-11　高、宽上步幅分别为 3 和 2 的二维运算

一般来说，当高上步幅为 sh，宽上步幅为 sw 时，输出形状为

$$[(nh-kh+ph+sh)/sh] \times [(nw-kw+pw+sw)/sw]$$

如果设置 $ph=kh-1$ 和 $pw=kw-1$，那么输出形状将简化为

$$[(nh+sh-1)/sh] \times [(nw+sw-1)/sw]$$

更进一步，如果输入的高和宽能分别被高和宽上的步幅整除，那么输出形状将是

$$(nh/sh) \times (nw/sw)$$

下面我们令高和宽上的步幅均为 2，从而使输入的高和宽减半。代码如下：

```
conv2d = nn.Conv2D(1, kernel_size=3, padding=1, strides=2)
comp_conv2d(conv2d, X).shape
(4, 4)
```

为了表述简洁，当输入的高和宽两侧的填充数分别为 ph 和 pw 时，我们称填充为 (ph, pw)。特别地，当 $ph=pw=p$ 时，填充为 p。当在高和宽上的步幅分别为 sh 和 sw 时，我们称步幅为 (sh, sw)。特别地，当 $sh=sw=s$ 时，步幅为 s。在默认情况下，填充为 0，步幅为 1。

从以上例子中可以总结出：填充可以增加输出的高和宽，常用来使输出与输入具有相同的高和宽；步幅可以减小输出的高和宽，如输出的高和宽仅为输入的高和宽的 $1/n$（n 为大于 1 的整数）。

前面我们用到的输入和输出都是二维数组，但真实数据的维度通常更高。例如，彩色图像在高和宽 2 个维度外还有 RGB（红、绿、蓝）3 个颜色通道。假设彩色图像的高和宽分别是 h 和 w（像素），那么它可以表示为一个 $3 \times h \times w$ 的多维数组。我们将大小为 3 的这一维称为通道维。下面介绍含多个输入通道或多个输出通道的卷积核。

当输入数据含多个通道时，我们需要构造一个输入通道数与输入数据的通道数相同的卷积核，从而能够与含多通道的输入数据做互相关运算。假设输入数据的通道数为 ci，那么卷积核的输入通道数同样为 ci。设卷积核窗口形状为 $kh \times kw$。当 $ci=1$ 时，我们知道卷积核只包含一个形状为 $kh \times kw$ 的二维数组。当 $ci>1$ 时，我们将会为每个输入通道各分配一个形状为 $kh \times kw$ 的核数组。把这 ci 个数组在输入通道维上连接，即得到一个形状为 $ci \times kh \times kw$ 的卷积核。由于输入和卷积核各有 ci 个通道，因此可以在各个通道上对输入的二维数组和卷积核的二维核数组做互相关运算，再将这 ci 个互相关运算的二维输出按通道相加，得到一个二维数组。这就是含多个通道的输入数据与多输入通道的卷积核做二维互相关运算的输出。

图 6-12 展示了含 2 个输入通道的二维互相关计算。在每个通道上，二维输入数组与二维核数组做互相关运算，再按通道相加即得到输出。图 6-12 中阴影部分为第一个输出元素及其计算所使用的输入和核数组元素

$$(1 \times 1 + 2 \times 2 + 4 \times 3 + 5 \times 4) + (0 \times 0 + 1 \times 1 + 3 \times 2 + 4 \times 3) = 56$$

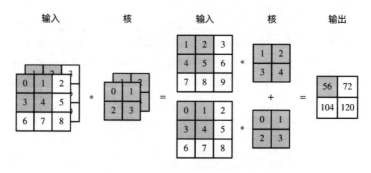

图 6-12   含 2 个输入通道的互相关计算

接下来我们实现含多个输入通道的互相关运算。只需要对每个通道做互相关运算，然后

通过 add_n 函数来进行累加。代码如下：

```
import d2lzh as d2l
from mxnet import nd
def corr2d_multi_in(X, K):
# 首先沿着 X 和 K 的第 0 维（通道维）遍历。然后使用*将结果列表变成 add_n 函数的位置参数
# （positional argument）来进行相加
    return nd.add_n(*[d2l.corr2d(x, k) for x, k in zip(X, K)])
```

我们可以构造图 6-12 中的输入数组 X、核数组 K 来验证互相关运算的输出。代码如下：

```
X = nd.array([[[0, 1, 2], [3, 4, 5], [6, 7, 8]],
                [[1, 2, 3], [4, 5, 6], [7, 8, 9]]])
K = nd.array([[[0, 1], [2, 3]], [[1, 2], [3, 4]]])
corr2d_multi_in(X, K)


[[ 56.   72.]
 [104. 120.]]
```

当输入通道有多个时，因为我们对各个通道的结果做了累加，所以不论输入通道数是多少，输出通道数总是为 1。设卷积核输入通道数和输出通道数分别为 ci 和 co，高和宽分别为 kh 和 kw。如果希望得到含多个通道的输出，则可以为每个输出通道分别创建形状为 $ci×kh×kw$ 的核数组。将它们在输出通道维上连接，卷积核的形状即 $co×ci×kh×kw$。在做互相关运算时，每个输出通道上的结果由卷积核在该输出通道上的核数组与整个输入数组计算而来。

下面我们实现一个互相关运算函数来计算多个通道的输出。代码如下：

```
def corr2d_multi_in_out(X, K):
    # 对 K 的第 0 维遍历，每次同输入 X 做互相关计算。所有结果使用 stack 函数合并在一起
    return nd.stack(*[corr2d_multi_in(X, k) for k in K])
```

我们将核数组 K 同 $K+1$（K 中每个元素加一）和 $K+2$ 连接在一起来构造一个输出通道数为 3 的卷积核。代码如下：

```
K = nd.stack(K, K + 1, K + 2)K.shape
(3, 2, 2, 2)
```

最后，我们讨论卷积窗口形状为 1×1（$kh=kw=1$）的多通道卷积层，通常称为 1×1 卷积层，并将其中的卷积运算称为 1×1 卷积。因为使用了最小窗口，所以 1×1 卷积失去了卷积层可以识别高和宽维度上相邻元素构成的模式的功能。实际上，1×1 卷积的主要计算发生在通道维上。图 6-13 展示了使用输入通道数为 3、输出通道数为 2 的 1×1 卷积核的互相关计算。值得注意的是，输入和输出具有相同的高和宽。输出中的每个元素来自输入中在高和宽上相同位置的元素在不同通道之间的按权重累加。假设我们将通道维当作特征维，将高和宽维度上的元素当成数据样本，那么 1×1 卷积层的作用与全连接层等价。

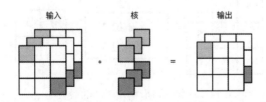

图 6-13　输入通道数为 3、输出通道数为 2 的 1×1 卷积核的互相关计算

下面我们使用全连接层中的矩阵乘法来实现 1×1 卷积。这里需要在矩阵乘法运算前后对数据形状做一些调整。代码如下：

```
def corr2d_multi_in_out_1x1(X, K):
    c_i, h, w = X.shape
    c_o = K.shape[0]
    X = X.reshape((c_i, h * w))
    K = K.reshape((c_o, c_i))
    Y = nd.dot(K, X)    # 全连接层的矩阵乘法
    return Y.reshape((c_o, h, w))
```

经验证，做 1×1 卷积时，以上函数与之前实现的互相关运算函数 corr2d_multi_in_out 等价。代码如下：

```
X = nd.random.uniform(shape=(3, 3, 3))K = nd.random.uniform(shape=(2, 3, 1, 1))
Y1 = corr2d_multi_in_out_1x1(X, K)Y2 = corr2d_multi_in_out(X, K)
(Y1 - Y2).norm().asscalar() < 1e-6
True
```

在"二维卷积层"里介绍的图像物体边缘检测应用中，我们构造卷积核从而精确地找到了像素变化的位置。设任意二维数组 X 的 i 行 j 列的元素为 $X[i, j]$。如果构造的卷积核输出 $Y[i, j]=1$，那么说明输入中 $X[i, j]$ 和 $X[i, j+1]$ 数值不一样。这可能意味着物体边缘通过这两个元素之间。但实际图像里，我们感兴趣的物体不会总出现在固定位置：即使连续拍摄同一个物体也极有可能出现像素位置上的偏移。这会导致同一个边缘对应的输出可能出现在卷积输出 Y 中的不同位置，进而对后面的模式识别造成不便。为了缓解卷积层对位置的过度敏感性，出现了池化层。同卷积层一样，池化层每次对输入数据的一个固定形状窗口（又称池化窗口）中的元素计算输出。不同于卷积层里计算输入和核的互相关性，池化层直接计算池化窗口内元素的最大值或者平均值，分别叫作最大池化或平均池化。在二维最大池化中，池化窗口从输入数组的最左上方开始，按从左往右、从上往下的顺序，依次在输入数组上滑动。当池化窗口滑动到某一位置时，窗口中的输入子数组的最大值即输出数组中相应位置的元素。

图 6-14 展示了池化窗口形状为 2×2 的最大池化，阴影部分为第一个输出元素及其计算所使用的输入元素。输出数组的高和宽分别为 2，其中的 4 个元素由取最大值运算 max 得出：

max(0,1,3,4)=4
max(1,2,4,5)=5
max(3,4,6,7)=7
max(4,5,7,8)=8

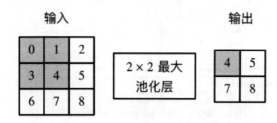

图 6-14　池化窗口形状为 2×2 的最大池化

二维平均池化的工作原理与二维最大池化类似，但将最大运算符替换成平均运算符。池

化窗口形状为 $p×q$ 的池化层称为 $p×q$ 池化层，其中的池化运算称为 $p×q$ 池化。

让我们再次回到本节开始提到的物体边缘检测的例子。现在我们将卷积层的输出作为 2×2 最大池化的输入。设该卷积层输入为 X、池化层输出为 Y。无论是 $X[i, j]$ 和 $X[i, j+1]$ 值不同，还是 $X[i, j+1]$ 和 $X[i, j+2]$ 值不同，池化层输出均有 $Y[i, j]=1$。也就是说，使用 2×2 最大池化层时，只要卷积层识别的模式在高和宽上移动不超过一个元素，我们依然可以将它检测出来。

下面把池化层的前向计算实现在 pool2d 函数里。它与"二维卷积层"一节里 corr2d 函数非常类似，唯一的区别在计算输出 Y 上。代码如下：

```
from mxnet import ndfrom mxnet.gluon import nn
def pool2d(X, pool_size, mode='max'):
    p_h, p_w = pool_size
    Y = nd.zeros((X.shape[0] - p_h + 1, X.shape[1] - p_w + 1))
    for i in range(Y.shape[0]):
        for j in range(Y.shape[1]):
            if mode == 'max':
                Y[i, j] = X[i: i + p_h, j: j + p_w].max()
            elif mode == 'avg':
                Y[i, j] = X[i: i + p_h, j: j + p_w].mean()
    return Y
```

我们可以构造图 6-14 中的输入数组 X 来验证二维最大池化层的输出。代码如下：

```
X = nd.array([[0, 1, 2], [3, 4, 5], [6, 7, 8]])
pool2d(X, (2, 2))
[[4. 5.]
[7. 8.]]
```

同时我们实验一下平均池化层。代码如下：

```
pool2d(X, (2, 2), 'avg')
[[2. 3.]
 [5. 6.]]
```

同卷积层一样，池化层也可以在输入的高和宽两侧填充并调整窗口的移动步幅来改变输出形状。池化层填充和步幅与卷积层填充和步幅的工作机制一样。我们将通过 nn 模块里的二维最大池化层 MaxPool2D 来演示池化层填充和步幅的工作机制。我们先构造一个形状为(1, 1, 4, 4)的输入数据，前两个维度分别是批量和通道。代码如下：

```
X = nd.arange(16).reshape((1, 1, 4, 4))X
[[[[ 0.  1.  2.  3.]
   [ 4.  5.  6.  7.]
   [ 8.  9. 10. 11.]
   [12. 13. 14. 15.]]]]
```

默认情况下，MaxPool2D 实例里步幅和池化窗口形状相同。下面使用形状为(3, 3)的池化窗口，默认获得形状为(3, 3)的步幅。代码如下：

```
pool2d = nn.MaxPool2D(3)
pool2d(X)   # 因为池化层没有模型参数，所以不需要调用参数初始化函数
[[[[10.]]]]
```

我们可以手动指定步幅和填充。代码如下：

```
pool2d = nn.MaxPool2D(3, padding=1, strides=2)
```

```
pool2d(X)
[[[[ 5.  7.]
   [13. 15.]]]]
```

当然，我们也可以指定非正方形的池化窗口，并分别指定高和宽上的填充和步幅。代码如下：

```
pool2d = nn.MaxPool2D((2, 3), padding=(1, 2), strides=(2, 3))
pool2d(X)
[[[[ 0.  3.]
   [ 8. 11.]
   [12. 15.]]]]
```

在处理多通道输入数据时，池化层对每个输入通道分别池化，而不是像卷积层那样将各通道的输入按通道相加。这意味着池化层的输出通道数与输入通道数相等。下面将数组 X 和 $X+1$ 在通道维上连接来构造通道数为 2 的输入。代码如下：

```
X = nd.concat(X, X + 1, dim=1)
X
[[[[ 0.  1.  2.  3.]
   [ 4.  5.  6.  7.]
   [ 8.  9. 10. 11.]
   [12. 13. 14. 15.]]

  [[ 1.  2.  3.  4.]
   [ 5.  6.  7.  8.]
   [ 9. 10. 11. 12.]
   [13. 14. 15. 16.]]]]
```

池化后，我们发现输出通道数仍然是 2。代码如下：

```
pool2d = nn.MaxPool2D(3, padding=1, strides=2)
pool2d(X)
[[[[ 5.  7.]
   [13. 15.]]

  [[ 6.  8.]
   [14. 16.]]]]
```

6.2.2　textCNN 模型

textCNN 模型主要使用了一维卷积层和时序最大池化层。假设输入的文本序列由 nn 个词组成，每个词用 dd 维的词向量表示。那么输入样本的宽为 nn，高为 1，输入通道数为 dd。textCNN 的计算步骤如下：

（1）定义多个一维卷积核，并使用这些卷积核对输入分别做卷积计算。宽度不同的卷积核可能会捕捉到不同个数的相邻词的相关性。

（2）对输出的所有通道分别做时序最大池化，再将这些通道的池化输出值连接为向量。

（3）通过全连接层将连接后的向量变换为有关各类别的输出。这一步可以使用丢弃层应对过拟合。

图 6-15 为 textCNN 的设计示例。这里的输入是一个有 11 个词的句子，每个词用 6 维词向量表示。因此，输入序列的宽为 11，输入通道数为 6。给定 2 个一维卷积核，核宽分别为 2 和 4，输出通道数分别设为 4 和 5。一维卷积计算后，4 个输出通道的宽为 11−2+1=10，而其

他 5 个通道的宽为 11–4+1=8。尽管每个通道的宽不同，但我们依然可以对各个通道做时序最大池化，并将 9 个通道的池化输出连接成一个 9 维向量。最终，使用全连接将 9 维向量变换为 2 维输出，即正面情感和负面情感的预测。

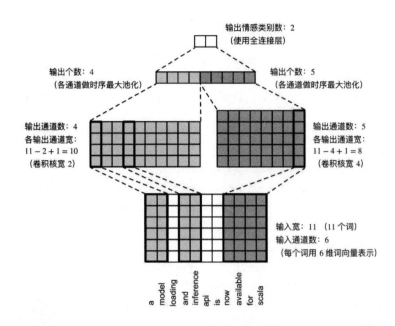

图 6-15　textCNN 的设计示例

下面我们来实现 textCNN 模型。与上一节相比，除了用一维卷积层替换循环神经网络外，这里我们还使用了两个嵌入层，一个的权重固定，另一个的权重则参与训练。代码如下：

```python
class TextCNN(nn.Block):
    def __init__(self, vocab, embed_size, kernel_sizes, num_channels,
                 **kwargs):
        super(TextCNN, self).__init__(**kwargs)
        self.embedding = nn.Embedding(len(vocab), embed_size)
        # 不参与训练的嵌入层
        self.constant_embedding = nn.Embedding(len(vocab), embed_size)
        self.dropout = nn.Dropout(0.5)
        self.decoder = nn.Dense(2)
        # 时序最大池化层没有权重，所以可以共用一个实例
        self.pool = nn.GlobalMaxPool1D()
        self.convs = nn.Sequential()  # 创建多个一维卷积层
        for c, k in zip(num_channels, kernel_sizes):
            self.convs.add(nn.Conv1D(c, k, activation='relu'))
    def forward(self, inputs):
        # 将两个形状是(批量大小, 词数, 词向量维度)的嵌入层的输出按词向量连接
        embeddings = nd.concat(
            self.embedding(inputs), self.constant_embedding(inputs), dim=2)
```

```
    # 根据 Conv1D 要求的输入格式，将词向量维，即一维卷积层的通道维，变换到前一维
    embeddings = embeddings.transpose((0, 2, 1))
    # 对于每个一维卷积层，在时序最大池化后会得到一个形状为(批量大小，通道大小, 1)的
    # NDArray。使用 flatten 函数去掉最后一维，然后在通道维上连接
    encoding = nd.concat(*[nd.flatten(
        self.pool(conv(embeddings))) for conv in self.convs], dim=1)
    # 应用丢弃法后使用全连接层得到输出
    outputs = self.decoder(self.dropout(encoding))
    return outputs
```

创建一个 TextCNN 实例。它有 3 个卷积层，它们的核宽分别为 3、4 和 5，输出通道数均为 100。代码如下：

```
embed_size, kernel_sizes, nums_channels = 100, [3, 4, 5], [100, 100, 100]
ctx = d2l.try_all_gpus()
net = TextCNN(vocab, embed_size, kernel_sizes, nums_channels)
net.initialize(init.Xavier(), ctx=ctx)
```

加载预训练的 100 维 glove 词向量，并分别初始化嵌入层 embedding 和 constant_embedding，前者权重参与训练，而后者权重固定。代码如下：

```
glove_embedding = text.embedding.create(
    'glove', pretrained_file_name='glove.6B.100d.txt', vocabulary=vocab)
net.embedding.weight.set_data(glove_embedding.idx_to_vec)
net.constant_embedding.weight.set_data(glove_embedding.idx_to_vec)
net.constant_embedding.collect_params().setattr('grad_req', 'null')
#现在就可以训练模型了
lr, num_epochs = 0.001, 5trainer = gluon.
Trainer(net.collect_params(), 'adam', {'learning_rate': lr})
loss = gloss.SoftmaxCrossEntropyLoss()
d2l.train(train_iter, test_iter, net, loss, trainer, ctx, num_epochs)
training on [gpu(0), gpu(1)]
epoch 1, loss 0.5921, train acc 0.721, test acc 0.827, time 10.2 sec
epoch 2, loss 0.3646, train acc 0.840, test acc 0.855, time 9.8 sec
epoch 3, loss 0.2615, train acc 0.894, test acc 0.866, time 9.7 sec
epoch 4, loss 0.1724, train acc 0.936, test acc 0.867, time 10.0 sec
epoch 5, loss 0.1068, train acc 0.962, test acc 0.865, time 9.9 sec
```

下面，我们使用训练好的模型对两个简单句子的情感进行分类。代码如下：

```
d2l.predict_sentiment(net, vocab, ['this', 'movie', 'is', 'so', 'great'])
'positive'
d2l.predict_sentiment(net, vocab, ['this', 'movie', 'is', 'so', 'bad'])
'negative'
```

通过上述例子我们知道，可以使用一维卷积来表征时序数据。多输入通道的一维互相关运算可以看作单输入通道的二维互相关运算。时序最大池化层的输入在各个通道上的时间步数可以不同。

textCNN 主要使用了一维卷积层和时序最大池化层。

6.3　实战——使用 BP 与 CNN 完成手写数字识别

本节介绍深度学习的手写识别应用案例，其中手写数字识别数据集我们使用 MNIST（Modified National Institute of Standards and Technology）数据集，它是一个大型的包含手写数字图片的数据集。该数据集由 0～9 手写数字图片组成，共 10 个类别。每张图片的大小为 28×28。

MNIST 数据集共有 70000 张图像，其中训练集 60000 张，测试集 10000 张。训练集分为 55000 张训练图像与 5000 张验证图像。MNIST 图像为单通道。

6.3.1　BP 网络手写数字识别

（1）定义神经网络：定义输入层→定义隐藏层→定义输出层→找到权重和偏差→设置学习率→设置激活函数。

（2）定义训练网络：根据训练样本给出输出→根据输出结果计算误差→根据误差反向更新隐藏层权重。

（3）定义查询网络：预测新样本的种类，即通过神经网络最终的输出值。

（4）定义主函数：各层数据的输入→学习率的输入→生成神经网络。

（5）计算查询结果的正确率：每个数字得出的输出值与正确值进行比较，得出正确率。

程序分四个部分，第一部分是数据读取，第二部分是神经网络的配置，第三部分是神经网络的训练，第四部分是神经网络的测试。

BP 神经网络是一个有监督学习模型，是神经网络类算法中非常重要和典型的算法。三层神经网络的基本结构如图 6-16 所示。

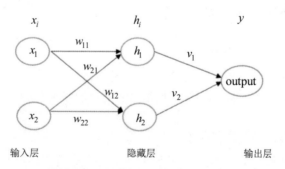

图 6-16　三层神经网络的基本结构

最简单的 BP 神经网络的运行机理是：一个特征向量的各个分量按不同权重加权，再加一个常数项偏置，生成隐藏层各节点的值。隐藏层节点的值经过一个激活函数激活后，获得隐藏层激活值，隐藏层激活值仿照输入层到隐藏层的过程，加权再加偏置，获得输出层值，通过一个激活函数得到最后的输出。

激活函数可使用值域为（0，1）的 Sigmoid 函数，也可使用值域为（−1，1）的 tanh 函数，两个函数的求导都较为方便。

假设我们试图确定手写图像是否描绘为"9"。设计网络的一种自然方式是将图像像素的强度编码到输入神经元中。如果图像是 64×64 灰度图像，那么我们将有 4096 = 64×64 个输入神经元（像素点），强度在 0～1 之间适当缩放。输出层将只包含一个神经元，输出小于 0.5 的值表示"输入图像不是 9"，输出大于 0.5 的值表示"输入图像是 9"。

　　网络的第一层为输入层：输入层包含编码输入像素值的神经元。我们的网络训练数据将由扫描的手写数字的 28×28 像素图像组成，因此输入层包含 784 = 28×28 个神经元。

　　网络的第二层为隐藏层：我们用 n 表示这个隐藏层中的神经元数量，将试验 n 的不同值。

　　网络的第三层为输出层：如果第一个神经元激活，即输出约等于 1，那么这将表明网络认为该数字是 0，以此类推。更准确地说，我们将输出神经元从 0～9 编号，并找出哪个神经元来匹配数字的最大激活值。因为输出层只有 10 种结果，所以为 10，如图 6-17 所示。

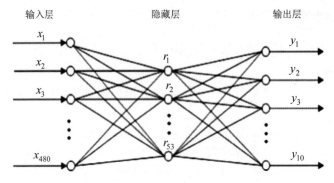

图 6-17　手写识别 10 种输出

　　现在设计好了神经网络，如果要实现数字的识别，首先需要的就是要学习的数据集即训练数据集。这里将运用 MNIST 数据集，它包含 60000 张图像用作训练数据，尺寸为 28×28 像素；10000 个图像用作测试数据，尺寸为 28×28 像素。输入像素是灰度，值为 0.0 表示白色，值为 1.0 表示黑色，值在 0～1 之间灰度由浅变深。我们将使用测试数据来评估我们的神经网络学会识别数字的程度。

　　具体训练网络及识别过程如下：

● 　正向传播。针对训练样本给出输出，定义输入层与隐藏层之间的初始权重参数。

● 　误差反向传播。针对输出，计算误差，根据误差反向更新隐藏层神经的误差，更新初始权重。

● 　更新权重。其代码及解释如下：

```python
import numpy
import scipy.special
import matplotlib.pyplot
#创建神经网络类，以便于实例化成不同的实例
class NeuralNetwork:
    def __init__(self,input_nodes,hidden_nodes,output_nodes,learning_rate):
    #初始化输入层、隐藏层、输出层的节点个数、学习率
        self.inodes=input_nodes
        self.hnodes=hidden_nodes
        self.onodes=output_nodes
        #定义输入层与隐藏层之间的初始权重参数
```

```
            self.wih=numpy.random.normal(0.0,pow(self.hnodes,-0.5),(self.hnodes,self.inodes))
            #定义隐藏层与输出层之间的初始权重参数
            self.who=numpy.random.normal(0.0,pow(self.onodes,-0.5),(self.onodes,self.hnodes))
            self.lr=learning_rate
            #定义激活函数 Sigmoid
            self.activation_function=lambda x: scipy.special.expit(x)
            pass
        def train(self,input_list,target_list):
            inputs=numpy.array(input_list,ndmin=2).T
            targets=numpy.array(target_list,ndmin=2).T
            hidden_inputs=numpy.dot(self.wih,inputs)
            hidden_outputs=self.activation_function(hidden_inputs)
            final_inputs=numpy.dot(self.who,hidden_outputs)
            final_outputs=self.activation_function(final_inputs)
            output_errors=targets-final_outputs
            hidden_errors=numpy.dot(self.who.T,output_errors)
            #更新迭代初始权重，公式为权重更新公式，原理为导数、梯度下降
            self.who+=self.lr*numpy.dot((output_errors*final_outputs*(1-final_outputs)),
                                    numpy.transpose(hidden_outputs))
            self.wih+=self.lr*numpy.dot((hidden_errors*hidden_outputs*(1-hidden_outputs)),
                                    (numpy.transpose(inputs)))
            pass
        #相当于 sklearn 中的 predict 功能，预测新样本的种类
        def query(self,inputs_list):
            inputs=numpy.array(inputs_list,ndmin=2).T
            hidden_inputs=numpy.dot(self.wih,inputs)
            hidden_outputs=self.activation_function(hidden_inputs)
            final_inputs=numpy.dot(self.who,hidden_outputs)
            final_outputs=self.activation_function(final_inputs)
            return final_outputs
#手写数字为 28×28 大小，所以在变成一维数据之后，需要有这么多的输入点，隐藏层神经元可以自行
定义；输出层神经元为分类的总个数
input_nodes =784
hidden_nodes =200
output_nodes =10
#定义学习率
learning_rate =0.1
#用我们的类创建一个神经网络实例
n=NeuralNetwork(input_nodes,hidden_nodes,output_nodes,learning_rate)
training_data_file=open('rubbish_train.csv','r')
training_data_list=training_data_file.readlines()
training_data_file.close()
#进行 5 次 epochs
epochs=5
for e in range(epochs):
    for record in training_data_list:
```

```
        all_values=record.split(',')
        inputs=(numpy.asfarray(all_values[1:])/255*0.99+0.01)
        targets=numpy.zeros(output_nodes)+0.01
        targets[int(all_values[0])]=0.99
        #训练网络更新权重值
        n.train(inputs,targets)
        pass
    pass
test_data_file=open('rubbish_test.csv','r')
test_data_list=test_data_file.readlines()
test_data_file.close()
#通过类方法query输出test数据集中的每一个样本的训练标签和实例标签进行对比
scorecord=[]
for record in test_data_list:
    all_values=record.split(',')
    correct_label=int(all_values[0])
    inputs=(numpy.asfarray(all_values[1:])/255*0.99)+0.01
    outputs=n.query(inputs)
    label=numpy.argmax(outputs)
    if  (label==correct_label):
        scorecord.append(1)
    else:
        scorecord.append(0)
        pass
    pass
scorecord_array=numpy.asarray(scorecord)
print("accuracy=",scorecord_array.sum()/scorecord_array.size)
```

6.3.2　CNN 手写数字识别

首先在定义网络具体结构前，定义 CNN 主要层次。

- 输入层——输入的是图片。
- 卷积层——有几组卷积核就有几个输出通道，卷积之后能改变输入的大小。
- 激励层——卷积之后进行激活，激励不会改变大小。
- 池化层——分为最大池化（取最大值）和平均池化（取平均值）。其中，需要注意的是：对激励之后的结果进行融合，也会有一个滑动窗口，与经过激励层的结果进行叠加，叠加后取最大值或平均值；经过池化后矩阵变小，相当于变相地减少神经元的个数，以此降低模型的复杂度，防止出现过拟合。池化不会改变通道数。该层的功能包括：提取有效特征；降低模型复杂度；防止过拟合。
- 全连接层——对提取的局部特征信息进行融合构成一个完整的图像（全连接层不设置连接层的个数，可以为一层，也可以为两层）。卷积神经网络为了防止过拟合在全连接层设置了一个神经元的随机失活率 dropout。

识别主要利用了卷积神经网络的特点：局部感知；权值共享。

实现的主要代码及解释如下所述。

1. 加载必要的库

代码如下：

```
import tensorflow as tf
from tensorflow.examples.tutorials.mnist import input_data
import matplotlib.pyplot as plt
```

2. 下载数据集

调用 read_data_sets，可以下载 mnist 数据集到指定的目录，如果目录不存在，可自定创建。如果数据已经下载，则直接从文件中提取数据。代码如下：

```
mnist = input_data.read_data_sets("data/", one_hot=True)
#通过指定的路径（第 1 个参数）获取（加载）手写数字数据集。如果指定的路径中文件不存在，则会
进行下载。如果文件已经存在，则直接使用
```

3. 查看数据集

代码如下：

```
display(mnist.train.images.shape)#(55000, 784)
display(mnist.train.labels.shape)#(55000, 10)
```

4. 显示指定图片

代码如下：

```
plt.imshow(mnist.train.images[1].reshape((28, 28)), cmap="gray")
```

保存模型的权重时，默认为 checkpoint 格式。通过 save_format ='h5'使用 HDF5。代码如下：

```
import tensorflow as tf
from tensorflow.examples.tutorials.mnist import input_data
if __name__ == '__main__':
    # 读入数据
    mnist = input_data.read_data_sets("data/", one_hot=True)
    with tf.name_scope("input"):
        # 训练图像的占位符
        x = tf.placeholder(tf.float32, [None, 784])
        # 训练图像对应分类（标签）的占位符
        y = tf.placeholder(tf.float32, [None, 10])
        # 因为卷积要求输入的是 4 维数据，因此对形状进行转换
        # NHWC(默认)    NCHW
        # N number 样本的数量
        # H height 图像的高度
        # W width 图像的宽度
        # C channel 图像的通道数
        x_image = tf.reshape(x, [-1, 28, 28, 1])
    # 卷积层 1
    with tf.name_scope("conv_layer1"):
        # 定义权重（w 就是滑动窗口）
        # 5, 5, 1, 32  =>  滑动窗口的高度，滑动窗口的宽度，输入通道数，输出通道数
        w = tf.Variable(tf.truncated_normal([5, 5, 1, 32], stddev=0.1), name="w")
        # 定义偏置
```

```
            b = tf.Variable(tf.constant(0.0, shape=[32]), name="b")
            # 进行卷积计算
            # strides=[1, 1, 1, 1] 步幅。针对输入的 NHWC 定义的增量
            # padding：  SAME 与 VALID。SAME，只要滑动窗口不全移除输入区域就可以
            # VALID，滑动窗口必须完全在输入区域之内
conv = tf.nn.bias_add(tf.nn.conv2d(x_image, w, strides=[1, 1, 1, 1], padding='SAME'), b, name="conv")
            # 使用激活函数进行激活
            activation = tf.nn.relu(conv)
            # 池化操作
            # ksize：池化的窗口
            pool = tf.nn.max_pool(activation, ksize=[1, 2, 2, 1], strides=[1, 2, 2, 1], padding='SAME')
        # 卷积层 2
        with tf.name_scope("conv_layer2"):
            w = tf.Variable(tf.truncated_normal([5, 5, 32, 64], stddev=0.1), name="w")
            b = tf.Variable(tf.constant(0.0, shape=[64]), name="b")
            conv = tf.nn.bias_add(tf.nn.conv2d(pool, w, strides=[1, 1, 1, 1], padding='SAME'), b, name="conv")
            activation = tf.nn.relu(conv)
            pool = tf.nn.max_pool(activation, ksize=[1, 2, 2, 1], strides=[1, 2, 2, 1], padding='SAME')
        # 全连接层 1
        with tf.name_scope("full_layer1"):
            # 7×7×64
            # 原始图像是 28×28，经过卷积与激励后，没有改变，经过 2×2 池化后，变成 14×14
    # 第一层卷积之后结果为 14×14，经过第二层卷积与激励后，没有改变，经过 2×2 池化后，变成 7×7
            # 第二层卷积之后，我们图像的形状为[N, 7, 7, 64]
            # 4 维变成 2 二维，将后面三维拉伸成 1 维，即[N, 7 * 7 * 64]
            w = tf.Variable(tf.truncated_normal([7 * 7 * 64, 1024], stddev=0.1), name="w")
            b = tf.Variable(tf.constant(0.0, shape=[1024]), name="b")
            # 将第二层卷积之后的结果转换成二维结构
            pool = tf.reshape(pool, [-1, 7 * 7 * 64])
            activation = tf.nn.relu(tf.matmul(pool, w) + b)
            # 执行 dropout（随机丢弃）
            keep_prob = tf.placeholder(tf.float32)
            # 进行随机丢弃，keep_prob 指定神经元的保留率
            drop = tf.nn.dropout(activation, keep_prob)
        # 全连接层 2
        with tf.name_scope("full_layer2"):
            w = tf.Variable(tf.truncated_normal([1024, 10], stddev=0.1), name="w")
            b = tf.Variable(tf.constant(0.0, shape=[10]), name="b")
            logits = tf.matmul(drop, w) + b
        # 损失值与准确率计算层
        with tf.name_scope("compute"):
            # 计算损失值
            loss = tf.reduce_mean(tf.nn.softmax_cross_entropy_with_logits(labels=y, logits=logits))
            # 将损失值加入到 tensorboard 中
             #tf.summary.scalar('loss',loss)
```

```
train_step = tf.train.AdamOptimizer(1e-4).minimize(loss)
# 计算准确率
correct = tf.equal(tf.argmax(logits, 1), tf.argmax(y, 1))
accuracy = tf.reduce_mean(tf.cast(correct, tf.float32))
 #tf.summary.scalar('accuracy',accuracy)


#合并所有的 summary
 #merged = tf.summary.merge_all()
# 创建 Session
with tf.Session() as sess:
    # 对全局变量进行初始化
    sess.run(tf.global_variables_initializer())
     #train_writer = tf.summary.FileWriter('logs/train',sess.graph)
     #test_writer = tf.summary.FileWriter('logs/test',sess.graph)
    # 可以尝试更大的次数，可以将准确率提升到99%以上
    for i in range(1, 3001):
        batch = mnist.train.next_batch(64)
        # 每100步报告一次在验证集上的准确度
        if i % 100 == 0:
            train_accuracy = accuracy.eval(
                feed_dict={x: batch[0], y: batch[1], keep_prob: 1.0})
            test_accuracy = accuracy.eval(
            feed_dict={x: mnist.test.images[:5000], y: mnist.test.labels[:5000], keep_prob: 1.0})
            print(f"step {i}, training accuracy {train_accuracy * 100:.2f}%")
            print(f"step {i}, test accuracy {test_accuracy * 100:.2f}%")
        train_step.run(feed_dict={x: batch[0], y: batch[1], keep_prob: 0.5})
        # 计算并写入训练集计算的结果
         #summary = sess.run(merged,feed_dict={x:batch[0], y:batch[1] ,keep_prob:1.0})
         #train_writer.add_summary(summary, i)
        # 计算并写入测试集计算的结果
#summary = sess.run(merged,feed_dict={x:mnist.test.images, y:mnist.test.labels, keep_prob:1.0})
         #test_writer.add_summary(summary,i)
```

6.4　本章小结

　　本章对人工神经网络与深度学习进行了讲解，对神经网络的产生背景进行了介绍，并引出了人工神经网络的实现方法，接着详细说明了三种常用激活函数，然后以 BP 神经网络为例进行了实现分析。在深度学习中，我们对卷积神经网络中的卷积层、填充、步幅、池化层等基础概念进行了分步讲解，结合简单实例进行了代码实现。在深度学习综合应用中，通过构建 textCNN 网络，简单实现了语言情绪分析。最后，通过 BP 神经网络和 CNN 的手写识别案例，对本章的知识进行了实际应用。

习题 6

一、选择题

1. 神经网络包含（　　）三个组成部分。
   A. 输入层　　　　　B. 中间层　　　　　C. 输出层　　　　　D. 激励层
2. 从信息的类型来看，神经网络分两大类，包括（　　）。
   A. 连续型　　　　　B. 确定型　　　　　C. 监督型　　　　　D. 离散型
3. BP 神经网络是指（　　）。
   A. 反馈神经网络　　　　　　　　　B. 循环神经网络
   C. 卷积神经网络　　　　　　　　　D. 前向神经网络
4. 卷积神经网络包括（　　）。
   A. 卷积层　　　　　B. 汇聚层　　　　　C. 全连接层　　　　D. 激活函数
5. 卷积神经网络的特性包括（　　）。
   A. 局部连接　　　　B. 权重共享　　　　C. 汇聚　　　　　　D. 反馈

二、填空题

1. 人工神经网络 ANNS 英文全名为＿＿＿＿＿＿。
2. 神经元细胞由细胞体、＿＿＿＿＿和＿＿＿＿＿＿组成。
3. 神经网络中的激活函数要具备＿＿＿＿＿＿＿、＿＿＿＿＿＿＿、在适合的区间的性质。

三、简答题

textCNN 计算步骤包括哪些？请用文字描述。

第 7 章　专家系统

本章导读

专家系统（Expert System）是人工智能应用研究的主要领域。20 世纪 70 年代中期，专家系统的开发获得成功。本章首先介绍专家系统的产生与发展过程、定义、特点和分类等基本概念，然后着重介绍专家系统的结构和工作原理，以及专家系统的开发过程。最后，简要介绍一个专家系统实例。

本章要点

- 专家系统的发展
- 专家系统的定义与特点
- 专家系统的分类
- 专家系统的结构
- 专家系统的工作原理
- 专家系统的开发过程

7.1　专家系统概述

自 1968 年第一个专家系统 DENDRAL 成功研制以来，专家系统技术发展非常迅速。正如专家系统的先驱费根鲍姆所说："专家系统的力量是从它处理的知识中产生的，而不是从某种形式主义及其使用的参考模式中产生。"这正符合一句名言"知识就是力量"。20 世纪 80 年代，专家系统在全世界得到迅速发展和广泛应用，甚至渗透到政治、经济、军事等重大决策部门，产生了巨大的社会效益和经济效益，成为人工智能的重要分支。

7.1.1　专家系统的发展

自 1956 年人工智能诞生以来，专家系统也经历了从萌芽到孕育的发展阶段（1965 年以前）。20 世纪 60 年代初，人工智能研究者集中精力开发通用的方法和技术，通过研究一般的方法来改变知识的表示和搜索，并使用它们来建立专用的程序。20 世纪 60 年代中期，人工智能研究者已经开始认识到：问题求解能力不仅取决于人工智能所使用的形式化体系和推理模式，而且取决于它所拥有的知识。知识在智能行为中的地位受到了研究者的重视，这就为以专门知识为核心求解具体问题的基于知识的专家系统的产生奠定了思想基础。奠定专家系统基础的另一个理论工具是 1960 年麦卡锡研制的表处理（List Processing，LISP）语言，它可以方便地进行符号处理，使计算机模拟人类思维的符号处理变为现实。

伴随着人工智能技术的迅速发展，专家系统大致经历了如下三个阶段的发展。

第一阶段，产生期（1965—1971年）。

1968年，斯坦福大学费根鲍姆等成功研制了分析化合物分子结构的DENDRAL系统，此系统是专家系统发展的里程碑。此后，出现了多个不同功能、不同类型的专家系统。1971年，麻省理工学院采用LISP语言开发的MYCSYMA专家系统投入使用，可对特定领域的数学问题进行有效的处理，包括微积分运算、微分方程求解等。DENDRAL和MYCSYMA系统是专家系统发展的第一阶段。这个时期的专家系统的特点是：高度的专业化，专门问题求解能力强，但结构、功能不完整，移植性差，缺乏解释功能。

第二阶段，成熟期（1972—1977年）。

20世纪70年代中期，是专家系统技术成熟期，出现了MYCIN、PROSPECTOR、AM、CASNET等具有代表性的专家系统。MYCIN系统是斯坦福大学研制的用于细菌感染性疾病的诊断和治疗的专家系统，能成功地对细菌性疾病做出专家水平的诊断和治疗。它是第一个结构较完整、功能较全面的专家系统。它第一次使用了知识库的概念，引入了可信度的方法进行不精确推理，能够给出推理过程的解释，用英语与用户进行交互。MYCIN系统对形成专家系统的基本概念、基本结构起了重要的作用。PROSPECTOR系统是由斯坦福研究所于1976年开始研制的一个地质矿床勘探系统，用语义网络表示地质知识，其推理模型采用的是主观Bayes方法，该系统曾于1982年发现了美国华盛顿州的一处钼矿，据估计该矿的开采价值超过1亿美元。CASNET是由拉特格尔大学在20世纪70年代初期开始研制的、用于青光眼诊断与治疗的专家系统。该系统由观察模块、病理状态模块和疾病种类模块三个独立的模块构成，达到了领域专家的水平。AM系统是由斯坦福大学于1981年研制成功的专家系统，它能模拟人类进行概括、抽象和归纳推理，发现某些数论的概念和定理。

至20世纪70年代后期，专家系统已基本成熟。费根鲍姆在1977年第五届国际人工智能联合会议上系统地阐述了专家系统的思想，并提出了知识工程的概念，可作为这一时期结束的标志。该阶段专家系统的特点主要是：单学科专业型专家系统；系统结构完整，功能较全面，移植性好；具有推理解释功能，透明性好；采用启发式推理、不精确推理；用产生式规则、框架、语义网络表达知识；用限定性英语进行人机交互等。

第三阶段，发展期（1978年至今）。

20世纪80年代，专家系统的研究进入一个新的阶段。首先是数量增多，全世界的专家系统有2000～3000种。1987年研制成功的专家系统约有1000种。专家系统的应用领域被拓宽，广泛地应用于医学、地质勘探、石油天然气资源评价、数学、物理学、化学的科学发现以及企业管理、工业控制、经济决策等方面。进入20世纪80年代，专家系统的研究走出了大学和研究机关而广泛地进入产业界。另一方面，新一代专家系统摆脱了单一领域的束缚，属于多学科综合系统。它利用多种人工智能语言，快速迭代开发系统整体框架与技术细节，并不断提高核心模块——推理机的计算能力。这使得专家系统具备相关领域内的复杂操作，最终提高了系统整体处理能力。总之，第三代专家系统属多学科综合型系统，采用多种人工智能语言，综合采用各种知识表示方法和多种推理机制及控制策略，并开始运用各种知识工程语言、骨架系统及专家系统开发工具和环境来研制大型专家系统。

20世纪90年代，人们对专家系统的研究转向与知识工程、模糊技术、实时操作技术、神经网络技术、数据库技术等相结合的专家系统，这也是专家系统今后的研究方向和发展趋势。

专家系统的研制和开发明显地趋向于商业化，直接服务于生产企业，产生了明显的经济效益。例如，DEC 公司与卡内基梅隆大学合作开发了专家系统 XCON，用于为 VAX 计算机系统制订硬件配置方案，节约资金近 1 亿美元。另一个重要发展是出现专家系统开发工具，从而简化了专家系统的构造，如骨架系统 EMYCIN、KAS、EXPERT，通用知识工程语言 OPS5、RLL，模块式专家系统工具 AGE 等。

专家系统的演变也恰好体现了人工智能浪潮的整体发展历程。下一代专家系统正是可以通过图灵测试的真正意义上的人工智能体。它具备极强的自学能力，拥有归纳总结周围事物的素养，同时像人类一样多领域均衡发展。首先，新型专家系统应具备极高的自学能力。就像 AlphaGo 可以在学习围棋规则后左右互搏一样，专家系统应该在不断的尝试过程中成长。其次，专家系统应提高自身归纳、总结、推理能力，即具备举一反三的能力。最后，专家系统应具备跨学科协同能力，而非将学科割裂。

7.1.2　专家系统的定义与特点

专家系统的定义
与特点

专家系统是基于知识的系统，它在某种特定的领域中运用领域专家多年积累的经验和专业知识，求解只有专家才能解决的困难问题。专家系统作为一种计算机系统，继承了计算机快速、准确的特点，在某些方面比人类专家更可靠、更灵活，可以不受时间、地域及人为因素的影响。对于专家系统存在各种不同的定义。

专家系统的奠基人费根鲍姆给出的专家系统定义为：专家系统是一种智能的计算机程序，它运用知识和推理来解决只有专家才能解决的复杂问题。也就是说，专家系统是一种模拟专家决策能力的计算机系统。

韦斯和库利柯夫斯基对专家系统的定义为：专家系统使用人类专家推理的计算机模型来处理现实世界中需要专家做出解释的复杂问题，并得出与专家相同的结论。

总之，专家系统是一个智能计算机程序系统，其内部含有大量的某个领域专家水平的知识与经验，能够利用人类专家的知识和解决问题的方法来处理该领域问题。也就是说，专家系统是一个具有大量的专门知识与经验的程序系统，它应用人工智能技术和计算机技术，根据某领域一个或多个专家提供的知识和经验，进行推理和判断，模拟人类专家的决策过程，以便解决那些需要人类专家处理的复杂问题。简而言之，专家系统是一种模拟人类专家解决领域问题的计算机程序系统。

在总体上，专家系统具有一些共同的特点。

（1）启发性。专家系统能运用专家的知识与经验进行推理、判断和决策。世界上的大部分工作和知识都是非数学性的，只有一小部分人类活动是以数学公式或数字计算为核心的（约占 8%），即使是化学和物理学科，大部分也是靠推理进行思考的；对于生物学、大部分医学和全部法律，情况也是这样。企业管理的思考几乎全靠符号推理，而不是数值计算。

（2）透明性。专家系统能够解释本身的推理过程和回答用户提出的问题，以便让用户了解推理过程，提高对专家系统的信赖感。例如，一个医疗诊断专家系统诊断某病人患有肺炎，而且必须用某种抗生素治疗，那么，这一专家系统将会向病人解释为什么他患有肺炎，而且必须用某种抗生素治疗，就像一位医疗专家对病人详细解释病情和治疗方案一样。

（3）灵活性。专家系统能不断地增长知识，修改原有知识，不断更新。这一特点使得专家系统具有十分广泛的应用领域。

（4）具有专家水平的专业知识。专家系统中的知识按其在问题求解中的作用可分为三个层次，即数据级、知识库级和控制级。数据级知识是指具体问题所提供的初始事实及在问题求解过程中所产生的中间结论、最终结论，通常存放于数据库中。知识库知识是指专家的知识，是构成专家系统的基础。控制级知识也称为元知识，是关于如何运用前两种知识的知识，如在问题求解中的搜索策略、推理方法等。专家系统具有的知识越丰富，质量越高，解决问题的能力就越强。具有专家的专业水平是专家系统的最大特点。

（5）能进行有效的推理。专家系统要利用专家知识来求解领域内的具体问题，必须有一个推理机构，能根据用户提供的已知事实，通过运用知识库中的知识，进行有效的推理，以实现问题的求解。专家系统不仅能根据确定性知识进行推理，而且能根据不确定的知识进行推理。专家系统的特点之一就是能综合利用这些不确定的信息和知识进行推理，得出结论。

（6）具有交互性。专家系统一般都是交互式系统，具有较好的人机交互界面。一方面它需要与领域专家和知识工程师进行对话以获取知识，另一方面它也需要不断地从用户那里获得所需的已知事实，并回答用户的询问。

7.1.3　专家系统的分类

从不同的角度，专家系统可以有不同的分类。按专家系统的特性及功能分类，专家系统可分为如下 10 类。

1. 解释型专家系统

解释型专家系统能根据感知数据，经过分析、推理给出相应解释，如化学结构说明、图像分析、语言理解、信号解释、地质解释、医疗解释等专家系统。代表性的解释型专家系统有 DENDRAL、PROSPECTOR 等。

2. 诊断型专家系统

诊断型专家系统能根据取得的现象、数据或事实推断出系统是否有故障，并能找出产生故障的原因，给出排除故障的方案。这是目前开发、应用得最多的一类专家系统，如医疗诊断、机械故障诊断、计算机故障诊断等专家系统。代表性的诊断型专家系统有 MYCIN、CASNET、PUFF、PIP、DART 等。

3. 预测型专家系统

预测型专家系统能根据过去和现在的信息（数据和经验）推断可能发生和出现的情况，如用于天气预报、地震预报、市场预测、人口预测、灾难预测等领域的专家系统。

4. 设计型专家系统

设计型专家系统能根据给定要求进行相应的设计，如用于工程设计、电路设计、建筑及装修设计、服装设计、机械设计及图案设计的专家系统。对这类系统一般要求在给定的限制条件下能给出最佳或较佳的设计方案。代表性的设计型专家系统有 XCON、KBVLSI 等。

5. 规划型专家系统

规划型专家系统能按给定目标制定总体规划、行动计划、运筹优化等，适用于机器人动作控制、工程规划、军事规划、城市规划、生产规划等。这类系统一般要求在一定的约束条件下能以较小的代价达到给定的目标。代表性的规划型专家系统有 NOAH、SECS、TATR 等。

6. 控制型专家系统

控制型专家系统能根据具体情况，控制整个系统的行为，适用于对各种大型设备及系统进行控制。为了实现对控制对象的实时控制，控制型专家系统必须具有能直接接收来自控制对象的信息，并能迅速地进行处理，及时地做出判断和采取相应行动的能力。所以，控制型专家系统实际上是专家系统技术与实时控制技术相结合的产物。代表性的控制型专家系统是YES/MVS。

7. 监督型专家系

监督型专家系统能完成实时的监控任务，并根据监测到的现象做出相应的分析和处理。这类系统必须能随时收集任何有意义的信息，并能快速地对得到的信号进行鉴别、分析和处理。一旦发现异常，能尽快地做出反应，如发出报警信号等。代表性的监督型专家系统是REACTOR。

8. 修理型专家系统

修理型专家系统是用于制订排除某类故障的规划并实施排除的一类专家系统，要求能根据故障的特点制订纠错方案，并能实施该方案排除故障。当制订的方案失效或部分失效时，能及时采取相应的补救措施。

9. 教学型专家系统

教学型专家系统主要适用于辅助教学，并能根据学生学习过程中所产生的问题进行分析、评价、找出错误原因，有针对性地确定教学内容或采取其他有效的教学手段。已经开发和应用的教学型专家系统有可进行逻辑学、集合论教学的 EXCHECK，一些大学开发的计算机程序设计语言和物理智能计算机辅助教学系统、聋哑人语言训练专家系统，以及美国麻省理工学院的MACSYMA 等。

10. 调试型专家系统

调试型专家系统用于对系统进行调试，能根据相应的标准检测出被检测对象存在的错误，并能从多种纠错方案中选出适用于当前情况的最佳方案，排除错误。

上述从特性和功能角度对专家系统进行的分类，往往不是很确切，因为许多专家系统不止一种功能。还可以从其他的角度对专家系统进行分类，如按输出结果可分为分析型专家系统和设计型专家系统，按知识表示可分为基于逻辑的专家系统、基于规则的专家系统、基于语义网络的专家系统、基于框架的专家系统、基于 WEB 的专家系统和基于人工智能和计算机技术发展的新型专家系统；按知识又可分为精确推理型专家系统和不精确推理型专家系统（如模糊专家系统）两类；按采用的技术可分为符号推理专家系统和神经网络专家系统等。

7.2 专家系统的原理

专家系统的结构是指专家系统各组成部分的构造方法和组织形式。系统结构选择决定了专家系统的适用性和有效性，而系统的应用环境和所解决问题的特征又决定了专家系统的结构。

7.2.1 专家系统的一般结构

不同的专家系统功能与结构各不相同，但一般由知识库、数据库、推理机、知识获取机构、解释机构、人机交互接口和其他有关部分组成，各部分的关系如图 7-1 所示。其中，箭头方向为信息流动的方向。

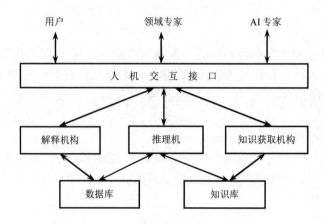

图 7-1　专家系统的基本结构图

专家系统的核心是知识库和推理机，其工作过程是根据知识库中的知识和用户提供的事实进行推理，不断地由已知的事实推出未知的结论即中间结果，并将中间结果放到数据库中，作为已知的新事实进行推理，从而把求解的问题由未知状态转换为已知状态。在专家系统的运行过程中，会不断地通过人机接口与用户进行交互，向用户提问，并向用户做出解释。

下面分别对专家系统的各个部分进行简单介绍。

（1）知识库。知识库是专家系统中的核心部门，也是专家系统结构的一个重要特征。知识库用于存储领域专家知识，包括事实、可行性操作与规则等，在系统中是独立存在的。用户可以通过修改、完善知识库来提高专家系统的性能。此外，知识表示策略解决知识的存在形式问题，对于不同的知识表示需有相应的推理机制。

（2）数据库。数据库是存放专家系统有关数据的工作存储器，相当于问题求解过程状态的集合，其中包括用户输入数据、初始数据、运行信息、推理过程中的数据及最终结果等，往往是作为暂时的存储区。数据库中的各种事实、命题、关系组成的状态，既是推理机选用知识的依据，也是解释机制获得推理路径的来源。

（3）推理机。推理机是整个专家系统的控制部门，是推理求解问题的机构。它控制专家系统的方式称为推理机制或推理，可以反映推理机构的运作机理和实现方式。它模拟专家的思维过程，控制并执行对问题的解答。推理机的性能与构造一般与知识的表示方式和组织方式有关，但与知识的内容无关。我们可以认为，推理机就相当于人类专家的思维模式，知识库需要通过推理机来实现其价值的。

（4）知识获取机构。知识获取机构是专家系统专门用于从知识源泉中获得系统需要知识的机构，其基本任务是为专家系统获取知识，建立起健全、完善、有效的知识库。通过知识获取机构，专家系统可以扩充和修改知识库中的内容，也可以实现自动学习。目前，知识主要来自领域专家的实际知识、经验、模型及研究成果，主要采用人工方式（也有用半自动、自动方式）获取这些知识。知识获取机构是专家系统性能卓越的关键，也是设计中的一个难题。

（5）解释机构又称为解释器。解释机构是专门用于向用户解释系统解决问题的环节选择，包括解释理论的正确性及系统做此推理的依据。简单来说，就是回答"为什么""怎样得出"之类的发问。系统通常跟踪动态库中保存的推理路径，把它翻译成用户能够接受的自然语言。其功能反映了专家系统的透明度和交互性。

（6）人机交互接口又称为用户界面。人机交互接口是使用者与专家系统进行交流的机构，领域专家以及知识工程师通过它输入知识、更新完善知识库；一般用户通过它输入欲求解的问题、已知事实数据信息以及向系统提出询问等命令；系统通过它输出运行结果、回答用户咨询问题或向用户索取进一步的事实。人机交换的信息多种多样，包含文字、声音、图像、图形、动画、音像等。因此，人机交互接口的方便操作，画面的图文并茂、形象生动是专家系统性能好的重要标志。

推理机、人机交互接口、解释机构、数据库等部分组合成为一个结构框架，就像人的身体，被称为"外壳"。这种外壳只要配上包含有特定领域某方面知识的知识库，就可组成一个可以运行的专家系统。从专家系统的结构角度来说，专家系统就是知识工程师通过知识获取手段，将领域专家解决特定问题的知识采用统一或自动生成某种特定表示形式，存放在知识库中，然后用户使用人机交互接口输入信息、数据和命令，并借助于数据库等，运用推理机控制知识库和整个系统工作，得到问题的求解结果。

7.2.2　专家系统的基本工作原理

专家系统的工作原理

1. 专家系统的工作过程

专家系统一般是通过推理机与知识库和数据库的交互作用来求解领域问题的，其大致过程如下：

（1）匹配，根据用户的问题对知识库进行搜索，寻找有关的知识。

（2）根据有关的知识和系统的控制策略形成解决问题的途径，从而构成一个假设方案集合。

（3）冲突解决，对假设方案集合进行排序，并挑选其中在某些准则下为最优的假设方案。

（4）执行，根据挑选的假设方案去求解具体问题。

（5）如果该方案不能真正解决问题，则回溯到假设方案序列中的下一个假设方案，重复求解问题。

（6）反复执行上述过程，直到问题已经解决或所有可能的求解方案都不能解决问题而宣告"无解"为止。

2. 推理机的工作过程

推理机的工作过程如下：

（1）推理机将知识库中的规则前提与事实进行匹配。一般是将每条规则的"前提"取出来，验证这些前提是否在数据库中。若都在，则匹配成功；否则，取下一条规则进行匹配。

（2）把匹配成功的规则的"结论"作为新的事实添加到数据库中。

（3）用更新后的数据库中的事实，重复上面两个步骤，直到某个事实就是意想中的结论或是不再有新的事实产生为止。

7.3　专家系统的开发过程

专家系统的开发是一项综合技术，实现流程里不仅需要开发人员还需要领域专家的关键性作用，只有制订合适的实现流程，才能发掘出双方应有的最大价值。一个成功的专家系统的开发需要知识工程师和领域专家的密切配合和坚持不懈地努力。

7.3.1　知识获取和知识工程

1.　知识获取

知识获取是从领域专家处获得知识、提取知识并将其转换为专家系统程序的艰巨而细致的工作过程，即将问题求解中领域专家的经验和技术从某个知识源提取到专家系统中。知识获取定义的直观说明如图 7-2 所示，其中知识源包括人类专家、教科书、数据库及人本身的经验，专家系统中的知识表示有产生式表示、谓词逻辑表示、语义网络表示、框架表示等。

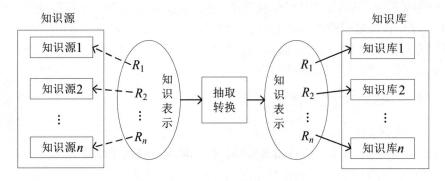

图 7-2　知识获取定义的直观说明

根据专家系统的总体要求和知识获取的定义，将知识获取的任务归纳如下：

- 对专家或书本等知识源的知识进行理解、认识、选择、抽取、汇集、分类和组织。
- 从已有知识和实例中产生新知识，包括从外界学习新知识。
- 检查和保证已获取知识的一致性与完整性。
- 尽量保证已获取知识的无冗余性。

常用的知识获取方式有以下 3 种：

- 知识工程师。领域专家通过与知识工程师反复接触、交谈，把自己拥有的知识提供给知识工程师，再一起将这些知识归纳整理成专家系统的知识库。
- 智能编辑程序。熟悉计算机的领域专家可以通过智能编辑程序把自己的经验和知识输入专家系统的知识库中。智能编辑程序应该具备灵活的人机对话能力和有关知识库结构方面的知识。
- 归纳学习程序。对大量实验数据进行归纳和总结，将会得到一些新的规律和知识，利用归纳学习程序可以模拟人的思维过程，从有关知识库中发现新知识，然后将这些新知识加入知识库，供专家系统使用。

知识获取是一个过程，该过程包含 5 个阶段，这几个阶段密切相关，相互制约。知识获取的过程如图 7-3 所示。

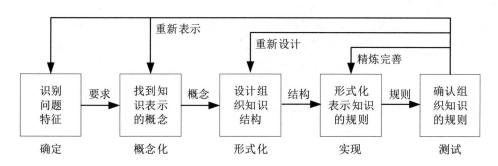

图 7-3　知识获取的过程

2. 知识工程

知识工程是人工智能的原理和方法，为那些需要专家知识才能解决的应用难题提供了求解的手段。知识工程是以知识为基础的系统，是通过智能软件建立的专家系统。

知识工程可以看成人工智能在知识信息处理方面的发展，研究如何用计算机表示知识，从而进行问题的自动求解。知识工程的研究使人工智能的研究从理论转向应用，从基于推理的模型转向基于知识的模型，包括了整个知识信息处理的研究。知识工程已成为一门新兴的边缘学科。

知识工程的过程包括以下 5 个活动：

（1）知识获取。知识获取包括从人类专家、书籍、文件、传感器或计算机文件中获取知识。知识或者是特定领域或特定问题的解决程序，或者是一般知识，或者是元知识解决问题的过程。

（2）知识验证。知识验证是指对知识进行验证（如通过测试用例），直到它的质量可以被接受为止。测试用例的结果通常被专家用来验证知识的准确性。

（3）知识表示。获得的知识被组织在一起的活动叫作知识表示。这个活动需要准备知识地图及在知识库中进行知识编码。

（4）推论。推论包括软件的设计，使计算机做出基于知识和细节问题的推论。然后，系统根据推论结果给非专业用户提出建议。

（5）解释和理由。解释和理由包括设计和编程的解释功能。

知识工程的过程中，知识获取作为许多研究者和实践者的一个"瓶颈"，限制了专家系统和其他人工智能系统的发展。

7.3.2　专家系统的开发步骤

专家系统是一个计算机软件系统，但与传统程序又有区别，因为知识工程与软件工程在许多方面有较大的差别。因此，专家系统的开发过程在某些方面与软件工程类似，但某些方面又有区别。例如，软件工程的设计目标是建立一个用于事物处理的信息处理系统，处理的对象是数据，主要功能是查询、统计、排序等，其运行机制是确定的；而知识工程的设计目标是建立一个辅助人类专家的知识处理系统，处理的对象是知识和数据，主要的功能是推理、评估、规划、解释、决策等，其运行机制难以确定。另外，从系统的实现过程来看，知识工程比软件工程更强调渐进性、扩充性。因此，在设计专家系统时软件工程的设计思想及过程虽可以借鉴，但不能完全照搬。

专家系统是人工智能中一个正在发展的研究领域，虽然目前已建立了许多专家系统，但是尚未形成建立专家系统的一般方法。根据软件工程的生命周期方法，一个实用专家系统的开发过程可类同一般软件系统开发过程分为问题识别、概念化、形式化、实现和测试等阶段，如图 7-4 所示。

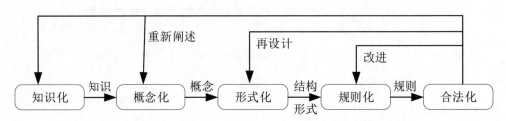

图 7-4   专家系统的开发步骤

专家系统的这一开发过程，各阶段目标明确，逐级深化，概括如下：

1. 问题识别阶段

在问题识别阶段，知识工程师与领域专家合作，对领域问题进行需求分析，并确定如下问题：

（1）确定人员和任务，选定包括领域专家和知识工程师在内的参加人员，并明确各自的任务。

（2）问题识别，描述问题的特征及相应的知识结构，明确问题的类型和范围。

（3）确定资源，确定知识源、时间、计算设备以及经费等资源。

（4）确定目标，确定问题求解的目标。

2. 概念化阶段

概念化阶段的主要任务是把问题求解所需要的专门知识概念化，确定概念之间的关系，并对任务进行划分，确定求解问题的控制流程和约束条件。这个阶段需要考虑的问题如下：

（1）什么类型的数据有用？数据之间的关系如何？

（2）问题求解时包括哪些过程？这些过程有哪些约束？

（3）如何将问题划分为子问题？

（4）信息流是什么？哪些信息是由用户提供的？哪些信息是需要导出的？

（5）问题求解的策略是什么？

3. 形式化阶段

形式化阶段是把概念化阶段概括出来的关键概念、子问题和信息流特征形式化地表示出来。究竟采用什么形式，要根据问题的性质选择适当的专家系统构造工具或适当的系统框架。在这个阶段，知识工程师起着更积极的作用。

在形式化过程中，三个主要的因素是假设空间、基本的过程模型和数据的特征。为了理解假设空间的结构，必须对概念形式化并确定它们之间的关系，还要确定概念的基元和结构。为此需要考虑以下问题：

● 把概念描述成结构化的对象，还是处理成基本的实体？

- 概念之间的因果关系或时空关系是否重要？是否应当显式地表示出来？
- 假设空间是否有限？
- 假设空间是由预先确定的类型组成的，还是由某种过程生成的？
- 是否应考虑假设的层次性？
- 是否有与最终假设相关的不确定性或其他的判定性因素？
- 是否考虑不同的抽象级别？

找到可以用于产生解答的基本过程模型是形式化知识的重要一步。过程模型包括行为和数学的模型。如果专家使用一个简单的行为模型，那么对它进行分析就能产生很多重要的概念和关系。数学模型可以提供附加的问题求解信息，或用于检查知识库中因果关系的一致性。

在形式化知识中，了解问题领域中数据的性质也是很重要的。为此应当考虑下述问题：

- 数据是不足的、充足的还是冗余的？
- 数据是否有不确定性？
- 对数据的解释是否依赖于出现的次序？
- 获取数据的代价是多少？
- 数据是如何得到的？
- 数据的可靠性和精确性如何？
- 数据是一致的和完整的吗？

4. 实现阶段

在形式化阶段已经确定了知识表示形式和问题的求解策略，也选定了构造工具或系统框架。在实现阶段，要把前一阶段的形式化知识变成计算机软件，即要实现知识库、推理机、人机接口和解释系统。

在建立专家系统的过程中，原型系统的开发是极其重要的步骤之一。对于选定的表达方式，任何有用的知识工程辅助手段（如编辑、智能编辑或获取程序）都可以用来完成原型系统知识库。另外，推理机应能模拟领域专家求解问题的思维过程和控制策略。

5. 测试阶段

测试阶段的主要任务是通过运行大量的实例，检测原型系统的正确性及系统性能。通过测试原型系统，对反馈信息进行分析，进而进行必要的修改，包括重新认识问题，建立新的概念或修改概念之间的联系、完善知识表示与组织形式、丰富知识库的内容、改进推理方法等。

专家系统必须先在实验室环境下进行精化和测试，然后才能够进行实地领域测试。在测试过程中，实例的选择应照顾到各个方面，要有较宽的覆盖面，既要涉及典型的情况，也要涉及边缘的情况。测试的主要内容如下：

(1) 可靠性。通过实例的求解，检查系统得到的结论是否与已知结论一致。

(2) 知识的一致性。当向知识库输入一些不一致、冗余等有缺陷的知识时，检查它是否可把它们检测出来；当要求系统求解一个不应当给出答案的问题时，检查它是否会给出答案；如果系统具有某些自动获取知识的功能，则检测获取知识的正确性。

(3) 运行效率。检测系统在知识查询及推理方面的运行效率，找出薄弱环节及求解方法与策略方面的问题。

(4) 解释能力。对解释能力的检测主要从两个方面进行：一是检测它能回答哪些问题，是否达到了要求；二是检测回答问题的质量，即是否有说服力。

（5）人机交互的便利性。为了设计出友好的人机交互接口，在系统设计之前和设计过程中也要让用户参与。这样才能准确地表达用户的要求。

对人机交互接口的测试主要由最终用户来进行。根据测试的结果，应对原型系统进行修改。测试和修改过程应反复进行，直到系统达到满意的性能为止。

7.3.3　专家系统开发工具

建造专家系统是一个既花费时间（如获取知识）又花费精力（如编写推理程序等）的过程。在20世纪70－80年代，人们常采用LISP、PROLOG等语言来建造专家系统，而现在提倡采用现成的专家系统开发工具加以开发。

专家系统开发工具就是一种具有通用性的专家系统"外壳"，包含了知识库调试、语法检查和一致性检验等所需的管理机构，用于简化构造专家系统工作的程序系统。它既可以避免在编程上花费过多精力，又能使效率提高几倍乃至几十倍。专家系统开发工具能帮助研究人员获取知识、表示知识、运用知识，帮助系统设计人员进行专家系统结构设计，还能提供一个内部软件环境，提高系统内部的通信能力，加快专家系统开发效率。知识库相当于专家系统的"大脑"，它需要与推理机、人机交互接口等"外壳"组成专家系统，这些"外壳"对同类型专家系统来说具有通用性。下面列出几种常见的专家系统开发工具。

（1）语言型开发工具。语言型开发工具可分为两类，具体如下。一类由语言本身提供一个推理机去执行该语言编写的程序，称为专家系统语言，如LISP、PROLOG等。LISP和PROLOG语言本身具有回溯递归功能，能简化程序的逻辑结构，程序运行过程中可以自动实现知识的搜索、匹配和回溯，但数值计算功能比其他高级语言差，而且知识和语言的关系比较密切，不擅长此语言的领域工程师很难对知识实现修改和扩充。另一类是普通的编程语言，自身不提供推理机，如C语言。这是最早期专家系统的开发环境，数值计算功能较强，程序设计比较灵活，但是开发工作量较大，大量的程序语言是控制显示语句，程序编制相对困难，这也是由当时单任务、单线程的计算机操作系统所决定的。

（2）编辑型开发工具。编辑型开发工具供专家系统建造者将领域专家的知识按规定的知识库描述语言格式编辑成知识库，并将获取的知识进行检验，生成所需的专家系统。该类工具由专家系统"外壳"和知识库生成与管理子系统两部分组成。专家系统"外壳"包括推理机、人机交互接口、解释机构、数据库等，它们具有通用性，当连入特定的知识库时，即构成所需建造的专家系统。

（3）智能型开发工具。虽然编辑型开发工具使用方便，领域技术人员经过短期培训就可学会使用，但仍需熟悉如何将知识经验按照知识描述语言规定的格式进行编辑。智能型开发工具让用户不必了解人工智能、专家系统的术语和原理，完全按照该领域的思维方式与术语去引导领域专家和技术人员整理知识经验。这种工具比编辑型开发工具功能强大，但实现的难度也大。

（4）骨架型开发工具。借用已有专家系统，将描述领域知识的规则从原系统中"挖掉"，只保留其独立于问题领域知识的推理机部分，这样的工具称为骨架型开发工具。

（5）构造辅助工具。构造辅助工具由一些程序模块组成，知识获取辅助工具能帮助获得和表达领域专家的知识，设计辅助工具能帮助设计正在构造的专家系统的结构。国内外已研制出了多种专家系统开发工具，可作为专家系统开发平台。例如，国外著名的专家系统开发工具有 CALLEX、SELECT、PALMS、MICCS、INSIGHT2+、LEVEL5、VP-Expert、AQ15、AE15 等，但均未能得到广泛运用，而基于 Windows 平台和网络环境运行开发平台 EXSYS，是运用最广泛的专家系统开发工具，售价达 7000 美元。中科院合肥智能机械研究所研制的"雄风 XF"系列农业专家开发平台有十多个，形成了农作物栽培管理、畜禽饲养管理和水产养殖等近百种专家系统，并广泛应用于智能化农业信息应用示范工程"安徽示范区"项目，且在全国多个省市得到推广应用。北京农业信息技术研究中心研发的可定制、可组装的构件化通用农业专家系统开发平台 PAID，包括单机版、网络版、英文版、多媒体版、跨平台版和嵌入式版 6 种版本，有效地支持了一百多种应用框架和三百多个专家系统开发，在全国 28 个省（自治区、直辖市）和东南亚部分国家得到了广泛的推广应用。表 7-1 为"863 计划"推出的 5 个农业专家系统开发平台。

表 7-1 "863 计划"推出的 5 个农业专家系统开发平台

平台名称	研发单位	系统特点
农业专家系统开发平台 PAID	北京市农林科学院信息中心国防科技大学	突出构件化和网络化的特点，强调系统的实用性
雄风专家系统开发平台	中国科学院合肥智能机械研究所	已开发十多个版本，广泛应用于种植业、养殖业等。对于合理施肥、病虫害防治、保护环境等具有重大作用，且具有安全性
农业专家系统开发平台	吉林大学计算机科学系	平台在推理方面具有特色，集成了模糊的、不确定性的推理构件，界面友好，实用专家系统构建生成简单
农业专家系统开发工具	中国科学院合肥智能机械研究所	平台方便实用，多媒体界面友好，可移植性好，推广工作扎实
农业专家系统开发平台	哈尔滨工业大学计算机系	在机器学习方面比较突出

7.4 专家系统实例

本节以农业部饲料工业中心信息部开发的"Mafic 禽病诊断专家系统（以下简称 Mafic 系统）"为例介绍专家系统在畜牧业的主要应用。

1. Mafic 禽病诊断专家系统主要诊断原理

Mafic 禽病诊断专家系统主要诊断原理是，以难以收集的大量资料为依据，找出症状与疾病之间的统计规律，确定出经验公式，经验公式的确立主要采用现代统计理论中的判别分析法和数量化理论原理，将 52 种禽病按症状分为 52 个病组，所谓病组就是将具有相同或相似症状的疾病归在一起，将其主要症状归列为组，用户在诊断时只要根据患畜的主要症状进入相应病组，选取系统提出的一系列症状"有"或"无"，然后按"诊断"按钮，系统就会按所诊断结果的肯定程度做出确诊（确实或正确诊断）、初诊（初步诊断）、疑诊（怀疑诊断）和待诊（待除外诊断）四种诊断结论，对怀疑并发的病症也做了详细说明，并详细说明诊断的依据和原因，如果是由于症状信息不足没有确诊，系统除详细诊断原因外还说明了为达到确诊应该注意观察的症状。用户如果是位有经验的兽医，则可以直接按所怀疑的病名进入相应病组，点取相应症状同样可以得出诊断结果。

2. 疾病诊断

用户进入 Mafic 系统后，在主菜单上选择"疾病诊断"菜单项进入疾病诊断功能项。此功能项是本系统的核心部分，系统提供两类疾病诊断方法：根据症状推断疾病和根据怀疑病名诊断。

（1）根据症状诊断疾病。

例如，某鸡场有几只鸡两天来只喝水不吃食，不愿动，有点跛。大夫查记录：体温43℃，精神不振，羽毛粗乱，肛门被稀粪脏污，腹部和大腿内侧水肿，有破溃、结痂，局部有脱毛。

诊断如上病例时可从"疾病诊断"菜单中选择"根据症状诊断疾病"的方法（也可点取相应图标），选取后进入如图 7-5 所示的界面。

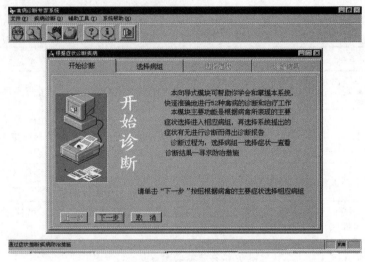

图 7-5　"根据症状诊断疾病"界面

这时单击"下一步"按钮进入"选择病组"界面，如图 7-6 所示。

图 7-6　"选择病组"界面

　　此时，可按主要症状选取"体温升高"病组（或进入"羽毛粗乱"病组，"口渴喜饮"病组，"肛门周围羽毛脏污"病组，"跛行"病组，"皮肤有破溃或结痂"病组，诊断结果一样），点取症状分组的树形控件，充分展开。主病组前由"田"显示为"曰"后，点取相应病组名称（注意一定要点取病组前图标为"📄"的病组才有效，而病组前图标为"📖"或"🏢"时，说明下面还有分病组，这时一定要点取使其充分展展开）。

　　然后，单击"下一步"按钮进入"选择症状"界面，如图 7-7 所示。这时，右边症状描述栏内将会出现一系列症状信息，移动鼠标在相应症状信息上单击，就会在相应症状左边"有无"栏出现"√"的标记，如果不小心错点，再次单击该症状信息，"√"的标记就会消失。根据症状分别点取"不食，跛行，一般稀粪，喜饮，皮肤破溃，有结痂，胸腹大腿内侧水肿，脱毛，肛门周围羽毛被粪脏污"几个症状，将"有无"栏内变为"√"，如图 7-7 所示。

图 7-7　　"选择症状"界面

　　选取完症状信息后，单击"下一步"按钮，系统就会出现如图 7-8 所示的"诊断结果"界面。

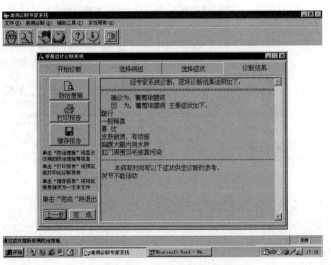

图 7-8　　"诊断结果"界面

单击图 7-8 中的"防治措施"按钮，将出现各疾病的"防治措施"对话框，如图 7-9 所示。单击各疾病名称，可分别看到有关该疾病的概述、流行病学、临床症状、病理变化、诊断鉴别、防治措施等信息。单击"打印"按钮，可显示出该疾病的"打印预览"界面，如图 7-10 所示。单击"打印预览"工具栏上的"🖶"图标即可打印出有关该病的全部信息。

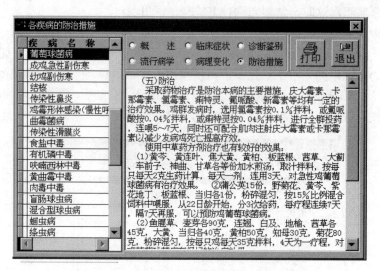

图 7-9　各疾病的"防治措施"对话框

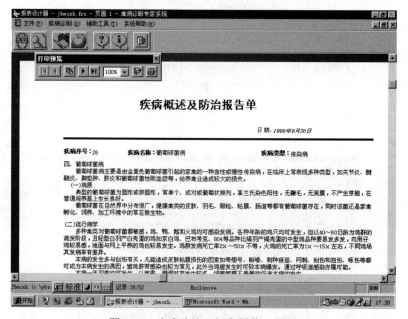

图 7-10　疾病防治"打印预览"界面

在"诊断结果"界面单击"储存报告"按钮，出现选择文件名的提示，这时您可选取相应目录和文件名，或输入新的文件名，单击"确定"按钮即可存储此诊断结果。注意：系统储存的文件格式全部为纯文本，用户可在其他文字处理软件中编辑、排版和打印。

在"诊断结果"界面单击"完成"按钮，将退出诊断表单。

（2）根据怀疑病名诊断疾病。

在上例中采用的是"根据症状推断疾病"的诊断方法，如果用户是一位有经验的兽医，则可以采用"根据怀疑病名诊断"的诊断方法。例如，在上例中可以根据症状怀疑病鸡所得病为葡萄球菌病，可直接按病名进入"葡萄球菌病"病组，点取相应症状，可以得出相同的诊断报告。具体操作步骤和"根据症状推断疾病"的诊断方法是类似的，这里就不再赘述了。

7.5　本章小结

本章首先介绍了专家系统的四个发展阶段、定义、特点和分类等基本概念；接着介绍了专家系统的一般结构和基本工作原理；然后从知识获取和知识工程、专家系统的开发步骤、专家系统开发工具等方面对专家系统的开发进行了介绍；最后以一个禽病诊断专家系统为例，对具体的专家系统进行了介绍，使读者能对专家系统的应用有一个直观的了解和认识。

习题 7

一、选择题

1. 能通过对过去和现在已知状况的分析，推断未来可能发生的情况的专家系统是（　　）。
　　A. 修理专家系统　　　　　　　　B. 预测专家系统
　　C. 调试专家系统　　　　　　　　D. 规划专家系统

2. 专家系统是一个复杂的智能软件，它处理的对象是用符号表示的知识，处理的过程是（　　）的过程。
　　A. 思维　　　　　B. 推理　　　　　C. 思考　　　　　D. 递推

3. 专家系统是以（　　）为基础，以推理为核心的系统。
　　A. 专家　　　　　B. 知识　　　　　C. 软件　　　　　D. 解决问题

4. 专家系统一般是通过（　　）和综合数据库的交互作用来求解领域问题的。
　　A. 推理机与算法　　　　　　　　B. 推理机与知识库
　　C. 人机交互接口与知识库　　　　D. 推理机与人机交互接口

5. （　　）能完成实时的监控任务，并根据监测到的现象做出相应的分析和处理。
　　A. 预测专家系统　　　　　　　　B. 监督型专家系
　　C. 调试专家系统　　　　　　　　D. 修理专家系统

二、填空题

1. 专家系统已经经历了＿＿＿＿＿、＿＿＿＿＿和＿＿＿＿＿三个阶段。

2. 1968 年，斯坦福大学费根鲍姆等成功研制了分析化合物分子结构的＿＿＿＿＿系统，是专家系统发展的里程碑。

3. ＿＿＿＿＿能根据取得的现象、数据或事实推断出系统是否有故障，并能找出产生故障的原因，给出排除故障的方案。

4. ＿＿＿＿＿能根据过去和现在的信息（数据和经验）推断可能发生和出现的情况。

5. 专家系统一般都由_____、_____、推理机、知识获取机构、解释机构、_____和其他有关部分组成。

三、简答题

1. 简述专家系统的发展历史。
2. 什么是专家系统？它有哪些基本特征？
3. 专家系统由哪几部分组成？各部分的功能和结构如何？
4. 简述推理机的工作过程。
5. 简述专家系统的开发过程。

第8章 模式识别与机器视觉

模式识别、机器视觉是人工智能的重要分支，其应用范围非常广泛。本章主要介绍模式识别的基本概念、方法、识别过程和识别的应用，以及机器视觉的定义、构成、分类和主要应用场景，使读者能够了解人工智能中的分支模式识别和机器视觉的基本知识。本章最后通过介绍图像识别、人脸识别和具体的人脸表情识别的实例，使读者对本章的内容有一个直观的认识。

- 模式识别的概念和应用
- 机器视觉的概念和应用
- 基于深度学习的人脸表情识别

8.1 模式识别

模式识别（Pattern Recognition）是人工智能最早研究的领域之一。它是利用计算机对物体、图像、语言、字符等信息模式进行自动识别的科学。当得到一个新的样本时，常常要判断它属于哪一种已知类型。例如，识别指纹、人脸，诊断疾病、故障，判别矿藏情况等，都属于模式识别问题。现在，用深度学习方法解决模式识别问题已经取得了非常好的效果。

8.1.1 模式识别的基本概念

模式识别可定义为：通过计算机技术自动地或半自动（人机交互）地实现人类的识别过程。为了能让机器执行识别任务，必须先将识别对象的有用信息输入计算机。为此，必须对识别对象进行抽象，建立其数学模型，用以描述和代替识别对象，这种对象的描述就是模式。模式的表现形式为特征矢量、符号串、图、关系式等。

广义的模式识别属于计算机科学中智能模拟的研究范畴，其内容非常广泛，包括声音识别、图像识别、文字识别、符号识别、地震信号分析、化学模式识别、生物特征识别等。计算机模式识别实现了人类部分脑力劳动的自动化。对于机器感知智能而言，其主要是模拟人类视觉的模式识别对图像、视频等进行分析和分类处理。经过几十年的发展，模式识别已经被广泛应用于各个领域。

从模式识别定义可以看出，模式识别就是机器识别、计算机识别或机器自动识别，目的在于让机器自动识别事物。通过模式识别，可以从大量信息和数据出发，在专家经验和已有认识的基础上，利用计算机和数学推理的方法对形状、信号、数字、字符、文字和图形自动完成识别。模式识别包括相互关联的两个阶段，即学习阶段和实现阶段。前者是对样本进行特征选择并寻找分类的规律，后者是根据分类规律对未知样本集进行分类和识别。

8.1.2　模式识别的方法

传统的模式识别方法可分为统计模式识别、结构模式识别、模糊模式识别和浅层神经网络模式识别四大类。模式识别中的技术主要是机器学习中常用的一些算法，如支持向量机、决策树、随机森林等。目前，常见的模式识别方法主要有以下 5 种类型。

1. 统计模式识别

统计模式识别是模式的统计分类方法。结合统计概率论的贝叶斯决策系统进行模式识别的技术，又称为决策理论识别方法。识别时从模式中提取一组特性的度量，构成特征向量，然后采用划分特征空间的方式进行分类。统计模式识别主要是利用贝叶斯决策规则来解决最优分类器问题的。

2. 结构模式识别

对于较复杂的模式，在对其进行描述时需要用到很多数值特征，从而增加了其复杂度。结构模式识别通过采用一些比较简单的子模式组成多级结构来描述一个复杂的模式，其基本思路是先将模式分为若干个子模式，然后将子模式分解成简单的子模式，再继续分解子模式，直到满足研究的需要（达到无须继续细分的程度）。因此，结构模式识别就是利用模式与子模式分层结构的树状信息来完成模式识别工作的。

3. 模糊模式识别

模糊模式识别是以模糊理论和模糊集合数学为支撑的一种识别方法，它通过隶属度来描述元素的集合程度，主要用于解决不确定性问题。在物理世界中，由于噪声、扰动、测量误差等因素的影响，不同模式类的边界并不明确，而这种不明确有着模糊集合的性质，因此在模式识别中可以把模式类当作模糊集合，利用模糊理论的方法对其进行分类，从而解决问题。

4. 人工神经网络模式识别

人工神经网络侧重于模拟和实现人认知过程中的感知、视觉、形象思维、分布式记忆、自学习、自组织过程，与符号处理形成了互补的关系。人工神经网络具有大规模并行、分布式存储和处理、自组织、自适应、自学习的能力，特别适用于处理需要同时考虑许多因素和条件的不精确和模糊的信息，以及图像、语音等识别对象隐含的模式信息。

5. 集成学习模式识别

集成学习模式识别是一种利用多分类器融合或多分类器集成实现模式识别的方法。这种方法融合了多个分类器提供的信息，得到的识别和分类结果更加精确。作为实现机器感知智能的重要手段，模式识别与图像处理相交叉的部分是图像分类。目前，图像分类方法以深度学习为主，其在各个图像分类方面都取得了很好的效果。

8.1.3　模式识别过程

从模式识别的技术途径来说，由模式空间经过特征空间到模型空间是模式识别所经历的过程。模式识别的基本过程如图 8-1 所示。

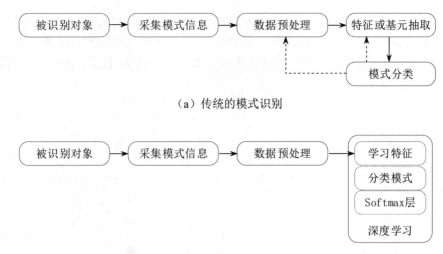

（a）传统的模式识别

（b）基于深度学习的模式识别

图 8-1　模式识别的基本过程

采集模式信息是指利用各种传感器把被研究对象的各种信息转换为计算机可以接收的数值或符号（串）集合。习惯上，称这种数值或符号（串）所组成的空间为模式空间。这一步的关键是传感器的选取。为了从这些数值或符号（串）中抽取出对识别有效的信息，必须进行数据处理，包括数字滤波和特征提取。

在采集过程中或采集之后，经常需要进行数据预处理，包括模/数转换、消除模糊、减少噪声、纠正几何失真等操作。对数据进行预处理是为了消除或减少在模式采集中的噪声及其他干扰，人为地突出有用信号，以便获得良好的识别效果。

传统模式识别方法需要对有用信号做特征抽取或基元抽取，才能进行正确的分类。这是传统模式识别方法的一个关键。传统的特征抽取需要人工凭借经验找出有效特征，往往再结合特征选择去除冗余特征或者进行特征降维，以利于后续的分类学习。特征抽取或基元抽取不是一次就可以完成的，需要不断地修改和完善，这是图 8-1（a）中虚线回溯的含义。

但是，现在的深度学习方法，特别是卷积神经网络，具有非常强的表示学习能力，它能够根据训练数据和目标类别自动从原始数据中学习出有效特征，并且能获得很高的分类精度。所以，现在的主流模式识别模型一般都采用深度学习方法实现"端对端"式应用，把特征抽取和特征选择隐含在神经网络之中，与模式分类一起自动完成，不再需要人工处理。

传统模式识别的另一个关键是模式分类算法。它在前几步准备工作的基础上，把未知类别属性的样本确定为类型空间里的某一个类型，具体的分类算法可以采用支持向量机、决策树、贝叶斯方法和 BP 网络等。但是，在基于深度学习的模式识别模型中，由于前面的深层网络学习出了有效特征并且完成了高层特征组合，因此后面真正实现分类功能的网络部分往往很简单，只用一个逻辑回归层或者一两个全连接层就可完成分类功能。最后，一般通过 Softmax 层输出最终类别的概率（即输出值最大的神经元序号就是输出类别序号，神经元输出值代表输入样本被识别为该类别的概率）。

一般来说，一个完整的模式识别过程包括学习模块、测试模块和验证模块 3 个主要部分，如图 8-2 所示。其中，学习模块主要完成对模型的构建和训练，测试模块主要完成模型性能的测试，验证模块主要完成对模型的验证。具体实现过程是：首先构建模型，同时将样本按照一定的比例分成训练集、验证集和测试集；然后采用训练集中的训练样本对模型进行训练，每次训练完成一轮后再在验证集上验证一轮，将所有样本均训练完成；最后在测试集上再次测试模型的准确率和误差变化。

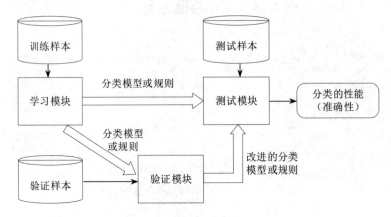

图 8-2　完整的模式识别过程

根据学习过程方式的不同，模式识别可以分为两大类：分类（有监督学习）和聚类（无监督学习）。类别已定的就叫作有监督分类，反之就是无监督分类；前者因为有已知划分类别的训练样本来作为学习过程的"导师"，所以很多时候，有监督学习和无监督学习又分别叫作有导师学习和无导师学习。

8.1.4　模式识别应用

模式识别的应用

模式识别发展至今，人们的一种普遍看法是不存在对所有模式识别问题都适用的单一模型。深度学习虽然可以较好地解决模式识别问题，但是对具体问题还是要寻找不同的深度学习模型才能获得更好的结果。例如，识别静态图像的模型和识别动态视频的模型就有很多区别。在实践中，针对具体问题把各种模型结合起来，或者采用集成学习（Ensemble Learning）是一种非常有效的途径。

模式识别的应用领域十分广泛，下面是几种常见的具体应用。

（1）文字识别。文字识别又称字符识别，它是模式识别中的主要研究方向之一。人们在生产和日常生活中所使用和交换的信息，大部分是视觉信息，其中文字信息是不可缺少的部分。

为了实现文字信息处理的自动化，需要实现文字识别。此时，人们可将大量的文献资料、统计报表以及计算机程序和数据直接输入计算机，不仅大大减轻了人力劳动，而且在自动排版、机器翻译、情报检索等方面都有广泛的应用。目前，在数字和字符识别方面已经有了很多成功的应用成果。例如，光学字符阅读机、邮政信函识别机等。汉字识别的研究更具有特殊意义，目前对常用印刷体汉字的识别率可以达到 99% 及以上，识别速度可达到 30～100 字/s。在线手写体识别（即计算机跟随书写过程的识别）也已经在手机中获得了普遍应用。

（2）语音识别。语言是人类交流信息的主要媒介。如果计算机能识别语音，那么人或庞大的电话系统可将信息直接送入计算机，不仅速度快，而且简化了输入设备。所以，语音识别早已成为模式识别研究中的重要课题。人在讲话时，不仅受到舌、鼻、唇、齿等部位的影响，而且因地域、民族、性别和年龄的不同，发音也不同，它完全因人而异，千差万别。语音识别研究首先从特定人的单个词的识别开始。识别的结果通常由电子式声音合成系统来模仿人的发音器官变成声音输出。一般以脉冲发生器（相当于声带）和白噪声发生器（相当于杂音）作为声源，通过改变频率滤波器（相当于口腔）的频率和幅度而合成不同的声音输出。目前，语音识别在声音分析、识别、合成技术等方面都取得了很大进展。在实践中已经出现了很多应用产品。人与计算机自由对话的时代已经向我们走来。

（3）图像识别。图像识别包括的内容非常广泛。根据识别图像内容的不同，常见的应用有指纹识别、人脸识别、雷达图像识别、其他特定物体识别等。大部分字符识别都是先从整个（静态或者动态）图像中提取含有字符的图像区域，再进行细致的字符识别。所以，字符识别也是图像识别的一种应用。图像识别在现实生活中已经有了很多应用。例如，指纹打卡机应用了指纹识别，录像监控系统中应用了人脸识别。此外，模式识别还广泛地应用于过程监控、质量控制、自动检测、环境监测以及考古等领域。

图像识别的难点在于图像数据量大、图像特征不易提取。一幅图像中可以蕴含着非常丰富的信息，不同应用所关心的图像特征差异十分大。所以，准确地从图像中提取特征，消减图像噪声是图像识别中的一个重点问题。现在用深度学习方法针对指定应用可以自动学习出图像特征，并通过深层网络实现高级特征的组合，以利于后面层的判定识别。但是，深度学习方法的可解释性和泛化能力与人眼识别系统相比还有很大差距。

（4）卫星图片识别。在飞机或卫星上用不同的光波段进行遥感遥测，可以获取各种图片资料。通过对这些图片资料的分析处理和识别，可以进行资源勘探、地理测绘、作物估产、军事目标的侦探和气候预报等研究。

（5）生物医学信息识别。模式识别可用于心电图、脑电图、X 光图片、CT 图片、B 超图片等各种医学曲线图像的分析，辅助医生判定患者健康状态和进行医疗诊断等。现在使用计算机已经可以比较准确地识别出医学图像上的病变组织。例如，染色体分类识别、细胞自动分类计算、蛋白质结构与功能识别等可以帮助我们在分子、基因层次认识生命与疾病的规律。

8.2　机器视觉

机器视觉是人工智能的一个重要分支，其核心是使用"机器眼"来代替人眼。机器视觉系统通过图像/视频采集装置，将采集到的图像/视频输入到视觉算法中进行计算，最终得到人类需要的信息。这里提到的视觉算法有很多种，如传统的图像处理方法以及近年来的发展迅猛的深度学习等。

8.2.1　机器视觉的定义和构成

机器视觉基于仿生的角度发展而来，简单说来，就是用机器代替人眼来做测量和判断。比如，模拟眼睛是通过视觉传感器进行图像采集，并在获取之后由图像处理系统进行图像处理和识别。根据美国机器人工业协会（Robotic Industries Association，RIA）对机器视觉的描述，可以定义机器视觉为："机器视觉是通过光学的装置和非接触的传感器自动地接收和处理一个真实物体的图像，以获得所需信息或用于控制机器人运动的装置"。

人眼的硬件构成简单来说就是眼珠和大脑，机器视觉的硬件构成也可以大概说成是摄像机和电脑。图像采集设备主要包括摄像装置、图像采集卡和光源等，目前基本上都是数码摄像装置，而且种类很多，包括 PC 摄像头、工业摄像头、监控摄像头、扫描仪、摄像机、手机等。当然，观看微观的显微镜和观看宏观的天文望远镜，也都是图像输入装置。图像处理软件就是机器视觉的软件部分，是需要开发商或者用户来开发完成的功能。

机器视觉系统是实现了机器视觉的应用系统，它通过机器视觉产品（即图像摄取装置，分 CMOS 和 CCD 两种）把图像抓取到，然后将该图像传送至处理单元，通过数字化处理，根据像素分布和亮度、颜色等信息，来进行尺寸、形状、颜色等的判别，进而根据判别的结果来控制现场的设备动作。典型的视觉系统一般包括光源、光学系统、相机、图像处理单元（或图像采集卡）、图像分析处理软件、监视器、通信/输入输出单元等。

（1）图像采集。图像的获取实际上是将被测物体的可视化图像和内在特征转换成能被计算机处理的数据，它直接影响系统的稳定性及可靠性。一般利用光源、光学系统、相机、图像处理单元（或图像捕获卡）获取被测物体的图像。

（2）光源。光源是影响机器视觉系统输入的重要因素，因为它直接影响输入数据的质量和至少 30%的应用效果。由于没有通用的机器视觉照明设备，因此针对每个特定的应用实例，要选择相应的照明装置，以达到最佳效果。许多工业用的机器视觉系统用可见光作为光源，这主要是因为可见光容易获得，价格低，并且便于操作。常用的几种可见光源是白炽灯、日光灯、水银灯和钠光灯。但是，这些光源最大的缺点是光能不能保持稳定。以日光灯为例，在使用的第一个 100h 内，光能将下降 15%，随着使用时间的增加，光能将不断下降。因此，如何使光能在一定程度上保持稳定，是实用化过程中急需解决的问题。另一个方面，环境光将改变这些光源照射到物体上的总光能，使输出的图像数据存在噪声，一般采用加防护屏的方法，减少环境光的影响。由于存在上述问题，在现今的工业应用中，对于某些要求高的检测任务，常采用 X 射线、超声波等不可见光作为光源。

（3）光学系统。对于机器视觉系统来说，图像是唯一的信息来源，而图像的质量由光学系统的恰当选择来决定。通常，由于图像质量差引起的误差不能用软件纠正。机器视觉技术把光学部件和成像电子结合在一起，并通过计算机控制系统来分辨、测量、分类和探测正在通过自动处理系统的部件。

（4）相机。相机实际上是一个光电转换装置，即将图像传感器所接收到的光学图像，转化为计算机所能处理的电信号。光电转换器件是构成相机的核心器件。目前，典型的光电转换器件为真空摄像管，CCD、CMOS 图像传感器等。

（5）图像采集/处理卡。在机器视觉系统中，相机的主要功能是将光敏元所接收到的光信号转换为电压的幅值信号输出。若要得到被计算机处理与识别的数字信号，还需对视频信息进行量化处理。图像采集卡是进行视频信息量化处理的重要工具，主要完成对模拟视频信号的数字化过程。视频信号首先经低通滤波器滤波，转换为在时间上连续的模拟信号；按照应用系统对图像分辨率的要求，用采样/保持电路对视频信号在时间上进行间隔采样，把视频信号转换为离散的模拟信号；然后再由 A/D 转换器转变为数字信号输出。图像采集/处理卡不仅具有模数转换功能，还能对视频进行图像分析、处理，同时也可对相机进行有效的控制。

（6）图像处理软件。机器视觉系统中，视觉信息的处理技术主要依赖于图像处理方法，它包括图像增强、数据编码和传输、平滑、边缘锐化、分割、特征抽取、图像识别与理解等内容。经过这些处理后，输出图像的质量得到相当程度的改善，既改善了图像的视觉效果，又便于计算机对图像进行分析、处理和识别。

工业自动化推动了机器视觉技术的飞速发展,虽然机器视觉系统的结构比较复杂,大部分人不太了解,但基本的模型构架是一致的。根据信号的流动顺序主要包括以下的模块。

- 光学成像模块。光学成像模块又可以分为照明系统设计和镜头光学系统设计两部分。照明系统设计就是通过研究被测物体的光学特性、距离、物体大小、背景特性等,合理设计光源的强度、颜色、均匀性、结构、大小,并设计合理的光路,达到获取目标相关结构信息的目的。镜头是将物方空间信息投影到像方的主要部件。镜头光学系统设计主要是根据检测的光照条件和目标特点选好镜头的焦距、光圈范围,在确定了镜头的型号后,设计镜头的后端固定结构。
- 图像传感器模块。图像传感器模块主要负责信息的光电转换,位于镜头后端的像平面上。目前,主流的图像传感器可分为 CCD 与 CMOS 图像传感器两类。因为是电信号的信源,所以良好稳定的电路驱动是设计这一模块的关键。
- 图像处理模块。图像处理模块主要负责图像的处理与信息参数的提出,可分为硬件结构与软件算法两个层次。硬件层一般是以 CPU 为中心的电路系统。基于 PC 的机器视觉使用的是 PC 的 CPU 与相关的外设;基于嵌入式系统的有独立处理数据能力的智能相机依赖于板上的信息处理芯片,如 DSP、ARM、FPGA 等。软件部分包括一个完整的图像处理方案与决策方案,其中包括一系列的算法。在高级的图像系统中,会集成数据算法库,便于系统的移植与重用。算法库较大时,可通过图形界面调用。
- I/O 模块。I/O 模块是输出机器视觉系统运算结果和数据的模块。基于 PC 的机器视觉系统可将接口分为内部接口与外部接口,内部接口只负责将系统信号传到 PC 的高速通信口,外部接口完成系统与其他系统或用户通信和信息交换的功能。智能相机则一般利用通用 I/O 与高速的以太网完成对应的所有功能。
- 显示模块。显示模块可以认为是一个特殊的用户 I/O,它可以使用户更为直观地检测系统的运行过程。在基于 PC 的机器视觉系统中可以直接通过 PCI 总线将系统的数据信息传输到显卡,并通过 VGA 接口传到计算机屏幕上。独立处理的智能相机通常通过扩展液晶屏幕和图像显示控制芯片实现图像的可视化。

以上五个模块为机器视觉系统的基本核心组成部分,如图 8-3 所示。

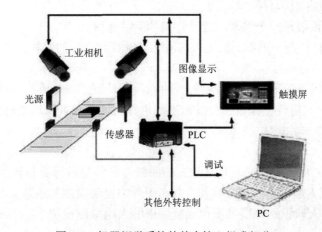

图 8-3 机器视觉系统的基本核心组成部分

8.2.2 机器视觉的分类和应用

机器视觉的应用

机器视觉主要分为如下三类：

- 单目视觉技术：即安装单个摄像机进行图像采集，一般只能获取到二维图像。单目视觉广泛应用于智能机器人领域。然而，由于该技术受限于较低图像精度以及数据稳定性，因此需要和超声、红外等其他类型传感器共同工作。
- 双目视觉技术：是一种模拟人类双眼处理环境信息的方式，通过两个摄像机从外界采集一副或者多幅不同视角的图像，从而建立被测物体的三维坐标。双目视觉技术大致分为机械臂视觉控制、移动机器人视觉控制、无人机无人船视觉控制等方向。
- 多目视觉技术：是指采用了多个摄像机以减少盲区，降低错误检测的概率。该技术主要用于物体的运动测量。在机械臂手眼协调方面，多目视觉技术能够克服物体捕捉的盲区，使机械臂进行更加有效的抓取。在工业机器人装配领域，多目视觉也能够精确识别和定位被测物体，进而提高装配机器人的智能程度和定位精度。

当前，由于机器学习、深度学习技术的发展，以及计算能力的提升和视觉数据的增长，视觉智能计算技术在不少应用当中都取得了令人瞩目的成绩。图像/视频的识别、检测、分割、生成、超分辨、搜索等经典和新生的问题纷纷取得了不小的突破。这些技术正广泛应用于城市治理、金融、工业、互联网等领域。下面以 9 个场景为例，对一些常见的应用场景进行介绍。

1. 自动驾驶/驾驶辅助

自动驾驶汽车是一种通过计算机实现无人驾驶的智能汽车，它依靠人工智能、机器视觉、雷达、监控装置和全球定位系统协同合作，让计算机可以在没有任何人类主动操作的情况下，自动安全地操作机动车辆。机器视觉的快速发展促进了自动驾驶技术的成熟，使无人驾驶在未来成为可能。

自动驾驶技术链比较长，主要包含感知阶段、规划阶段和控制阶段三个部分。机器视觉技术主要应用在无人驾驶的感知阶段，其基本原理可概括如下：

（1）使用机器视觉获取场景中的深度信息，以帮助进行后续的图像语义理解，在自动驾驶中帮助探索可行驶区域和目标障碍物。

（2）通过视频预估每一个像素的运动方向和运动速度。

（3）对物体进行检测与追踪。在无人驾驶中，检测与追踪的目标主要是各种车辆、行人、非机动车。

（4）对于整个场景的理解。最重要的有两点，一是道路线检测；二是在道路线检测下更进一步，即将场景中的每一个像素都打成标签，也称为场景分割或场景解析。

（5）同步地图构建和定位技术。

2. 人脸识别

人脸识别（Face Recognition）是基于人的面部特征信息进行身份识别的一种生物识别技术。它通过采集含有人脸的图片或视频流，并在图片中自动检测和跟踪人脸，进而对检测到的人脸进行面部识别。人脸识别可提供图像或视频中的人脸检测定位、人脸属性识别、人脸比对、活体检测等功能。

人脸识别是机器视觉最成熟、最热门的领域，近几年已经逐步超过指纹识别成为生物识别的主导技术。人脸识别分为 4 个处理过程，即人脸图像采集及检测、人脸图像预处理、人脸图像特征提取以及匹配与识别，其主要应用场景为人脸支付、人脸开卡、人脸登录、VIP 人脸识别、人脸签到、人脸考勤、人脸闸机、会员识别、安防监控、相册分类、人脸美颜等。

3. 文字识别

计算机文字识别俗称光学字符识别（Optical Character Recognition），是利用光学扫描技术将票据、报刊、书籍、文稿及其他印刷品的文字转化为图像信息，再利用文字识别技术将图像信息转化为可以使用的计算机输入技术。该技术可应用于卡证类识别、票据类识别、出版类识别、实体标识识别等场景。

4. 图片识别分析

这里所说的图片识别是指人脸识别之外的静态图片识别，图片识别可应用于多种场景，目前应用比较多的是以图搜图、物体/场景识别、车型识别、人物属性识别、服装识别、时尚分析、鉴黄、货架扫描识别、农作物病虫害识别等。

例如，手机淘宝的一个应用——拍立淘，主要通过图片来代替文字进行搜索，以帮助用户搜索无法用简单文字描述的需求。比如，你看到一条裙子很好看，但又很难用简单的语言文字来描述这条裙子的样子，那么这个时候就可以使用拍立淘，通过图片轻松地在淘宝上搜出同款裙子，或者是与它非常接近的款式。

5. 三维图像视觉

三维图像视觉主要是对三维物体进行识别，其主要应用于三维机器视觉、双目立体视觉、三维重建、三维扫描、三维测绘、三维视觉测量、工业仿真等领域。三维信息相比二维信息，能够更全面、真实地反映客观物体，提供更大的信息量。近年来，三维图像视觉已经成为计算机视觉领域的重要课题，在虚拟现实、文物保护、机械加工、影视特技制作、计算机仿真、服装设计、科研、医学诊断、工程设计、刑事侦查现场痕迹分析、自动在线检测、质量控制、机器人及许多生产过程中得到越来越广泛的应用。

6. 医疗影像诊断

医疗数据中有 90%以上的数据来自医疗影像。医疗影像领域拥有孕育深度学习的海量数据，医疗影像诊断可以辅助医生做出判断，提升医生的诊断效率。目前，医疗影像诊断主要应用在肿瘤探测，肿瘤发展追踪，血液量化与可视化，病理解读，糖尿病、视网膜病变检测等场景。

7. 图像/视频的生成及设计

人工智能技术不仅可以对现有的图片、视频进行分析、编辑，还可以进行再创造。机器视觉技术可以快速、批量、自动化地进行图片设计，因此其可为企业大幅度节省设计人力成本。

人工智能可以从艺术作品中抽象出视觉模式，然后将这些模式应用于具有该作品的标志性特征的摄影图像的幻想再现。这些算法还可以将任何粗糙的涂鸦转换成令人印象深刻的绘画，看起来就像是由描绘真实世界模型的专家级人类艺术家创作的一样。人工智能技术可以手绘人脸的草图，并通过算法将其转化为逼真的图像；还可以指导计算机渲染任何图像，使其看起来好像是由特定人类艺术家以特定风格创作的一样；甚至对任何图像、图案、图形和其他不在源头中的细节都可以化腐朽为神奇。

8. 工业瑕疵检测

在自动化生产过程中，人们将机器视觉系统广泛应用于工业瑕疵诊断、工况监视和质量控制等领域。工业瑕疵诊断是指利用传感器（如工业相机、X 光等）将工业产品内外部的瑕疵进行成像，通过机器学习技术对这些瑕疵图片进行识别，确定瑕疵的种类、位置，甚至对瑕疵产生的原因进行分析的一项技术。目前，工业瑕疵诊断已成为机器视觉的一个非常重要的应用领域，可以通过机器视觉技术替代人工外检人员，大大提高生产效率、速度和生产的自动化程度，降低人工成本。

9. 视频监控分析

视频监控分析是利用机器视觉技术对视频中的特定内容信息进行快速检索、查询、分析的技术。随着摄像头的广泛应用，产生的视频数据量已非常巨大，这些数据蕴藏的价值巨大，靠人工根本无法统计，而机器视觉技术的逐步成熟，使得视频分析成为可能。通过这项技术，公安部门可以在海量的监控视频中搜寻到罪犯；在拥有大量流动人群的交通领域，该技术也被广泛应用于人群分析、防控预警等。

视频/监控领域盈利空间广阔，商业模式多种多样，将视觉分析技术应用于视频监控领域正在形成一种趋势，目前已率先应用于交通、安防、零售、社区、楼宇、校园、工地等场合。例如，城市治理是视频监控分析应用价值最高的领域之一，典型的应用场景有：交通拥堵治理、异常事件检测与轨迹跟踪、平安城市情报搜集分析、厂区安全管理、门店客流分析等。

8.2.3 图像识别

图像识别就是利用计算机对图像进行处理、分析和理解，以识别各种模式目标和对象的技术。图像识别是当前最火爆、应用最成功的一个人工智能子领域。现在，使用深度学习方法解决图像识别问题的精度已经达到 95%以上，可与人眼媲美。当然，其抗噪能力、泛化能力、抽象能力还与人眼有很大差距。图像识别技术已经成为车辆自动驾驶、机器人交互、医学图像自动诊断、视频监控与追踪、基于卫星的目标识别与追踪、车牌识别等很多应用中的基本核心技术。

1. 图像识别的一般内容

图像识别的一般内容可分为低级处理、中级处理和高级处理三个不同层次，如图 8-4 所示。低级处理主要包括图像获取和数据预处理等内容，重点解决图像失真、图像降噪、图像压缩等问题。中级处理主要包括图像分割、图像内容表示与描述等问题。高级处理主要包括图像内容识别与解释等问题。高级处理往往不仅涉及图像本身，还要涉及图像内容所对应的文本、语义等内容。无论在哪个层次，处理图像都会涉及一些先验知识。充分利用先验知识辅助图像识别，利于降低问题的难度，提高系统性能。

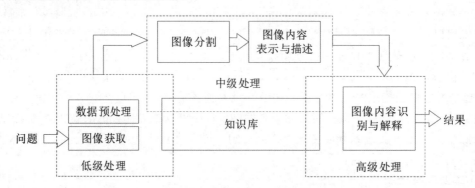

图 8-4　图像识别的一般内容

图像识别在狭义上仅指图像分类（Image Classification），但是在广义上可以泛指计算机视觉（Computer Vision）所做的大部分工作，包括目标分割、目标检测、目标识别、目标跟踪等。图像识别的最终目的是理解图像，能够正确地从图像中获取相关的信息或知识。理解图像的基本任务包括图像分类、目标定位、目标检测、目标识别、图像分割和目标追踪，这些任务的一般区别如下：

（1）图像分类（Image Classification）：把给定图像划分到正确的类别，或者赋予正确的标签。例如，在一堆照片中区分哪些是猫的照片，哪些是狗的照片，哪些是马的照片。图像分类一般针对图像中最主要的一个对象进行分类识别。如果一张照片中既有一只猫又有一条狗，那么在前面的例子中就不会正确分类了。

（2）目标定位（Object Localization）：识别出目标在图像中的相对空间位置。例如，在视频监控应用中要从图像中准确地找到人脸的位置。

（3）目标检测（Object Detection）：区分给定图像中的多个对象，给出其在图像中的位置和大小。

（4）目标识别（Object Recognition）：给图像中的不同对象赋予正确的标签。一般而言，目标检测只要区分出图像中的不同物体（目标）就行了；而目标识别则不仅要区分不同物体，还要判定该物体具体是什么。例如，输入一张照片，目标检测输出照片中 4 个目标分别对应的像素点或者区域；而目标识别则要更进一步判定 4 个目标分别是 1 个人、1 只猫和 2 条狗。

（5）图像分割（Image Segmentation）：按照任务要求不同，可分为像素级的语义分割（Semantic Segmentation）和对象级的实例分割（Instance Segmentation）。语义分割一般要求把图像的背景像素点和前景像素点区分开，最终只要前景像素点，抛弃背景像素点。而实例分割则不仅要区分前景和背景，还要把前景中的不同对象区分开。例如，有一张甲、乙、丙三个人在草地上的合影照片。语义分割只要把草地背景去除，仅剩下人的所有像素点就可以了；而实例分割则不仅要把人和草地划分开，还要把甲、乙、丙三个人分别对应的像素点完全划分开。

（6）目标追踪（Object Tracking）：从连续图像中发现同一目标的运动轨迹。例如，在视频中找出同一个人的运动路线，或者在持续的卫星观测图像中找出某架飞机的运行轨迹。

2.　图像识别中的常用方法

图像识别涉及的具体任务很多，其具体方法也就有很多变化。总体来说，在 2010 年以前，图像识别主要依赖人工设计各种特征提取算法从图像中获取有效特征（如颜色/灰度直方图、SIFT、HOG、LBP、Gabor 等）构成特征向量，然后用支持向量机等分类器实现模式分类。但是，自从 2012 年 AlexNet 通过卷积神经网络大幅提高图像识别精度以后，图像识别已经全部转为将深度学习方法作为基本策略。现在解决图像识别问题主要是利用各种卷积神经网络。近年来，混合型神经网络特别是对抗式生成网络在计算机视觉和图像识别领域发挥着越来越重要的作用。

3.　图像识别的典型应用

深度学习方法基本解决了图像识别精度的问题。基于图像识别的各种智能应用已经日渐成熟。例如，很多手机上安装的拍照识花应用程序就是一种典型的图像分类应用。类似的应用还有很多，如根据植物叶子照片来识别植物病害等。核磁共振、CT 等医学图像的自动诊断系统也主要依靠图像分类技术来判定人体健康与否。人脸识别则是图像识别的一个应用重点，各种刷脸支付、刷脸门禁的核心技术都是图像识别。

目标分割和目标识别是卫星图像识别应用中的核心技术。特别是在军事领域，从卫星图像中区分出军事目标和非军事目标、识别判读卫星图像内容都是目标分割、目标识别的典型应用。

汽车自动驾驶则是图像识别的又一个典型应用场景。在自动驾驶过程中系统首先要检测摄像头获取图像中的道路，对道路进行目标定位和目标检测。其次，还必须对周围的其他车辆、行人和障碍物进行目标检测和识别。再次，还必须对前方的交通道路标识和交通信号灯进行目标识别。自动驾驶是一个非常综合的应用，所用技术也不只是图像识别，还包括三维激光扫描与三维建模、雷达测距测速与模式识别，以及行为预测、碰撞预警等。

目标跟踪的典型应用场景是安保监控、反恐排查、军事侦察等。在这些场景中，系统可以从监控视频或者卫星图像中识别出感兴趣的目标（人、车辆、飞机、舰船等），然后定位其空间坐标并跟踪其运动轨迹。

随着深度学习方法在图像识别领域的不断发展，用深度学习方法还可以对图像进行艺术加工处理。例如，用混合型神经网络或者对抗式生成网络可以实现图像风格转换、漫画自动上色等应用。图像风格转换是指把数码照相机拍出来的写实照片自动转换成某种艺术风格的图像，其作用就像自动实现了高级滤镜功能。漫画自动上色是指给无颜色的素描或者白描漫画自动填充颜色，使其变成符合预制风格的彩色漫画。

完全可以预期，随着人工智能技术的进步，越来越多的智能图像处理应用会出现在日常生活中，给人们的工作和生活带来更多的便利。

8.2.4　人脸识别

人脸识别是图像识别中被研究得最多的一个子领域。图像识别的各种新方法基本上都会用人脸识别问题进行验证。2000 年至今，人脸识别技术开始搭载于数码相机、手机等各种设备上，可实现脸部自动对焦、脸部自动光圈、微笑快门、脸部修饰等功能。另外，其在计算机、收款机、安全门、安检闸口等终端设备上也实现了类似的功能。经过多年的发展，人脸识别在实际中已经实现了大规模应用。

对人类而言，脸部能够传递的信息是最多的，因为人类的脸部通常是外露的，所以通过脸部很容易就能得到各种信息。例如，机器可以通过识别人脸掌握人的位置或数量，判定他或她是谁，推测其表情、性别及年龄，感知其视线，从而根据他的个人属性或状态来提供最适当的服务。

1. 人脸识别技术的发展

人脸识别技术是生物识别技术的一种，它结合了图像处理、计算机图形学、模式识别、可视化技术、人体生理学、认知科学和心理学等多个研究领域的理论与技术。从 20 世纪 60 年代末至今，人脸识别技术的发展经历了 4 个阶段。

（1）基于简单背景的人脸识别，这是人脸识别研究的初级阶段。该阶段的人脸识别技术通常利用人脸器官的局部特征来描述人脸，但由于人脸器官没有显著的边缘且易受到表情的影响，因此它仅限于正面（变形较小）人脸的识别。

（2）基于多姿态和表情的人脸识别，这是人脸识别研究的发展阶段。该阶段的主要工作是探索能够在一定程度上适应人脸的多姿态和表情变化的识别方法，以满足人脸识别技术在实际应用中的客观需求。

（3）动态跟踪人脸识别，这是人脸识别研究的实用化阶段。该阶段的人脸识别技术通过采集视频序列来获得比静态图像更丰富的信息，达到了较好的识别效果，能够满足更广阔的应用需求。

（4）三维人脸识别，为了获得更多的特征信息，直接利用二维人脸图像合成三维人脸模型以进行识别，这将成为该领域的一个主要研究方向。

自 2012 年以来，人脸识别性能的提升主要得益于卷积神经网络和大规模人脸数据集的发展。目前，百度、旷视等企业开发的人脸识别系统能提供企业级稳定、精确的大流量服务，拥有毫秒级识别响应能力、弹性灵活的高并发承载，可靠性保障高达 99.99%，可以实现人脸检测与属性分析、人脸对比、人脸搜索、活体检测等功能，能灵活应用于金融、泛安防、零售等行业场景，满足身份核验、人脸考勤、闸机通行等业务需求。

2. 人脸识别系统及其实现方法

人脸识别技术是基于人的脸部特征，对输入的人脸图像或者视频流进行判断的一项技术。首先，判断是否存在人脸，如果存在，则进一步给出每个脸的位置、大小和各个主要面部器官的位置信息；然后，依据这些信息进一步提取每张人脸中所蕴含的身份特征，并将其与已知的人脸进行对比，从而识别每个人脸的身份。

人脸识别系统主要包括 4 个组成部分：人脸图像采集与检测、人脸图像预处理、人脸图像特征提取以及人脸图像匹配与识别。

（1）人脸图像采集与检测。人脸图像中包含的模式特征十分丰富，如直方图特征、颜色特征、模板特征、结构特征及 Haar 特征等。不同的人脸图像都能通过摄像头采集下来，如静态图像、动态图像、不同的位置、不同的表情等。常见的人脸检测算法基本是一个"扫描" + "判别"的过程，即算法首先在图像范围内进行扫描，然后再逐个判别候选区域是否是人脸。图 8-5 为人脸检测示意图。可见，人脸检测算法的计算速度与图像尺寸、图像内容相关。

经典的人脸检测方法一般会基于特征采用 AdaBoost 学习算法挑选一些最能代表人脸的矩形特征（弱分类器），再按照加权投票的方式将弱分类器构造为一个强分类器，将训练得到的若干强分类器串联组成一个级联结构的层叠分类器，从而有效地提高分类器的检测速度。

（2）人脸图像预处理。人脸图像预处理是基于人脸检测结果对图像进行处理并最终服务于特征提取的过程。系统获取的原始图像由于受到各种条件的限制和随机干扰，往往不能直接使用，必须在图像处理的早期阶段对它进行灰度校正、噪声过滤等预处理。人脸图像预处理的过程主要包括人脸图像的光线补偿、灰度变换、直方图均衡化、归一化、滤波以及锐化等。

（3）人脸图像特征提取。人脸图像特征提取就是针对人脸的某些特征进行的且将一张人脸图像转化为一串固定长度的数值向量的过程。人脸图像特征提取算法一般是首先根据人脸五官的关键点坐标将人脸对齐预定模式，然后计算其特征。该算法的输入是"一张人脸图像"和"人脸五官关键点坐标"，输出是人脸相应的一个数值向量（特征）。一般，这个数值向量会被用于表示"人脸特征"，具有表征人脸特点的能力，如图 8-6 所示。因此，人脸特征提取也称为人脸表征，它是对人脸进行特征建模的过程。人脸识别系统可使用的特征通常分为视觉特征、像素统计特征、人脸图像变换系数特征、人脸图像代数特征等。

（4）人脸图像匹配与识别。人脸图像匹配是定位出人脸上五官关键点坐标的一项技术。人脸图像匹配算法的输入是"一张人脸图像"和"人脸坐标框"，该算法会提取人脸图像的特征数据，并将其与数据库中存储的特征模板进行搜索匹配；设定一个阈值，当相似度超过这一阈值时，就把匹配得到的结果输出；输出是五官关键点的坐标序列，五官关键点的数量是预先设定好的一个固定数值，其可以根据不同的语义来定义（常见的有 5 点、68 点、90 点等）。

图 8-5　人脸检测示意图

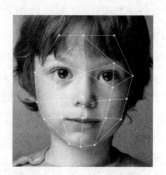

图 8-6　人脸特征点

目前的大规模人脸图像匹配技术基本都是通过深度学习框架实现的。这些方法会首先基于人脸检测的坐标框，按某种事先设定的规则将人脸区域抠取出来，缩放到固定尺寸，然后进行关键点位置的计算，其效果优于传统方法。

人脸识别就是将待识别的人脸特征与已得到的人脸特征模板进行比较，然后根据相似程度对人脸的身份信息进行判断。这一过程又分为两类：一类是确认，是一对一地进行图像比较的过程；另一类是辨认，是一对多地进行图像比较的过程。

目前，机器通过视觉系统来识别人脸的技术主要归类如下：

1）从图像中高速检测出多个脸部位置的技术，以及脸部追踪技术。

2）在检测出的脸部范围内，进一步确定眼、鼻、口等主要器官的位置及形状，再根据这些信息追踪眨眼、视线移动、口的开合等脸部器官活动的技术。

3）对识别对象进行个人认证，或是通过推测性别、年龄、表情等来识别脸部或脸部状态的技术。

3.　人脸识别的现存问题

在实验室条件下，人脸识别的精度已经可以达到 99%及以上，甚至超过了人眼。但是在工程实践中，人脸识别系统远未达到如此精度，与人眼相比还有不少问题。实践中，在光照、遮挡、角度、表情（如大笑、痛哭）、年龄等诸多条件下，神经网络很难提取出与"标准脸"相似的特征，很容易在特征空间里落到错误位置，导致识别和验证失败。这是现代人脸识别系统的局限，一定程度上也是深度学习的局限。

面对这种局限，通常可采取以下三种应对措施：

（1）工程角度：研发质量模型，对检测到的人脸质量进行评价。若质量较差则不进行识别/检验。

（2）应用角度：对应用场景进行限制。例如，在刷脸解锁、人脸门禁、人脸签到场景中，都要求用户在良好的光照条件下正对摄像头，以免采集到质量较差的图片。

（3）算法角度：提升人脸识别模型性能，在训练数据里添加更多复杂场景和质量差的照片，以增强模型抗干扰能力。

8.3　实战——人脸表情识别

人脸表情识别（Facial Expression Recognition，FER）是指从静态照片或视频序列中选择出表情状态，从而确定对应人物的情绪与心理变化。20 世纪 70 年代的美国心理学家 Ekman 和 Friesen 通过大量实验，定义了人类六种基本表情：愤怒、高兴、悲伤、惊讶、厌恶和恐惧。尽管人类的情感维度和表情复杂度远不是这六种可以量化的，但总体而言，这六种也差不多够用了。人脸表情识别在人机交互和情感计算中有着广泛的研究前景，包括人机交互、情绪分析、智能安全、娱乐、网络教育、智能医疗等。目前，表情识别是研究让计算机理解人类情感的一个重要方向。

8.3.1　人脸表情识别的常用方法

1．基于人为设计特征的人脸表情识别

各种人为设计的特征已经被用于人脸表情识别中提取图像的外观特征，包括 Gabor、LBP、LGBP、HOG 和 SIFT。这些人为设计的方法在特定的小样本集中往往更有效，但难以用于识别新的人脸图像，这给人脸表情识别在不受控制的环境中带来了挑战。人为设计的特征在人脸表情识别的特征提取存在如下两个主要问题：

（1）人为设计的特征太受制于设计的算法，设计太耗费人力。

（2）特征提取与分类是两个分开的过程，不能将其融合到一个 end-to-end 的模型中。

2．基于浅层神经网络的人脸表情识别

近几年来，前馈神经网络和卷积神经网络也被用来提取表情特征。基于卷积神经网络的新的识别框架在人脸表情识别中已经取得了显著的结果。卷积神经网络中的多个卷积和汇集层可以提取整个面部或局部区域的更高层次的特征，且具有良好的面部表情图像特征的分类性能。经验证明，卷积神经网络比其他类型的神经网络在图像识别方面更为优秀。基于神经网络的方法也存在着如下两个问题：

（1）简单的神经网络（如前馈神经网络）忽略图像二维信息。

（2）浅层卷积网络所提取的特征鲁棒性较差。

3．基于深度学习的人脸表情识别

目前，深度学习已强势渗透进各个学科各个领域，越来越多的深度网络被用于人脸表情识别，其中包括深度置信网络、递归神经网络以及卷积神经网络等。总体来说，基于深度学习的表情识别一般分为以下几个步骤：

（1）图像获取：通过摄像头等来获得图像输入。

（2）图像预处理：对图像中人脸识别子区域进行检测，从而分割出人脸并去掉背景和无关区域。然后，进一步对图像中的人脸进行标定。目前，IntraFace 是最常用的人脸标定方法，通过使用级联人脸关键特征点定位，可准确预测 49 个关键点。为了保证数据足够充分，可以采用旋转、翻转、缩放等图像增强操作，甚至可以利用生成对抗网络来辅助生成更多的训练数据。

（3）构建特征学习深度网络并进行训练、调参、优化和应用。

8.3.2 实战——基于深度学习的人脸表情识别系统

本节给出的基于深度学习的人脸表情识别系统分为两个过程：卷积神经网络模型的训练与面部表情的识别。

1. 搭建卷积神经网络模型并训练

（1）获取数据集并处理。本例使用的数据集是 Kaggle 网站表情分类比赛所使用的面部表情数据集，下载网址为 https://www.kaggle.com/c/challenges-in-representation-learning-facial-expression-recognition-challenge/data。

使用公开的数据集一方面可以节约收集数据的时间，另一方面可以更公平地评价模型以及人脸表情分类器的性能。在 Kaggle 提供的数据集中包含三万多张人脸图片，每张图片被标注为"0=Angry，1=Disgust，2=Fear，3=Happy，4=Sad，5=Surprise，6=Neutral"7 类的其中一种，分成了 train、test 和 val，数据格式为 csv。因此，首先使用 Python 将 csv 文件转为单通道灰度图片并根据标签将其分类在不同的文件夹中，图片尺寸为 48×48。

将数据根据用途 label 分成三个 csv（分别是训练集、测试集、验证集）文件，保存在 dataset 文件夹中，代码如下：

```
import csv
import os
database_path = 'C:/Users/Administrator.PC201904300940/emotion_classifier/fer2013/'
# database_path 的值是下载的 csv 文件所在的文件夹
csv_file = database_path+'fer2013.csv'
datasets_path = './emotion_classifier/dataset/'
train_csv = datasets_path+'train.csv'
val_csv = datasets_path+'val.csv'
test_csv = datasets_path+ 'test.csv'
with open(csv_file) as f:
    csvr = csv.reader(f)
    header = next(csvr)
    print(header)
    rows = [row for row in csvr]

    trn = [row[:-1] for row in rows if row[-1] == 'Training']
    csv.writer(open(train_csv, 'w+'), lineterminator='\n').writerows([header[:-1]] + trn)
    print(len(trn))
    val = [row[:-1] for row in rows if row[-1] == 'PublicTest']
    csv.writer(open(val_csv, 'w+'), lineterminator='\n').writerows([header[:-1]] + val)
    print(len(val))
    tst = [row[:-1] for row in rows if row[-1] == 'PrivateTest']
    csv.writer(open(test_csv, 'w+'), lineterminator='\n').writerows([header[:-1]] + tst)
    print(len(tst))
```

接着将人脸表情数据转换为单通道灰度图，代码如下：

```
import csv
import os
from PIL import Image
```

```
import numpy as np
datasets_path = './emotion_classifier/dataset/'
train_csv = os.path.join(datasets_path, 'train.csv')
val_csv = os.path.join(datasets_path, 'val.csv')
test_csv = os.path.join(datasets_path, 'test.csv')
train_set = os.path.join(datasets_path, 'train')
val_set = os.path.join(datasets_path, 'val')
test_set = os.path.join(datasets_path, 'test')
for save_path, csv_file in [(train_set, train_csv), (val_set, val_csv), (test_set, test_csv)]:
    if not os.path.exists(save_path):
        os.makedirs(save_path)
    num = 1
    with open(csv_file) as f:
        csvr = csv.reader(f)
        header = next(csvr)
        for i, (label, pixel) in enumerate(csvr):
            pixel = np.asarray([float(p) for p in pixel.split()]).reshape(48, 48)
            subfolder = os.path.join(save_path, label)
            if not os.path.exists(subfolder):
                os.makedirs(subfolder)
            im = Image.fromarray(pixel).convert('L')
            image_name = os.path.join(subfolder, '{:05d}.jpg'.format(i))
            #print(image_name)
            im.save(image_name)
```

运行结束后，在 dataset 文件夹中，将建立 train、val、test 三个文件夹，这三个文件夹中，分别将各类表情图像放在 0~6 文件夹（对应 label 分别为：angry、disgust、fear、happy、sad、surprise、neutral），如图 8-7 所示。

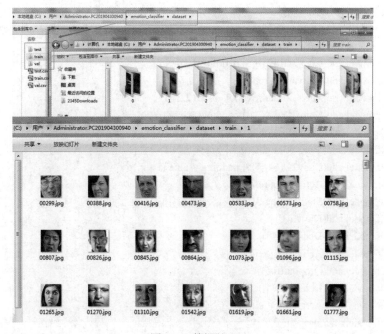

图 8-7　数据处理

（2）搭建卷积神经网络模型。为了便于实现，本实例没有使用更高效、复杂的深度卷积神经网络模型，如 Darknet、Resnet、Vgg 等，而是使用 Keras 建立卷积神经网络模型。该模型在输入层之后加入了 1×1 的卷积层使输入增加了非线性的表示，加深了网络，提升了模型的表达能力，同时基本不增加计算量。在多次尝试了多种不同的模型并不断调整之后，最终网络模型结构见表 8-1。

表 8-1　网络模型结构

种类	核	步长	填充	输出	丢弃
输入				48×48×1	
卷积层 1	1×1	1		48×48×32	
卷积层 2	5×5	1	2	48×48×32	
池化层 1	3×3	2		23×23×32	
卷积层 3	3×3	1	1	23×23×32	
池化层 2	3×3	2		11×11×32	
卷积层 4	5×5	1	2	11×11×64	
池化层 3	3×3	2		5×5×64	
全连接层 1				1×1×2048	50%
全连接层 2				1×1×1024	50%
输出				1×1×7	

模型的代码如下：

```
def build_model4(self):
    self.model=Sequential()
    self.model.add(Conv2D(32,(1,1),strides=1,padding='same',input_shape=(img_size,img_size,1)))
    self.model.add(Activation('relu'))
    self.model.add(Conv2D(32,(5,5),padding='same'))
    self.model.add(Activation('relu'))
    self.model.add(MaxPooling2D(pool_size=(2,2)))
    self.model.add(Conv2D(32,(3,3),padding='same'))
    self.model.add(Activation('relu'))
    self.model.add(MaxPooling2D(pool_size=(2,2)))
    self.model.add(Conv2D(64,(5,5),padding='same'))
    self.model.add(Activation('relu'))
    self.model.add(MaxPooling2D(pool_size=(2,2)))
    self.model.add(Flatten())
    self.model.add(Dense(2048))
    self.model.add(Activation('relu'))
    self.model.add(Dropout(0.5))
    self.model.add(Dense(1024))
    self.model.add(Activation('relu'))
    self.model.add(Dropout(0.5))
    self.model.add(Dense(num_classes))
```

```
self.model.add(Activation('softmax'))
self.model.summary()
```

（3）训练模型。在训练过程中使用 ImageDataGenerator 实现数据增强，并通过 flow_from_directory 根据文件名划分 label，代码如下：

```
train_datagen = ImageDataGenerator(
        rescale = 1./255,
        shear_range = 0.2,
        zoom_range = 0.2,
        horizontal_flip=True)
#归一化验证集
val_datagen = ImageDataGenerator(
            rescale = 1./255)
eval_datagen = ImageDataGenerator(
            rescale = 1./255)
#以文件分类名划分 label
train_generator = train_datagen.flow_from_directory(
            root_path+'/train',
            target_size=(img_size,img_size),
            color_mode='grayscale',
            batch_size=batch_siz,
            class_mode='categorical')
```

优化算法选择了 SGD，代码如下：

```
sgd=SGD(lr=0.01, decay=1e-6, momentum=0.9, nesterov=True)
self.model.compile(loss='categorical_crossentropy',
            optimizer=sgd,
            #optimizer='rmsprop',
            metrics=['accuracy'])
```

而激活函数选择了硬饱和的 ReLU，因为 tanh 和 sigmoid 在训练后期产生了因没有进行归一化而梯度消失训练困难的问题。批尺寸在多次尝试之后最终选择了 128，迭代 50 次（在这之后 val_loss 呈上升趋势，val_acc 呈下降趋势）。模型训练数据见表 8-2。

表 8-2　模型训练数据

批尺寸	每次迭代的步数	一次迭代的时间/s	迭代的次数	测试集准确率
256	100	205	50	0.679
128	200	118	50	0.684
64	400	76	50	0.675
32	800	58	50	0.651
1	25600	>1800	—	—

到这里，表情识别模型就已经训练完成了。下一步就是完成人脸的识别和将识别出的人脸输入现在这个训练好的模型。

2. 人脸表情识别模块

（1）图像预处理。使用公开库 opencv 实现人脸识别，然后对识别到的人脸进行裁切以及翻转，处理之后将图像进行几何归一化，通过双线内插值算法将图像统一重塑为 48×48 像素。
代码如下：

```
def face_detect(image_path):
    rootPath='E:\Python\Opencv\opencv\sources\data\haarcascades\\'
    cascPath=rootPath+'haarcascade_frontalface_alt.xml'
    faceCasccade=cv2.CascadeClassifier(cascPath)
    #load the img and convert it to bgrgray
    #img_path=image_path
    img=cv2.imread(image_path)
    img_gray=cv2.cvtColor(img,cv2.COLOR_BGR2GRAY)
    #face detection
    faces = faceCasccade.detectMultiScale(
            img_gray,
            scaleFactor=1.1,
            minNeighbors=1,
            minSize=(30,30),
            )
    #print('img_gray:',type(img_gray))
    return faces,img_gray,img
```

图 8-8 是输入的原图（左）和处理后的图（右）的对比。

图 8-8　输入的原图（左）和处理后的图（右）的对比

（2）人脸表情识别。使用之前训练好的模型进行同时预测，对多个处理过的脸部预测结果进行线性加权融合，最后得出预测结果。代码如下：

```
def predict_emotion(face_img):
    face_img=face_img*(1./255)
    resized_img=cv2.resize(face_img,(img_size,img_size))#,interpolation=cv2.INTER_LINEAR
    rsz_img=[]
    rsh_img=[]
    results=[]
    #print (len(resized_img[0]),type(resized_img))
    rsz_img.append(resized_img[:,:])#resized_img[1:46,1:46]
    rsz_img.append(resized_img[2:45,:])
    rsz_img.append(cv2.flip(rsz_img[0],1))
    #rsz_img.append(cv2.flip(rsz_img[1],1))
    rsz_img.append(resized_img[0:45,0:45])
    rsz_img.append(resized_img[2:47,0:45])
    rsz_img.append(resized_img[2:47,2:47])
```

```
        i=0
        for rsz_image in rsz_img:
            rsz_img[i]=cv2.resize(rsz_image,(img_size,img_size))
            #cv2.imshow("%d"%i,rsz_img[i])
            i+=1
        for rsz_image in rsz_img:
            rsh_img.append(rsz_image.reshape(1,img_size,img_size,1))
        i=0
        for rsh_image in rsh_img:
            list_of_list = model.predict_proba(rsh_image,batch_size=32,verbose=1)#predict
            result = [prob for lst in list_of_list for prob in lst]
            results.append(result)
        return results
```

运行效果展示如图 8-9 所示，可以准确地识别人脸的表情，完整的代码请参考随书资料。

图 8-9　人脸表情识别运行图

8.4　本章小结

本章首先介绍了模式识别的基本概念、方法、识别过程和识别的应用，接着介绍了机器视觉的定义、构成、分类和主要应用场景，使读者能够了解人工智能中的分支模式识别和机器视觉的基本知识。最后本章通过介绍图像识别、人脸识别和具体的人脸表情识别的实例，使读者对本章的内容有一个直观的认识。

习题 8

一、选择题

1. 对识别对象进行抽象，建立其数学模型，用以描述和代替识别对象，这种对象的描述就是（　　）。

　　A．模式　　　　　B．建模　　　　　C．模式识别　　　　D．抽象

2. 统计模式识别主要是利用（　　）规则来解决最优分类器问题的。

A. 贝叶斯决策　　　B. 支持向量机　　　C. 神经网络　　　　D. 深度学习

3. （　　）识别就是一种利用多分类器融合或多分类器集成实现模式识别的方法。

A. 集成学习模式　B. 统计模式　　　C. 神经网络模式　　D. 模糊模式

4. （　　）是利用光学扫描技术将票据、报刊、书籍、文稿及其他印刷品的文字转化为图像信息，再利用文字识别技术将图像信息转化为可以使用的计算机输入技术。

A. 光学字符识别　　　　　　　　B. 图片识别分析

C. 人脸识别　　　　　　　　　　D. 图像识别

5. （　　）一般要求把图像的背景像素点和前景像素点区分开，最终只要前景像素点，抛弃背景像素点。

A. 语义分割　　　B. 图像分类　　　C. 图像检测　　　D. 图像识别

二、填空题

1. 模式识别可定义为通过计算机技术自动地或半自动（人机交互）地实现人类的_____过程。

2. 传统的模式识别方法可分为_____、_____、模糊模式识别和浅层神经网络模式识别四大类。

3. 从模式识别的技术途径来说，由模式空间经过_____到_____是模式识别所经历的过程。

4. _____是通过光学的装置和非接触的传感器自动地接收和处理一个真实物体的图像，以获得所需信息或用于控制机器人运动的装置。

5. _____的最终目的是理解图像，能够正确地从图像中获取相关的信息或知识。

6. 一个完整的模式识别过程包括_____、_____和_____3 个主要部分。

三、简答题

1. 什么是模式识别？

2. 模式识别的方法有哪些？

3. 简述模式识别的过程。

4. 简述模式识别的应用场景。

5. 什么是机器视觉？

6. 机器视觉的应用场景有哪些？

第 9 章　强化学习与生成对抗网络

本章导读

强化学习和生成对抗网络都是与传统的监督与无监督学习有一定区别的两类算法，它们使用进化式的反馈策略对学习网络进行了训练和进化，以求能达到更好的学习效果。

强化学习类算法强调如何基于环境而行动，以取得最大化的预期利益。其主要思想来源于心理学中的行为主义理论。可以理解为有机体如何在环境给予的奖励或惩罚的刺激下，逐步形成对刺激的预期，产生能获得最大利益的习惯性行为。

生成对抗网络属于无监督学习，与强化学习较为相似，是一种常用于学习类别特征的神经网络结构。其主要由两部分组成，分别是生成器、判别器。这种博弈机制使得它能够区别于传统的概率生成模型，是实际应用场景颇为广泛的人工智能算法机制。

上述两个类型的算法都是近年来人工智能新兴崛起的研究方向，本章安排了一个简单的生成对抗网络融合颜值的应用实战，为以后的工作和学习打下基础。

本章要点

- 强化学习的基本思路
- 强化学习的分类
- 生成对抗模型
- 生成对抗网络的数学原理
- 生成对抗网络进行图像融合的应用

9.1　强化学习概述

强化学习是近年来人工智能机器学习领域的热点研究领域，受到了许多研究者密切的关注。强化学习这类算法是受到行为心理学启发而来的一个机器学习的领域，该类算法的关注点在于身处某个环境中的决策方法通过采取某项预定义的行动获得最大的环境反馈积累收益。该类算法兴起于 20 世纪 80 年代，思路逻辑简单。以比赛为例，如果在比赛中采取某种策略可以取得较高的得分，那么就进一步在训练中加强这种策略，以期继续取得较好的结果。这种策略与日常生活中的各种考核奖励非常类似。我们平时也常常用这样的策略来提高自己的技能水平。强化学习中包含机器人（又称 Agent）、解释器、环境和行为四个元组。解释器在运行过程只能得到一个间接的反馈，而无法获得一个正确的输入/输出对，因此需要在不断的尝试中优化自己的策略以获得更高的奖励。

从广义上说，大部分动态系统规划与决策学习过程都可以看成是一种强化学习。强化学习的应用非常广泛，包括博弈论、控制论、优化等多个不同领域。近年来，DeepMind 团队从挑战 AlphaGo 到 Star Craft2 等过程中完成了多种不同的竞技机器学习算法，从底层思路颠覆了特种复杂环境中的人类独霸的局面，引起了工业界和学术界的巨大轰动，而该类算法的核心技术之一就是强化学习。我们可以由以上的内容预见，从与未来科技发展密切相关的机器人控制领域到自动驾驶无人自主控制领域乃至逻辑学，都是强化学习的用武之地。

9.1.1 强化学习基础

1. 强化学习定义及模型

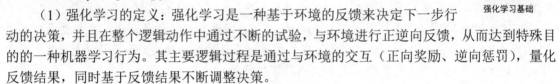

强化学习基础

（1）强化学习的定义：强化学习是一种基于环境的反馈来决定下一步行动的决策，并且在整个逻辑动作中通过不断的试验，与环境进行正逆向反馈，从而达到特殊目的的一种机器学习行为。其主要逻辑过程是通过与环境的交互（正向奖励、逆向惩罚），量化反馈结果，同时基于反馈结果不断调整决策。

（2）强化学习数学模型：强化学习的基本学习场景可以用图 9-1 来进行表示，主要由环境（Environment）、解释器（Interpreter）、机器人（Agent）、状态（State）、动作（Action）、奖励（Reward）等构成。一个机器人在环境中会做出各种动作，环境会对动作做出反馈，同时对机器人进行奖励或惩罚以改变机器人的状态。

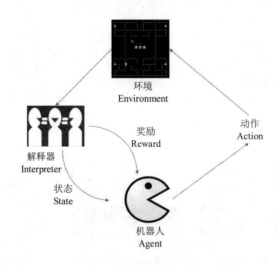

图 9-1　强化学习业务流程

上述的场景可以描述为一个马尔科夫决策过程（Markov Decision Process，MDP）。马尔科夫决策过程是马尔科夫过程和确定性动态规划进行组合后的产物,决策者连续不间断地观察具有马尔科夫过程的随机性系统,不间断地做出决策。这个过程简单来说就是如图 9-1 所示的一个智能体机器人（Agent）采取行动（Action）从而改变自己的状态（State）并获得奖励（Reward）,同时与环境（Environment）发生交互的循环过程。MDP 的策略完全取决于当前状态,这也是马尔科夫性质的体现。用一句人们常说话的对马尔科夫决策过程进行概括就是"立足当下,回望过去,展望未来,并不断地调整决策"。

在寻找最佳策略时，可以认为当下的选择最重要。虽然在某些处境中当前状态本身并没有直接得到最优结果，但是只要进入这个状态就可以通过合理的动作出现最好的局面，即从整体最优的角度考虑。因此，认为这些状态本身是有"价值"的，"价值"是指在"正确的动作"前提下能获得的最大奖励，下面给出两个状态价值的定义。

1）策略的状态价值。策略的状态价值即当前处于状态 s，按照策略 π 执行后可以获得的累积的期望奖励，记为

$$V_\pi(s) = E_\pi\left(\sum_{k=0}^{\infty} \gamma^k + R_{t+k} \mid S_t = s\right) \tag{9-1}$$

2）状态的价值。状态的价值即当前处于状态 s，之后按照"最佳策略"执行，能够获得的累积期望奖励，记为

$$V(s) = \max_\pi E_\pi\left(\sum_{k=0}^{\infty} \gamma^k + R_{t+k} \mid S_t = s\right) \tag{9-2}$$

2. 强化学习的特点

强化学习作为机器学习中的一种特殊分类，独立于监督学习、无监督学习、半监督学习之外。它的机制和主要关注点，决定了它逻辑的简单和优秀的效果。强化学习和上述提到的三种学习方式相比其主要特点在于：强化学习训练时，需要环境给予反馈，以及对应具体的反馈值。强化学习主要是指导训练每一步如何决策，采用什么样的行动可以完成特定的目的或者使收益最大化，关注点从样本转移到了自身策略和环境。所以，我们把强化学习的特点总结为如下：

（1）通过试验和环境反馈进行学习。强化学习需要训练对象不停地和环境进行交互，通过试验的方式去总结出每一步得分最高的决策方案，整个过程以环境的反馈来进行量化计算。学习的目标是环境反馈的期望得分最高，根据不同的策略进行行为决策的调整。

（2）延迟反馈。强化学习训练过程中，训练对象的"试验"行为获得环境的反馈，有时候根据策略的不同，可能需要等到整个训练结束以后才会得到相应的反馈，也可能是一个 epoch 结束之后进行反馈。当然，这种情况需要将决策过程用分治法拆分，尽量将反馈分解到每一个分步。

（3）时间维度的重要性。强化学习的一系列环境状态的变化和环境反馈等都以时间节点作为结算依据。整个强化学习的训练过程是一个随着时间维度数据的变化，对状态和反馈也不断计算的过程。因此，时间是强化学习的一个重要因素。

（4）策略的连续性和影响延续性。强化学习中，当前状态以及采取的行动，将会影响下一步接收到的状态，这个特点比较适用于金融市场的量化交易，数据与数据之间存在一定的关联性。相反，在监督学习以及半监督学习中，每条训练数据都是独立的，相互之间没有任何关联。由此可以考虑利用这个特点来区分强化学习与监督学习和无监督学习。

3. 强化学习的理解

为了便于理解强化学习的机理，本节通过举例将问题描述详细化：假设我们有一个 4×4 的单元格，其中有个单元是小勇士，障碍单元格是怪兽龙，目标单元格是宝藏。在游戏的每个回合，可以往上、下、左、右四个方向移动国王，碰到怪兽龙游戏失败；找到宝藏，游发

结束，如图 9-2 所示。我们分析在这个环境中，强化学习要定义一些基本概念来完成对问题的数学建模。

图 9-2　寻宝游戏概要介绍

其中，我们需要考虑的内容和逻辑如下：

（1）所有动作的集合（Action），记作 A（在这里是有限的 4 种）。即 $A=$小勇士在每个单元格可以行走的方向，即{上,下,左,右}。

（2）状态（State）：所有状态的集合。S 为棋盘中每个单元格的位置坐标{(x,y); $x=${1,2,3,4}；$y=${1,2,3,4}}，小勇士当前位于(1,1)，宝藏位于(4,3)，怪兽龙位于(2,3)。

（3）奖励（Reward）：即宝藏，一般是一个实数，记作 r。对于本例，如果小勇士每移动一步且不拿到宝藏，定义 $r=-1$；如果得到宝藏，$r=100$，游戏获胜；如果碰到怪物，$r=-\infty$，游戏重新开始。

（4）时间（Time）（$t=1,2,3,\cdots$）：在每个时间点 t，机器人会发出一个动作 a，收到环境给出的收益 r，同时环境进入到一个新的状态 s。

（5）状态转移（Process）：$S\times A\rightarrow S$ 满足 $P_a(s_t|s_{t-1},a_t)=P_a(s_t|s_{t-1},a_t,s_{t-2},a_{t-1},\cdots)$，这里的概率公式说明了，当前状态到下一状态的跃迁，只与当前状态以及当前动作有直接关系。

（6）累计收益：从时刻 0 开始累计到当前时刻的收益总和为式（9-1）。

于是我们可以根据上述规则进行迭代，该问题可以采用动态规划的方法求解策略下状态价值即式（9-1），动态规划的思想是利用分治法将一个问题通过几个子问题的迭代，分别进行求解。针对我们提出的小勇士找宝藏问题，采用 Bellman 方程（又称为动态规划方程，用以求解动态规划问题中相邻状态关系，采用这类方程求解的决策问题都是按照时间及空间关系分成多个过程点，在每个过程点做出决策，再通过迭代实验从而使整个过程取得效果最优的多步骤的决策问题）。

当然，如果求单独某一阶段最优决策的问题，也可以通过 Bellman 方程转化为下一阶段最优决策的子问题，从初始状态的最优决策逐步迭代求解。小勇士找宝藏的迭代如图 9-3 所示。

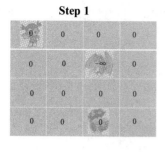
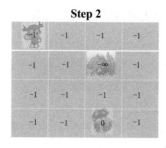

图 9-3　小勇士找宝藏问题最优策略迭代过程

状态的价值函数可以用递归的形式表示，任一状态的价值可由其他状态价值得到，因此求解价值可以使用如下记录了价值函数的内在关系的 Bellman 方程：

$$V(s) = \max_a \left[R_s^a + \gamma \sum_{s'} P_a(s,s')V(s') \right] \tag{9-3}$$

$$V_\pi(s) = R_s^a + \gamma \sum_{s'} P_a(s,s')V(s') \tag{9-4}$$

解方程使用雅各比迭代法，首先，初始化所有状态的价值$(s) = 0$。然后，在每一轮迭代中，对每个状态 s 依次执行以下步骤。接着，逐一尝试$\{上,下,左,右\}$四个动作 a，记录到达状态 s' 和奖励 r。然后，计算每个动作的价值$q(s,a) = r + V(s')$。最后，从四个动作中选择最优的动作$\max_a\{q(s,a)\}$。不断迭代更新 s 状态价值$V(s) = \max_a\{q(s,a)\}$。

9.1.2　强化学习分类

由于强化学习是一个更新速度非常快的领域，因此准确全面地将其分类是相当困难的。本书采用 OpenAI 公司的 Spinning up 项目组给出的分类，虽然可能会随着时间的变化产生一定的变化，但是大体的架构是比较稳定的。

从图 9-4 可以看出，强化学习主要可以分为 Model-Free（无模型的）和 Model-Based（有模型的）两大类。从分支看 Model-Free 分支又可以分成基于 Policy Optimization（策略优化）和 Q-learning 两种类型。Model-Based 分支模型又可以分为 Learn the Model（模型学习）和 Given the Model（给定模型）两大类。

1. Model-Based 模型

Model-Based 模型的关键是对于 Model 的理解，在强化学习中可以将 Model 理解为对环境的提前感知和预测。根据机器人（Agent）是否与环境来进行感知预测进行分类。根据状态的跳转进行提前的状态预测然后再进行决策。常见的算法有 Learn the Model 和 Given the Model。

该算法主要的思路是通过在使用模型模拟的环境下的双方的反馈来学习和理解环境。强化学习分类框架如图 9-4 所示。

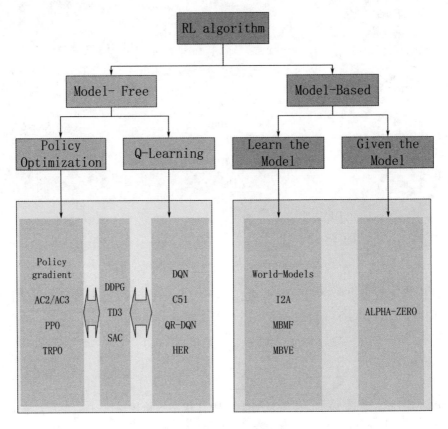

图 9-4　强化学习分类框架

基于 Model 的算法又可以分为以下 4 类：

（1）Pure Planning 方法。该算法使用了一种基础的反馈策略模型，这种模型的业务流程类似于 model-predictive control（MPC）来选择 Action。在 MPC 中：Agent 首先观察环境，并通过模型预测出所有可能的行动的路径；Agent 接着执行规划的第一个行动，然后立即舍去规划剩余部分；最后不断迭代重复第一、二步。

（2）Expert Iteration（专家迭代）方法。这种算法是 Pure Planing 的优化版，它首先将策略显示地表达出来，并通过学习得到这个最优策略。其中，Agent 用规划算法在模型中通过采样生成候选行动。通过采样生成的行动比单纯通过策略本身生成的行动针对性更强，同时也经过了经验的指导，这里称为 Expert。最后通过 Expert 的指导策略，不断迭代更新并优化策略。该类算法常用的是 ExIt 算法和 Hex 以及 AlphaZero。

（3）免模型的数据增强方法。这个方法使用模型采样中生成的数据来训练 Model-Free 的策略或者 Q 函数。训练的数据可以单纯是模型采样生成的，也可以是真实经历的数据与模型采样数据的整合。免模型的数据增强方法主要有 MBVE（用生成数据进行训练）和 World Models（全部用生成数据来训练智能体）两种算法。

（4）将规划嵌入策略。该算法是将规划（Planning）嵌入策略中作为策略的一个组成，这样在用任意 Model-Free 训练的过程中，也进行策略的学习和生成。这个算法的优点在于即使模型与现实环境存在较大的偏差，策略也可以选择忽略规划。其主要应用算法是 I2A。

2. Model-Free 类模型

与 Model-Based 相反，第二大类 Model-Free 模型就是不用提前对环境进行感知学习，Agent 只能根据自己的经验去尝试环境对自己的反馈，就算前方是个大坑也得跳，在积累了多次的学习经验后才能有一定的进步。另外，这种方法会经历两方面的挑战，其一就是模型需要自己在跳坑的过程中设置相应的参数值，这依赖于模型设计者的功力；其二就是这种方法对运算的次数有一个相当大的需求，需要经过成百上千次运算后才能产生相应的效果。常见的方法有 Policy Optimization 和 Q-Learning 等。我们解决上一节的小勇士寻宝藏的问题就使用了 Model-Free 的方法，其主要可以细分为以下 3 类：

（1）Policy Optimization 方法：基于策略的强化学习，所学习的目标就是参数化策略本身，获得策略函数以求获得最大奖励。优化策略函数就是优化目标函数。该类方法通常是 On-Policy（依赖策略）的，也就是每次更新策略采用最新策略产生的数据。Policy Optimization 的经典例子包含 A2C、A3C 和 PPO 三类方法。

（2）Q-Learning 方法：Q-Learning 就是通过学习参数化 Q 函数 $Q_\theta(s,a)$ 从而获得参数的。典型的方法是优化基于 Bellman 方程的目标函数。本类方法通常是 Off-Policy（不依赖于策略）的，这就意味着训练的数据可以是训练期间任意时刻的数据。其主要方案包含 DQN 和 C51。

（3）Policy Optimization 和 Q-Learning 的权衡与融合方法：因为 Policy Optimization 是优化需求的策略参数，所以其稳定性和可信度都较好，而 Q-Learning 采用训练参数的方式间接优化策略，可能会出现区域极值不能达到全体最优情况。但是 Q-Learning 的优点是利用数据的效率较高。融合上述两类算法的算法主要有：①DDPG，将确定性策略和 Q 函数并行训练，并用二者的相关性互相优化（参考了生成对抗网络）；②SAC，是一种 DDPG 的优化版本，它使用随机策略、信息熵正则化和一些其他技巧来提升训练的稳定性。

9.1.3　强化学习的应用

随着计算机硬件的快速发展和计算机网络设备的不断更迭，以强化学习为代表的深度学习模型无论是在以计算机为主要用途的逻辑软件上还是在以工业生产为主要用途的物理应用中都得到了飞速的发展和应用。下面我们分别从逻辑（纯软件）和物理（工业机器的生产应用）两个方面对强化学习模型的应用进行讲解。强化学习的最为有名的成功范例是 AlphaGo：2016年，AlphaGo 以 4:1 的比分击败了第 18 届世界冠军围棋选手 Lee Sedol；2017 年 5 月，升级版 AlphaGo 以 3:0 的比分击败了世界冠军柯洁。至此，AlphaGo 的在围棋方面的机器学习能力已被围棋界广泛认可，目前基本所有的专业人士都认为 AlphaGoZero（AlphaGo 的更新版本）已经超过人类职业围棋选手的顶尖水平。

1. 强化学习在软件工程中的应用

（1）强化学习在游戏中的应用。强化学习能够在业界大出风头，主要由于其在游戏领域中的表现应用备受关注，且极为成功，最典型的便是前些年人尽皆知的 AlphaGo。通过强化学习，AlphaGo 能够从零开始学习围棋游戏，并自我学习。经过 40 天的训练，AlphaGo 的进化版 AlphaGoZero 以 5:0 的比分战胜了当时世界排名第一的棋手柯洁。并且，该模型仅包含一个神经网络，只将黑白棋子作为输入特征。由于网络结构简单，仅用一个简单的树搜索算法被用来评估位置移动和样本移动即可，而无需任何蒙特卡罗展开。之后，各种强化学习版本的游戏智能层出不穷，接连在星际争霸 2、Dota、英雄联盟以及王者荣耀的人机对抗比赛中大获全胜，这让人想到了霍金博士的第二个预言：人工智能会全方面打败人类。

（2）强化学习在软件工程中的应用。在工程领域，Facebook 提出了开源强化学习平台——Horizon，该平台利用强化学习来优化大规模生产系统。在 Facebook 内部，Horizon 被用于：①个性化指南；②向用户发送更有意义的通知；③优化视频流质量。一个典型例子是，强化学习根据视频缓冲区的状态和其他机器学习系统的估计可选择地为用户提供低比特率或高比特率的视频。Horizon 还能够处理以下问题：①大规模部署；②特征规范化；③分布式学习；④超大规模（高维度多来源）数据的处理和服务。

2. 强化学习在工业生产中的应用

（1）在工业自动化中的强化学习。基于强化学习类算法的机器人在工业自动化中应用于许多不同的任务。利用强化学习机制控制的机器人在决策的最终收益上不仅效率比人类更高，还可以应用于人类不能忍受的环境。Google 公司的 Deep Mind 工作组使用强化学习的机制来冷却数据中心是一个成功的应用案例。通过强化学习的策略，Google 节省了 40% 的能源支出。当前，Google 的一部分数据中心完全由人工智能系统控制，除了很少数据中心的专家，几乎不再需要其他人工干预，同样大量减少了人工开支。该系统的工作业务处理调度如下：①每 5min 从数据中心获取数据快照，并将其输入深度神经网络；②预测不同组合将如何影响未来的能源消耗；③在符合安全标准的情况下，采取具有最小功耗的措施；④向数据中心发送相应措施并实施操作。

（2）强化学习在机器人控制中的应用。通过深度学习和强化学习方法训练机器人，使其能够抓取各种物体，甚至抓取训练中未出现过的物体。针对流水线抓取任务，Google AI 用了 4 个月时间进行训练和实验，使用 7 个机器人运行了 800 个机器人时长。这种机器人方便其用于生产线上产品的制造。由于装配线上的操作都是有序有限的，因此可以将大规模分布式优化和 QT-Opt（一种 Q-Learning 优化结构）相结合进行装配。其中，QT-Opt 支持连续动作空间操作，这使其可以很好地处理机器人问题。在实际应用中，先离线训练模型，然后在真实的机器人上进行部署和适配。

（3）强化学习在医疗健康行业中的应用。医疗保健领域，强化学习系统能够为患者提供治疗策略。该系统能够利用以往的经验找到最优的策略，而无需生物系统的数学模型等先验信息，这使得基于强化学习的系统具有更广泛的适用性。

2021 年 5 月，Google I/O 开发者大会上，发布了利用 AI 工具拍照检测皮肤病的技术。用户使用这个 AI 工具时，需要拍摄自己身体某部分皮肤不同角度的三张照片，随后需要在手机上回答几个问题，告知该工具皮肤类型、症状以及是否有并发症等。最终，AI 工具会进行在线分析，来诊断皮肤病。此外，这个 AI 工具还用了专业 CT 检查中用于检测糖尿病、肺癌的技术。

综上所述，利用强化学习的医疗保健动态治疗方案（DTRs）可用于慢性病或重症监护、自动化医疗诊断及其他一些领域。DTRs 的输入是一组对患者的临床观察和评估数据，输出则是每个阶段的治疗方案。并且，通过强化学习，DTRs 能够确定患者在特定时间的最佳治疗方案，实现时间依赖性决策。在医疗保健中，强化学习方法还可用于根据治疗的延迟效应改善长期结果。对于慢性病，强化学习方法还可用于发现和生成最佳 DTRs。

9.2　生成对抗网络概述

生成对抗网络基础

人工智能的飞速发展，尤其是以深度学习为代表的应用，从 2013 年至今取得了巨大的突破。其中，深度学习的快速应用级的发展让计算机具备了一定程度上的初级智能，计算机可以探测而非感知物体，识别目标的语义，甚至理解人们语句的隐藏含义。纵观从深度学习的深度以及复杂度不断前进的过程中，计算机算法一直在寻找模拟人类的大脑的运转体系的方法，最终目标是希望能拥有人类的思考能力。但目前的人工智能算法仅具备初级单一应用方向的智能，与人类大脑仍有较大差距。人类思维之中的创造能力是人工智能的终极研究目标，尤其是人类的艺术创作包括写诗、谱曲、作画等，是一个热点的研究目标。于是"生成对抗网络（GAN）"应运而生，它不仅突破了人们对传统人工智能模型的理解，当前的研究结果也显示了，该类算法可以在许多工业应用领域获得 SOTA（State of the Art）的效果。

9.2.1　生成对抗模型

1. 生成对抗网络的创造及其特点

生成对抗网络由蒙特利尔大学博士生 Ian GoodFellow 提出并实现。在博士研究以及在工作岗位上，Ian 一直进行生成对抗网络的相关研究，在工作期间对生成对抗网络的持续发展做出了非常大的贡献，被誉为"生成对抗网络之父"。

Ian 发明生成对抗网络是源于博士研究期间，其根据课题在利用生成模型让计算机自动生成所需的照片时使用传统的神经网络方法的落后性，利用模拟人的大脑视觉神经的成像方式来进行图片的生成。但是无论如何也不能生成质量理想的图像，甚至出现了图片模糊的情况。与此同时还有一个巨大的挑战，就是按照传统的深度学习思想，如果需要对现有的模型进行优化，则要么需要大量的训练数据集，要么用更长的时间进行训练，而且最终效果也是如同业内人士常用的一个词"炼丹"，这种没有确定性结果的方法让很多研究者感到无助。他对使用传统神经网络的方式本身产生了怀疑，也就是对当前的解决方案持有质疑的态度。之后的情况就是，他在苦思冥想之后，突然顿悟了一种全新的思路，如果抛弃传统只用一个神经网络的思路，同时使用两个神经网络进行竞争生成是否会有好的效果。

上述思路经过不断迭代发展扩展出来了一种新型的双方博弈的网络，这就是生成对抗网络最初的算法思路。这个算法模型模拟了生物自身在发展过程中经历的过程，人类在与同类的竞争以及合作的环境下对于某项技能会有更快速的提升。上述逻辑就如同奥运会的竞赛，不断有新的世界纪录和赛会纪录，激发着后来者不断地超越，以求得更高、更快、更强。而之后的情况就是，Ian 在 GAN 的路上越走越远，GAN 也是火得一塌糊涂。截至目前，在众多感兴趣的学者的不断努力下发展成了包含六大流派（CycleGAN、StyleGAN、pixelRNN、text-2-image、DiscoGAN、lsGAN）的庞大体系。

生成对抗网络毫无疑问是当下应用最为广泛的人工智能技术之一。研究者的数量众多，造就了与生成对抗网络有关的研究成果也是遍地开花，并且数量仍然在持续增加中。在图像生成模型的质量上，生成对抗网络技术可以说实现了飞跃，很多衍生模型已经在一定程度上解决了特定场景中的特定问题，它的发展也为人工智能行业带来了无限多的可能性。

通过对众多学者的论文和研究方向的了解以及原作者 Ian 的阐述，我们可以发现生成对抗网络具有如下优点：

- 它可以比其他单一架构的模型产生更好的图像生成样本。
- 它的框架能训练任何一种生成器网络。相比其他所有的框架需要生成器网络遍布非零质，它能学习仅在与数据接近的细流形上生成像素点。
- 其模型不需要设计遵循任何种类的因式分解的模型，应用的普适性更高。
- 其模型不需利用马尔科夫链式重复采样，更无需在学习过程中进行推理，回避了近似概率计算复杂度高的难题。

虽然生成对抗网络应用领域十分广泛，更有如上所述的各种优点，但其仍存在以下问题：

- 从理论而言，生成对抗网络的优化过程中存在不稳定性，很容易坍缩到一个鞍点上，理论上的收敛的解释也相对困难，目前还没有完整的数学理论支撑。
- 从应用而言，训练过程中的稳定性和生成对抗网络模型的可迁移性在遇到大量数据样本的时候都很难处理。

2. 生成对抗模型的理解

同学们在看到本节标题的时候肯定有或多或少的疑惑，什么是生成对抗模型？它又和生成对抗网络有什么样的关系？

那我们首先就从直观形象上对生成对抗模型进行一个很容易理解的描述。我们想象一个犯罪场景——制作假钞。这里边有两个主要的过程存在博弈，即制作赝品。

这个过程的机制称为生成器，可以认为生成器主要用来生成足以以假乱真的赝品。另外一个重要的过程就是钞票鉴别师的工作，在生成对抗网络中称为判别器。判别器就像钞票鉴别师一样对假钞和真钞逐个进行鉴别，如图 9-5 所示。

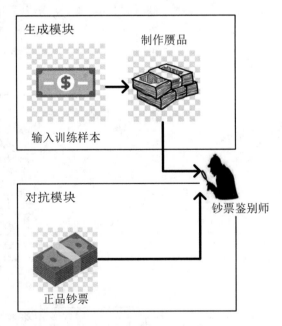

图 9-5　生成对抗模型形式化理解

通过不断地对真假钞进行学习，它可以提升自己的经验，从而提升自己的判断真伪的能力。所以，在生成对抗网络中主要有两个逻辑单元：一个是生成器，主要负责生成假数据；另外一个是判别器，主要负责对真假数据进行判别。在生成器与判别器不断地进化和博弈活动中，二者都在不断地提升自己，都得以不断进步。

前边的讲解可以让我们对生成对抗网络有一个形象的理解。我们明白了它为什么叫作生成对抗网络，"生成"和"对抗"是两个并行的内容。这里，我们用分治法先来理解"生成"，首先对生成模型进行一个简要的概述。这个名词出自概率与数理统计学科。在概率统计理论中，生成模型是指那些能够在给定某些隐含参数的条件下，随机生成观测数据的模型，它给出由观测值和标注数据序列所确定的一个联合概率分布。在传统的人工智能与机器学习的算法中，生成模型可以用来直接对数据建模。比较典型的目标是根据某个变量的概率密度函数进行数据采样，进而获得变量间的条件概率分布。其中，条件概率分布是生成模型根据贝叶斯定理所获得的。

如图 9-6 所示，对于输入的随机样本能够产生我们所期望数据分布的数据生成。可以将上述内容理解为，一个生成模型可以通过视频的某一帧预测出下一帧的输出（时序数据的预测）。另一个应用场景是搜索引擎，在你输入的同时，搜索引擎已经在推断你可能搜索的内容了。可以发现，生成模型的特点在于学习训练数据，并根据训练数据的特点来产生特定分布的输出数据。

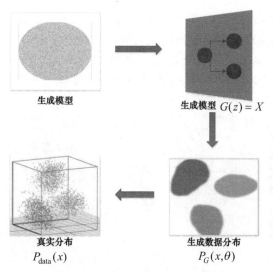

图 9-6　生成模型的使用

对于生成模型来说，可分为两种类型，第一种类型可以完全表示出数据确切的分布函数。第二种类型只能做到新数据的生成，而数据分布函数则是模糊的。当前研究的热门生成模型属于第二种类型，其生成新数据的功能也通常是大部分生成模型的主要核心目标。

同学们，你们可能会有不少疑惑，例如：如果说生成模型的主要目标就是产生那些 fake data（非真实的数据），那么大量学者如此深入地研究生成对抗模型的目的是什么？虽说生成对抗模型的功能在于生成"假"数据，但在科学界和工业界确实可以起到各种各样的作用。Ian GoodFellow 在 NIPS（Annual Conference on Neural Information Processing Systems）2016 的演讲中给出了生成对抗模型最基本的研究意义。可以将其内容归纳如下：首先，生成对抗模型具备了表现和处理高维度概率分布的能力，而这种能力可以有效运用在数学或工程领域；其次，生成对抗模型尤其是生成对抗网络可以与强化学习类别的算法进行结合，形成更多具有广泛应用范围的研究；最后，可以通过生成式网络提供的生成数据，对半监督式学习类算法进行优化设计。

现如今，生成对抗模型已经广泛应用在数据科学分析领域，其中比较耳熟能详的就是低分辨率影片的 4k 补帧修复，也就是将生成对抗模型用于超高解析度成像，将低分辨率的视频逐帧还原成高分辨率的视频，此类应用非常有用，如对于大量数字化后不清晰的老照片，采用这项技术可以加以还原；应用于低分辨率的摄像头等，可以在不更换硬件的情况下提升其成像能力。

使用生成对抗模型进行艺术类作品的创作（包括图像和音乐）也是当前非常流行的一种应用方式，可以通过用户交互的方式，利用少量的参数进行艺术作品的创作。中央音乐学院已经开设了音乐人工智能与音乐信息科技专业进行人工智能的音乐作品的创作，同时中央美术学院也开设了相关课程进行人工智能的美术类作品的创作。

此外，生成对抗模型还可用于图像中人的美化、图像的风格化生成、风格化文本语言类的生成、语音生成等，以及人工智能人脸识别中的攻击和反攻击等。生成对抗模型不仅可以应用于工业与学术领域，也可商业应用于消费级市场。关于更多应用方面的详细介绍见本章第 3 节。

3. 自动编码器

由于二者的机制相似，因此在这里介绍一个被称为自动编码器（auto-encoder）的算法。自动编码器是一种经典的神经网络模型，该模型最初被创造出来的目的是能够对图像进行压缩。图 9-7 是一个自动编码器的可视化表示，它的基本结构是一个特殊的多层感知机的神经网络，包含两个重要的单元，也就是自动编码器 Encoder 和解码器 Decoder。和生成对抗的思路类似，它的输入和输出使用相同的网络架构。

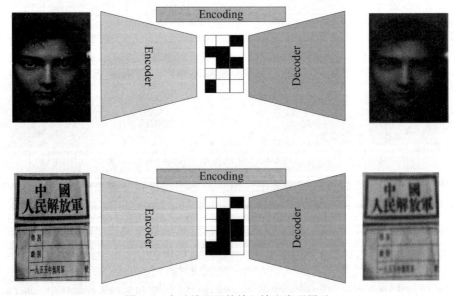

图 9-7　自动编码器的输入输出直观展示

自编码器是通过无监督的方式来进行训练从而获取输入数据在较低维度的表达。在神经网络处理后获得的那些低维度的信息表达再被自动解码器重构回高维的数据表达。一个自编码器可以理解成是一个回归任务，主要用来预测它的输入。网络结构就跟普通的神经网络类似，如图 9-8 所示。

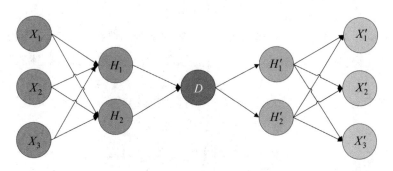

图 9-8　自动编码器神经网络结构

在图 9-8 中隐藏节点比输入节点的运算单元少很多，强迫神经网络来构建表征效率高同时又具有较低计算量的数据映射结构，将前馈中的表达数据压缩以供后续的解码器重构原始的输入。从图 9-8 中我们可以发现，从输入层到输出层之间有多个隐藏层，它的结构特点在于输入层与输出层拥有相同的节点数量，中间编码层的节点数需要小于输入层与输出层的节点数。该网络结构在输出层产生的低维度的数据 X' 需要良好地还原出输入层的数据 X，由于中间的编码层数据 H 与 H' 拥有的维度低于输入层与输出层的维度，因此如果输出层可以还原输入层，相当于对输入数据进行了降维，这就是计算所需要的数据压缩效果。

当然，这里我们需要强调的主要是该模型的生成能力，当我们使用如同我们描述的训练过程对自动编码器进行了图像型数据的训练后，编码器与解码器则分别具备了此类型数据的编码/解码能力。经过大量的运算训练之后，解码器可以被用作生成模型的产生器，在编码层输入某类数据，解码器都可以产生对应的生成数据。

回看图 9-7 所表示的自动编码器在图像数据上的应用，首先可以看到原始输入图像在经过编码器后形成了一组压缩形式的编码（黑白相间的像素块），其次该编码块经过解码器解码之后输出了一个与原始数据相比基本相同，但并不清晰的图像，虽然失去了一部分像素内容，但是基本还原了输入图像的基本内容。

9.2.2　生成对抗模型的数学原理

为了理解生成对抗模型，这里也按照算法的原作者 Ian 在 NIPS 2016 中所提到的极大似然估计的思路对其进行拆解。同学们可以通过理解极大似然估计在生成对抗模型中的应用，来理解生成对抗模型的数学原理。

1. 生成对抗模型中的极大似然估计

其实，算法的主要目的是试着逼近真实的概率分布函数，从而掌握函数的所有表达和趋势，为了达到这个目的，首先需要为当前的真实样本定义一个概率分布函数，在这里暂记为 $P_{\text{real}}(x)$，其中 x 是代表真实数据的变量。我们接着定义一个概率分布函数 $P_{\text{generate}}(x,\theta)$。为了能够精准地模拟真实的函数数值和趋势，利用大量的样本对模拟函数进行训练是一个常用的办法。这里使用之前提到的 x，x 表示一个集合，可以写作 $(x_1, x_2, x_3, \cdots, x_n)$。使用尽量大的真实数据集合训练并计算 $P_{\text{generate}}(x_{(i)}, \theta)$，之后将所有计算得到的概率函数的结果也就是概率值进行迭代相乘，期望获得一个最大的概率值，即：

$$Y = \arg\max_{\theta} \prod_{i=1}^{n} P_{\text{generate}}(x_{(i)}, \theta) \qquad (9\text{-}5)$$

对于式（9-5），我们可以发现其中的 x 是训练样本中的已知的数值，因此 θ 就是算法需要求的变量。不难理解将所有的概率相乘，其目的是求得使生成值在最大概率的条件下逼近真实值的 θ。

为了便于计算，这里对公式两边求对数就可以将乘法转换成加法。转化后式（9-5）变化成如下形式：

$$Y = \arg\max_{\theta} \log \prod_{i=1}^{n} P_{\text{generate}}(x_{(i)}, \theta) \qquad (9\text{-}6)$$

$$= \arg\max_{\theta} \sum_{i=0}^{n} \log P_{\text{generate}}(x_{(i)}, \theta) \qquad (9\text{-}7)$$

为了进一步简化计算，这里对式（9-7）进行数学期望的近似计算，可以得以下公式：

$$Y = \arg\max_{\theta} E_{P_{\text{real}(x)}}[\log P_{\text{generate}}(x_{(i)}, \theta)] \qquad (9\text{-}8)$$

之后利用积分进行数值计算可得

$$Y = \arg\max_{\theta} \int P_{\text{real}}(x) \log P_{\text{generate}}(x, \theta) \mathrm{d}x \qquad (9\text{-}9)$$

如此计算出的概率可以尽可能地与真实的样本值拟合，为了便于计算，将式（9-9）两端减去一个与变量无关的常数 $\int P_{\text{real}}(x) \log P_{\text{real}}(x) \mathrm{d}x$，尽可能小地对公式的结果进行影响，同时求得变量 θ^*，则公式可以变为

$$\theta^* = \arg\max_{\theta} \int P_{\text{real}}(x)[\log P_{\text{generate}}(x, \theta) - \log P_{\text{real}}(x)] \mathrm{d}x \qquad (9\text{-}10)$$

对上式进行约简可以得

$$\theta^* = \arg\max_{\theta} \int P_{\text{real}}(x) \log \frac{P_{\text{generate}}(x, \theta)}{P_{\text{real}}(x)} \mathrm{d}x \qquad (9\text{-}11)$$

为了进一步对上式进行计算，这里需要提出另一个机器学习领域的概念，叫作信息相对熵。信息相对熵，又被称为 KL 散度或信息散度，是对两个概率分布间差异状况的非对称性的度量。在信息论中，信息相对熵等价于两个概率分布的信息熵的差值，假定其中一个概率分布为真实分布，另一个为生成分布，则此时信息相对熵等于交叉熵与真实分布的信息熵之差。它的逻辑含义是使用理论分布拟合真实分布时产生的信息损耗。这里直接给出信息相对熵的公式：

$$D(P \| Q) = \int p(x) \log \frac{p(x)}{q(x)} \mathrm{d}x \qquad (9\text{-}12)$$

如果认真观察会发现信息相对熵公式与推导的式（9-11）如出一辙。为了便于简写，这里将推导公式改写成信息熵的格式：

$$\theta^* = \arg\max_{\theta} D\Big[P_{real}(x) \| P_{generate}(x,\theta) \Big] \tag{9-13}$$

而这个逼近真实数据分布的计算并不是我们关心的问题，与此同时做到真正逼近真实函数分布也并非易事。所以，使用神经网络进行逼近是一个普遍的解决方案，所以 Gan 这个概念应运而生，Ian 在 NIPS 2016 上把这类求相对熵最小的算法分为隐式和显式两个类型，由于我们并不关心分布的密度函数的形态，因此这里将隐式的方法称作 Gan 的方法。

2. 生成对抗网络的数学模型

谈完了概率分布，接下来需要对生成函数本身进行一定的数学解释。设 $Z=G(x)$，一般情况下这里的自变量 x 会满足一个简单形式的概率分布，如正态分布或者均匀分布等，所以为了使得生成空间的数据分布能够尽可能地与真实数据拟合，生成函数 G 采用的是非线性的网络形态，通过不同网络构成可以得出各种与真实函数拟合的分布类型。

为了很好地解决拟合的问题，可在生成对抗网络中进行讨论。我们知道网络结构包含生成器（Generater）和判别器（Discriminater），这里记为 G、D，同时我们设输入样本为 x，生成样本为 x'。同时，为了消除积分运算的复杂性，这里将 KL 散度转换成 JS 散度的表达形式（这里我们忽略推导公式过程）：

$$\theta^* = \arg\max_{\theta} V(x,\theta^*,D^*) \tag{9-14}$$

设置生成器 $x'=G(x,\beta)$，这里从随机概率分布中接收 x 作为输入，所以 x' 的概率分布为 $p_g(x')$。利用假定生成器的概率分布固定，对判别器进行计算求出判别能力最强的判别器 D^*。这里设定 $x' = G(z,\beta)$ 求判别器的参数，代入 JS 散度公式后变化为

$$V(x,x',D) = \int q(x)\log D(x)\mathrm{d}x + \int p_g(x')\log[1-D(x')]\mathrm{d}x \tag{9-15}$$

经过计算可以得到判别器的参数：

$$D^* = \arg\max_{\theta} V(x,z,D) \tag{9-16}$$

同样地，在计算判别器参数后，利用判别器对生成器进行计算，可以得到下式：

$$V(x,x',D^*,\beta) = \int q_{real}(x)\log D^*(x)\mathrm{d}x + \int p_{generate}(x',\theta)\log[1-D^*(x')]\mathrm{d}x \tag{9-17}$$

经过计算后可以得到

$$\beta^* = \arg\max_{\beta} V(x,z,D^*,\beta) \tag{9-18}$$

这里，我们没有给出收敛的证明结论。由于求解形式和上例的 JS 散度的参数求解算法非常一致，因此可以期待这种算法能够起到作用。为简单起见，本书记为通用的表达式：

$$V(G,D) = \int q(x)\log D(x)\mathrm{d}x + \int q(z)\log[1-D(G(z))]\mathrm{d}z \tag{9-19}$$

可以得到

$$G^* = \arg\max_{\theta}[\max V(G,D)] \tag{9-20}$$

我们也可以将目标函数写作

$$\min_G \max_D = E_{x-p_{real}}[\log D(x)] + E_{zp_z}[\log(1 - D(G(Z)))] \qquad (9\text{-}21)$$

在 Ian 的论文 *Generative Adversarial Networks* 中，首先给出了 $V(G, D)$ 的表达式，然后再通过 JS 散度的理论对其收敛性进行证明，本书不再讨论，有兴趣的读者可以参考相关资料。

9.2.3 生成对抗网络的实际应用

在生成对抗网络模型中有许多不同的有趣应用，目前市面上比较流行的有手写字体的生成、老视频老照片的修复、视频中趣味换脸的应用、人图像的动漫化、人脸特征的融合等。

1. 高分辨率图像生成应用

超分辨率技术（Super-Resolution）是指使观测到的低分辨率图像通过相关生成技术，生成相应的高分辨率图像。这种技术通常用在低分辨率监控设备、医学影像以及多光谱的遥感图像等领域。超分辨率技术按照可用训练样本的数量被分为两类：一是从单张低分辨率图像生成高分辨率图像；二是从多张低分辨率图像生成高分辨率图像。

由于单样本生成高分辨率图像是一个生成问题，因此问题的答案显然不是一一对应的。对于任意一张低分辨率图像，参数不同，生成的高分辨率图像也不同。因此，通常在生成高分辨率图像时会加一个先验信息对生成后的图像进行规范化约束。基于深度学习的生成算法通过神经网络对低分辨率图像与高分辨率图像的进行一个端到端的映射，映射函数较大的可能是非线性的。其中，比较有代表性的算法有 SRCNN、DRCN、ESPCN 和 SRGAN 等。

（1）SRCNN 模型：Super-Resolution Convolutional Neural Network（SRCNN、PAMI 2016）是利用简单的三层卷积网络结构生成模型的算法。该方法首先将一张低分辨率图像使用双三次插值将其放大到目标大小；再通过三层卷积网络做非线性映射，所获得的结果就是我们所求的高分辨率图像。该算法有三个关键过程：图像块的提取和特征表示、特征非线性映射和最终的重建。

（2）DRCN 模型：与 SRCNN 不同，DRCN 该模型使用更多的卷积层增加网络感受野（41×41），同时为了避免过多网络参数，提出使用递归神经网络（RNN）。该网络分为三个模块，第一个是 Embedding network，相当于特征提取；第二个是 Inference network，相当于特征的非线性变换；第三个是 Reconstruction network，即从特征图像得到最后的重建结果。其中，Inference network 是一个递归网络，即数据循环地通过该层多次。将这个循环进行展开，就等效于使用同一组参数的多个串联的卷积层。

（3）ESPCN 模型：ESPCN 模型是一种在低分辨率图像上直接计算卷积得到高分辨率图像的高效率方法。ESPCN 的核心概念是亚像素卷积层（sub-pixel convolutional layer）。网络的输入是原始低分辨率图像，通过两个卷积层以后，得到的特征图像大小与输入图像一样，但是特征通道为[公式]（[公式]是图像的目标放大倍数）。将每个像素的[公式]个通道重新排列成一个 $r×r$ 的区域，对应于高分辨率图像中的一个 $r×r$ 大小的子块，从而大小为[公式]×$H×W$ 的特征图像被重新排列成 1×$rH×rW$ 大小的高分辨率图像。这个变换虽然被称作亚像素卷积，但实际上并没有卷积操作。

（4）SRGAN：该模型利用改进代价函数的办法，解决了当图像的放大倍数在 4 以上时，很容易使得到的结果显得过于平滑，而缺少一些细节上的真实感的问题。因此，SRGAN 使用生成对抗网络来生成图像中的细节。这里使用生成对抗网络的方法来进行图像的生成。显而易见，其迭代多次之后的效果也提供了最好的高分辨率细节。当然，通过生成图像的细节对比我们可以发现，利用 SRGAN 结构进行生成的高分辨率效果的细节最接近真实图像。

2. 其他数据合成及生成应用

数据的合成应用内容较为广泛，其中包括人脸的组合生成、图像风格的迁移、人的卡通动漫化、妆容迁移等内容。其中，本书以人脸的特征合成作为主要的案例内容。

数据生成人脸的做法始于 2014 年的 GAN，之后经历了 2015 年的 DCGAN 到 2016 年的 PGGAN，直到 2018 年，NAVIDA 公司发表了 StyleGAN 论文 *A Style-Based Architecture for GANs*。该论文为 GAN 提出了一种新的生成器架构，在该框架中通过数值条件控制生成样本的细节和内容参数，从粗糙的细节到更精细的细节。但是，第一代的 StyleGan 生成人像时，其人像的周围总是出现水滴状不明物体。这种情况时常会对生成的图像质量产生影响。

为了解决上述问题，NVIDIA 团队开发了 StyleGAN-v2，第二版的算法不仅解决了水滴的问题，并且可以融合多个样本特征进行人脸生成。在这代算法中把偏置和噪声挪到风格块之外，直接加在已经归一化的数据上，就能得到更加可预测的结果。与之前算法的三个步骤编码、卷积、归一化不同，在新版本算法中把归一化这个部分，用解调操作模块进行替换。该算法的主旨是：与原本的归一化相比，解调不是基于特征图的实际内容，而是基于假设。得到的结果就是比从前的操作变得更丝滑。

另外，更可贵的一点是 StyleGAN-v2 可以将多张人的图像的特点进行融合生成一个人，也就是我们所说的融合生成。通过这种方式可以融合我们喜欢的两个人的特征到一个新的生成的人身上。

此外，也有一些其他有趣的应用，如给图 9-9 所示的黑白老照片上色，这里需要注意的是上色的颜色基本是以绿色为主的几个特定颜色，不会呈现出十分鲜艳的色彩。当然，这里可能需要进一步的努力和创造才能得到更加鲜活的呈现。

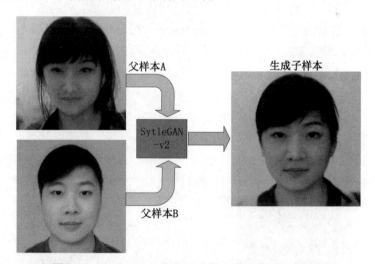

图 9-9　StyleGAN-v2 根据两个样本生成特征组合样本

还有使用 GAN 算法进行风格迁移的案例，这些类型的案例使用了带自注意力机制的生成对抗网络。其中，生成器是一个预训练，其结构具有光谱归一化和自注意力。值得大家注意的是，其内部生成器损失函数分为两个部分：一部分是基于 VGG16 模型的基本感知损失（或特征损失）——这只是偏向生成器模型来复制输入图像；另一部分来自 critic 的损失函数。感知损失函数其实也并不足以产生好的结果，这里采用的只有棕色/绿色/蓝色等简单的颜色对老照片进行填充。黑白老照片上色对比如图 9-10 所示。

（a）处理前   （b）处理后

图 9-10　黑白老照片上色对比图

当前更加火热的应用效果是人物及景物的漫画风格，在现在这个风格化滤镜十分流行的短视频时代也具有很大的用武之地。在应用 GAN 进行生成的模型中，比较先进的动漫化风格主要使用了 CartoonGAN 模型，该模型是一个用于非成对样本图像的训练的 GAN，可以看成是单向的 CycleGAN。

Cartoon 类模型的作者的主要贡献是提出了损失函数 $L(G,D)$，损失函数的两部分的一部分损失函数定义为 $Ladv(G,D)$，该部分是普通的损失函数，另一部分是 $Lcon(G,D)$，该部分损失值是为了保证原真实图像内容的还原。CartoonGAN 有一个特殊的初始化过程，先用 $Lcon(G,D)$ 单独一个损失来训练 G，训练 10 个 epoch，该过程的目的是使生成的图片初始就能保证原真实场景的内容。通过当前的训练主要生成了宫崎骏风、细田守风、今敏风以及新海诚风四种风格。图 9-11 是使用了宫崎骏风、金敏风以及新海诚风三种风格分别生成的效果。

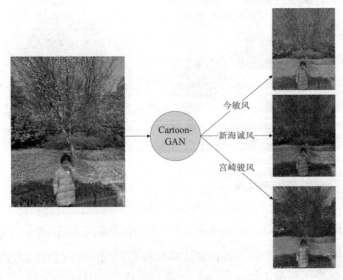

图 9-11　CartoonGAN 生成各种风格动漫图像

当然，还有一些本书没有详细描述或者提及的更有趣的应用，包括但不仅限于以下内容：①图像到图像的翻译；②图像到文字的翻译；③文字到图像的翻译；④模仿生成特定的语音；⑤人脸遮挡的识别；⑥特定粒度的图像识别。总之，GAN 还有许多有趣的应用等待人们去开启。

9.3　实战——基于 StyleGAN-v2 实现颜值融合

本节利用 StyleGAN-v2 预测颜值融合，请想象你最喜欢的颜值融合，或者预测将来你的后代的模样（考虑到并不是每位同学都使用了带有 GPU 加速的运算设备，这里使用相应成熟的免费算力平台 AIstudio 以及开发框架 PaddleGAN 进行实现）。

实现人脸融合一共分为三个步骤：①Fitting 模块提取两张人脸图片的向量，StyleGAN-v2 根据向量生成 StyleGAN 世界中的人脸；②Mixing 模块融合两张人脸的向量；③StyleGAN-v2 根据融合后的向量生成新的人脸。

操作步骤如下：

（1）复制 PaddleGAN 框架代码并安装依赖包，代码如下：

```
# 从 github 上复制 PaddleGAN 代码（如下载速度过慢，可用 gitee 源）
!git clone https://gitee.com/PaddlePaddle/PaddleGAN
# 安装依赖库文件
%cd /home/aistudio/PaddleGAN
!pip install -r requirements.txt
```

其 console 行输出最终代码（节选），如图 9-12 所示。

```
Building wheels for collected packages: librosa
  Building wheel for librosa (setup.py) ... done
  Created wheel for librosa: filename=librosa-0.7.0-cp37-none-any.whl size=1598345 sha256=8ea63f
  Stored in directory: /home/aistudio/.cache/pip/wheels/81/7e/60/c27574fffbf2f28075dbf4b28c00d3f
Successfully built librosa
Installing collected packages: tifffile, PyWavelets, scikit-image, librosa, munch, natsort
  Found existing installation: librosa 0.7.2
    Uninstalling librosa-0.7.2:
      Successfully uninstalled librosa-0.7.2
Successfully installed PyWavelets-1.1.1 librosa-0.7.0 munch-2.5.0 natsort-7.1.1 scikit-image-0.1
```

图 9-12　安装 PaddleGAN 的依赖包的 console 输出

（2）将下载好的 PaddleGAN 安装在云端的 Linux 下，代码如下：

```
#%cd /home/aistudio/PaddleGAN
!python setup.py develop
```

其 console 输出如图 9-13 所示。

```
Using /opt/conda/envs/python35-paddle120-env/lib/python3.7/site-packages
Searching for pycparser==2.19
Best match: pycparser 2.19
Adding pycparser 2.19 to easy-install.pth file

Using /opt/conda/envs/python35-paddle120-env/lib/python3.7/site-packages
Finished processing dependencies for ppgan==2.0.0
```

图 9-13　安装 PaddleGAN 后 console 输出（节选）

（3）安装工业 C++加速包 dlib，代码如下：

```
#安装所需包
!pip install dlib
```

其安装时间较长，可能需要 6min 以上，其代码运行后的 console 输出如图 9-14 所示。

```
#安装所需包  首次此安装包大约需要5分钟
  !pip install dlib
Looking in indexes: https://mirror.baidu.com/pypi/simple/
Collecting dlib
  Downloading https://mirror.baidu.com/pypi/packages/f0/a2/ba6163c09fb427990180afd8d625bcecc5555
  [████████████████████████████████████████████] 7.4MB 15.1MB/s eta 0:00:
Building wheels for collected packages: dlib
  Building wheel for dlib (setup.py) ... done
  Created wheel for dlib: filename=dlib-19.22.1-cp37-cp37m-linux_x86_64.whl size=4288058 sha256=
  Stored in directory: /home/aistudio/.cache/pip/wheels/bc/31/c5/f74e58b1f3ecb4b8d2acf87ff14687c
Successfully built dlib
Installing collected packages: dlib
Successfully installed dlib-19.22.1
```

图 9-14　安装 dlib 包 console 输出

对输入的人脸进行初步调整，使用 StyleGAN-v2 fitting 工具包进行处理。其中，有两个重要参数：①input_image，需要提取特征并重新生成人脸的照片路径；②output_path，新生成的人脸照片的存放路径，后续需要放在 Mixing 和生成的模块中使用。注意：这里需要处理需要融合的两张图像，也就是处理两次，由于代码相同这里只列出了一次，只需要修改输入图像的地址和输出图像的地址即可。其代码如下：

```
%cd applications/
!python -u tools/styleganv2fitting.py \
        --input_image '/home/aistudio/人脸测试集/feinix.jpg'\
        --need_align \
        --start_lr 0.1 \
        --final_lr 0.025 \
        --latent_level 0 1 2 3 4 5 6 7 8 9 10 11 \
        --step 100 \
        --mse_weight 1 \
        --output_path '/home/aistudio/output/feinix' \
        --model_type ffhq-config-f \
        --size 1024 \
        --style_dim 512 \
        --n_mlp 8 \
        --channel_multiplier 2
```

运行后 console 输出如图 9-15 所示。

将上个步骤的两张处理后的图像进行融合，Mixing 模块融合向量，StyleGAN-v2 生成新人脸。这里需要注意的有个三点：首先是 latent1 的设置，此处将 STEP2 中生成的第一张人脸的路径（STEP2 中的 output_path 路径）设置于 latent1；其次是 latent2 的设置，也就是 STEP2 中生成的另一张人脸路径（STEP2 中的 output_path 路径由于代码重复，本书没有标出，只需要修改名字即可）设置于 latent2；最后是 output_path 路径，输出了两张图像颜值融合的最终效果。

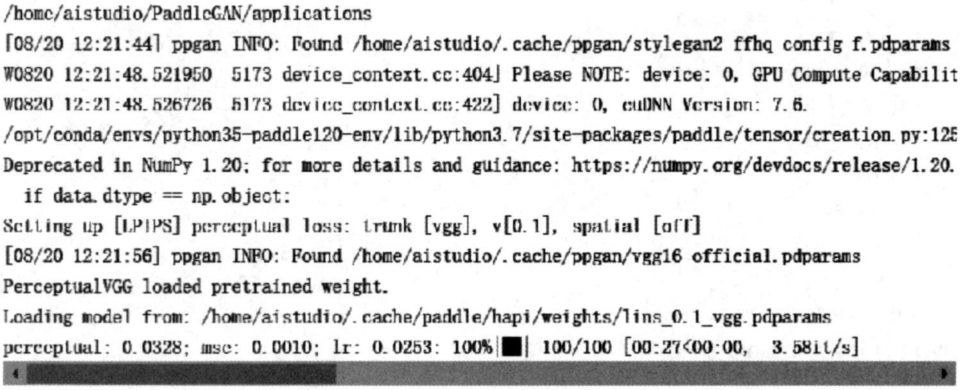

```
/home/aistudio/PaddleGAN/applications
[08/20 12:21:44] ppgan INFO: Found /home/aistudio/.cache/ppgan/stylegan2 ffhq config f.pdparams
W0820 12:21:48.521950  5173 device_context.cc:404] Please NOTE: device: 0, GPU Compute Capabilit
W0820 12:21:48.526726  5173 device_context.cc:422] device: 0, cuDNN Version: 7.6.
/opt/conda/envs/python35-paddle120-env/lib/python3.7/site-packages/paddle/tensor/creation.py:125
Deprecated in NumPy 1.20; for more details and guidance: https://numpy.org/devdocs/release/1.20.
  if data.dtype == np.object:
Setting up [LPIPS] perceptual loss: trunk [vgg], v[0.1], spatial [off]
[08/20 12:21:56] ppgan INFO: Found /home/aistudio/.cache/ppgan/vgg16 official.pdparams
PerceptualVGG loaded pretrained weight.
Loading model from: /home/aistudio/.cache/paddle/hapi/weights/lins_0.1_vgg.pdparams
perceptual: 0.0328; mse: 0.0010; lr: 0.0253: 100%|█| 100/100 [00:27<00:00,  3.58it/s]
```

图 9-15　图像预处理的输入输出

其代码如下：

```
#%cd applications/
!python -u tools/styleganv2mixing.py \
        --latent1 '/home/aistudio/output/feinix/dst.fitting.npy' \
        --latent2 '/home/aistudio/output/hb/dst.fitting.npy' \
        --weights \
                0.5 0.5 0.5 0.5 0.5 0.5 \
                0.5 0.5 0.5 0.5 0.5 0.5 \
                0.5 0.5 0.5 0.5 0.5 0.5 \
        --output_path '/home/aistudio/mixoutput/feinix&hb' \
        --model_type ffhq-config-f \
        --size 1024 \
        --style_dim 512 \
        --n_mlp 8 \
        --channel_multiplier 2
```

代码运行后的 console 输出如图 9-16 所示。

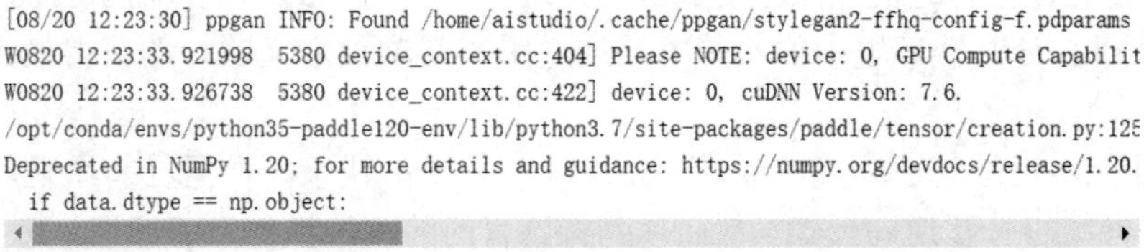

```
[08/20 12:23:30] ppgan INFO: Found /home/aistudio/.cache/ppgan/stylegan2-ffhq-config-f.pdparams
W0820 12:23:33.921998  5380 device_context.cc:404] Please NOTE: device: 0, GPU Compute Capabilit
W0820 12:23:33.926738  5380 device_context.cc:422] device: 0, cuDNN Version: 7.6.
/opt/conda/envs/python35-paddle120-env/lib/python3.7/site-packages/paddle/tensor/creation.py:125
Deprecated in NumPy 1.20; for more details and guidance: https://numpy.org/devdocs/release/1.20.
  if data.dtype == np.object:
```

图 9-16　融合代码 console 输出

这里采用了最新版的 PaddleGAN 中的 FOM（First Order Model，一阶动态模型）进行图像的动态生成操作。FOM 支持生成分辨率为 512×512 的视频，该模型同时加入了人脸增强的功能，刻画了丰富的脸部细节，使得脸部动态表情更加生动。

FOM 的原理是先录制人物 A 的脸部动作，之后将动作迁移到人物 B 脸上，让人物 B 的脸完美演绎人物 A 的表情。通过修改 driving_video 与 source_image 两个参数，换成自己录制的相应格式的（mp4 或其他支持的格式，尽量短的时间片段）驱动视频，将视频应用于颜值融合后的照片上，即可看到颜值融合后的动态效果。最终的视频导出保存在"后代动起来"文件夹中。其代码如下：

```
%cd applications
!python -u tools/first-order-demo.py  \
        --driving_video '/home/aistudio/驱动视频.mov' \
        --source_image '/home/aistudio/mixoutput/feinix&hb/dst.mixing.png' \
        --relative \
        --adapt_scale \
        --output '/home/aistudio/后代动起来' \
        --image_size 512 \
        --face_enhancement
```

代码运行后的 console 输出如图 9-17 所示。

```
[Errno 2] No such file or directory: 'applications'
/home/aistudio/PaddleGAN/applications
[08/20 12:23:50] ppgan INFO: Found /home/aistudio/.cache/ppgan/vox-cpk-512.pdparams
W0820 12:23:50.760217  5442 device_context.cc:404] Please NOTE: device: 0, GPU Compute Capabilit
W0820 12:23:50.765655  5442 device_context.cc:422] device: 0, cuDNN Version: 7.6.
```

图 9-17　加入一阶动态模型后的图像输出运行结果 console 输出

　　至此，本实战内容全部完成，该模型可以利用百度提供的免费云算力，使读者体会到快速使用 StyleGAN-v2 模型进行两张图像融合的乐趣，同时也可以体会到快速利用一阶动态模型以人工智能的方式将静态图像快速动起来的快乐（编者按：这里感谢国内人工智能框架的开发者和模型的编写者，是他们为大家提供了一条快速通往人工智能学习的新道路）。

9.4　本章小结

　　本章作为本书的一个重点应用章节，介绍了强化学习和生成对抗网络两种当前比较流行的人工智能算法的思路。

　　首先，强化学习是近些年来在人工智能机器学习领域的热点研究领域，受到了许多研究者密切的关注。强化学习这类算法是受到行为心理学启发而来的一个机器学习的领域，该类算法的关注点在于身处某个环境中的决策方法通过采取某项预定义的行动获得最大的环境反馈积累收益。

　　其次，强化学习是基于环境的反馈决定下一步行动的决策，并且在整个逻辑动作中通过不断试验，与环境进行正逆向反馈，从而达到特殊目的的一种机器学习行为。其主要逻辑过程需要通过与环境的交互（正向奖励、逆向惩罚），量化反馈结果，同时基于反馈结果不断调整决策的行为。

　　与强化学习类似，GAN 模型应用领域十分广泛，现在已经广泛应用于图像和视频等数据的生成，还可以用在自然语言和音乐生成上。但它仍存在一些问题。从理论而言，GAN的优化过程中存在不稳定性，很容易坍缩到一个鞍点上，理论上的收敛的解释也并不容易；从应用而言，训练过程中的稳定性和 GAN 模型的可迁移性在遇到大量数据样本的时候都很难处理。

在未来,我们希望看到 GAN 应用在无监督学习或自监督学习上,以提供有效的解决方案。同时,GAN 还可以建立与强化学习之间的联系,应用在强化学习上。

最后,我们引用著名人工智能三剑客之一杨丽坤老师对强化学习和 GAN 模型所给出的一个比喻来进行结尾:"如果人工智能是一块蛋糕,那么强化学习是蛋糕上的一粒樱桃,监督学习是外面的一层糖霜,无监督/预测学习则是蛋糕胚。目前,我们只知道如何制作糖霜和樱桃,却不知如何制作蛋糕胚。"作为一个生成模型,GAN 模型避免了一些传统生成模型在实际应用中的一些困难,巧妙地通过对抗学习来近似一些不可解的损失函数。亲爱的同学们,任何模型也只是工具,能够解决问题的巧妙思维才是你面对未来的最好解决方案。

习题 9

一、选择题

1. 强化学习有（　　　）四个组成部分。
   A. 环境　　　　　　　　　　　　B. agent
   C. 解释器　　　　　　　　　　　D. 交互动作
2. 强化学习有（　　　）两大类。
   A. Model-Based　　　　　　　　B. Model-Fare
   C. Model-Baby　　　　　　　　　D. Model-Free
3. Model-Free 的模型有（　　　）。
   A. Q-Learning　　　　　　　　　B. Police Optimization
   C. MBMF　　　　　　　　　　　D. A3C
4. Model-Based 模型包括（　　　）。
   A. MBMF　　　　　　　　　　　B. PPO
   C. A2C　　　　　　　　　　　　D. AlphaZero
5. 生成对抗网络的主要逻辑模型主要有两种,它们是（　　　）操作。
   A. 生成器　　　　　　　　　　　B. 编码器
   C. 解释器　　　　　　　　　　　D. 判别器
6. 下列（　　　）生成对抗网络适合用于生成人脸。
   A. CycleGAN　　　　　　　　　B. StyleGAN
   C. pixelRNN　　　　　　　　　　D. text-2-image
7. 人图像的动漫化使用（　　　）模型。
   A. CycleGAN　　　　　　　　　B. CartoonGAN
   B. pixelRNN　　　　　　　　　　D. SRGAN
8. 生成对抗网络中最适用于高分辨率图像生成的是（　　　）。
   A. CartoonGAN　　　　　　　　B. text-2-image
   C. CycleGAN　　　　　　　　　D. SRGAN

二、填空题

1．一个强化学习的模型包括＿＿＿＿＿、＿＿＿＿＿、＿＿＿＿＿和＿＿＿＿＿四个部分。

2．常见的强化学习模型主要应用于自动的游戏对抗、＿＿＿＿＿和＿＿＿＿＿等。

3．强化学习模型中，能够玩超级玛丽游戏的模型主要有＿＿＿＿＿和＿＿＿＿＿等。

4．生成对抗网络主要由＿＿＿＿＿、＿＿＿＿＿两部分进行对抗。

5．生成对抗网络与＿＿＿＿＿人工智能结构相似。

6．生成对抗网络模型主要由＿＿＿＿＿、＿＿＿＿＿两种结构组成。

三、简答题

请用从自己的角度讲解生成对抗网络的思路，该算法可以应用于自己所学习的专业么？

参考文献

[1] 李德毅. 人工智能导论[M]. 北京：中国科学技术出版社，2018.

[2] 张春飞. 人工智能基础[M]. 上海：同济大学出版社，2019.

[3] 史忠植，王文杰，马慧芳. 人工智能导论[M]. 北京：机械工业出版社，2020.

[4] 周苏，张泳. 人工智能导论[M]. 北京：机械工业出版社，2020.

[5] 肖汉光，王勇. 人工智能概论[M]. 北京：清华大学出版社，2020.

[6] 廉师友. 人工智能概论[M]. 北京：清华大学出版社，2020.

[7] 李铮，黄源，蒋文豪. 人工智能导论[M]. 北京：人民邮电出版社，2021.

[8] 丁世飞. 人工智能[M]. 北京：清华大学出版社，2011.

[9] 朱福喜. 人工智能[M]. 3版. 北京：清华大学出版社，2017.

[10] 尼克. 人工智能简史[M]. 2版. 北京：人民邮电出版社，2021.

[11] 樊重俊. 人工智能基础与应用[M]. 北京：清华大学出版社，2020.

[12] 王万良. 人工智能导论[M]. 4版. 北京：高等教育出版社，2017.

[13] 蔡自兴，刘丽珏. 人工智能及其应用[M]. 5版. 北京：清华大学出版社，2016.

[14] 焦李成，刘若辰. 简明人工智能[M]. 西安：西安电子科技大学出版社，2019.

[15] 王钰，周志华. 机器学习及应用[M]. 北京：清华大学出版社，2006.

[16] 李敏强，寇纪淞，林丹，等. 遗传算法的基本理论与应用[M]. 北京：科学出版社，2004.

[17] STORN R, PRICE K. DIFFERENTIAL Evolution – A Simple and Efficient Heuristic for global Optimization over Continuous Spaces[J]. Journal of Global Optimization, 1997, 11(4): 341-359.

[18] BENI G, WANG J. Swarm Intelligence[J]. Computational Complexity, 1989.

[19] GENOVESE V, ODETTI L, MAGNI R, et al. Self organizing behavior and swarm intelligence in a cellular robotic system[C]// IEEE. IEEE, 1992.

[20] BONABEAU E. Swarm intelligence: from natural to artificial systems[J]. Santa Fe Institute Studies on the Sciences of Complexity, 1999.

[21] DORIGO M, MANIEZZO V. Ant system: optimization by a colony of cooperating agents[J]. IEEE Trans. on SMC-Part B, 1996, 26(1): 29.

[22] 秦小林，罗刚，李文博，等. 集群智能算法综述[J]. 无人系统技术，2021，4（3）：1-10.

[23] 殷瑞刚，魏帅，李晗，等. 深度学习中的无监督学习方法综述[J]. 计算机系统应用，2016，25（8）：1-7.

[24] 周志华. 机器学习[M]. 北京：清华大学出版社，2016.

[25] BENNETT K P, DEMIRIZ A . Semi-Supervised Support Vector Machines[M]. Cambridge: MIT Press, 2001.

[26] 夏定纯. 人工智能技术与方法[M]. 华中科技大学出版社，2004.

[27] 邱锡鹏. 神经网络与深度学习[M]. 北京：机械工业出版社，2020.

[28] 周春光. 计算智能[M]. 长春：吉林大学出版社，2009.

[29] 阿斯顿·张，李沐，扎卡里·C.立顿. 动手学深度学习[M]. 北京：人民邮电出版社，2019.

[30] GOODFELLOW I, BENGIO Y, COURVILLE A. 深度学习[M]. 赵申剑，黎彧君，符天凡，等译. 北京：人民邮电出版社，2017.

[31] CHOLLET F. Python 深度学习[M]. 张亮，译. 北京：人民邮电出版社，2018.

[32] 斋藤康毅. 深度学习进阶 自然语言处理[M]. 陆宇杰，译. 北京：人民邮电出版社，2020.

[33] 魏溪含. 深度学习与图像识别：原理与实践[M]. 北京：机械工业出版社，2019.

[34] 王万良. 人工智能通识课程[M]. 北京：清华大学出版社，2020.